海州湾海洋牧场生态环境
——营养盐分布特征及通量研究

路吉坤　张　硕　高春梅　伏光辉　主编

中国农业出版社
北　京

图书在版编目（CIP）数据

海州湾海洋牧场生态环境：营养盐分布特征及通量研究 / 路吉坤等主编 . —北京：中国农业出版社，2023.11
ISBN 978-7-109-31293-7

Ⅰ.①海… Ⅱ.①路… Ⅲ.①海湾－海洋农牧场－生态环境－研究－连云港②海湾－海洋农牧场－营养盐－分布－研究－连云港 Ⅳ.①S953.2②P734.4

中国国家版本馆 CIP 数据核字（2023）第 203143 号

海州湾海洋牧场生态环境

HAIZHOU WAN HAIYANG MUCHANG SHENGTAI HUANJING

中国农业出版社出版

地址：北京市朝阳区麦子店街 18 号楼
邮编：100125
责任编辑：王森鹤　周晓艳
版式设计：王　晨　责任校对：史鑫宇
印刷：中农印务有限公司
版次：2023 年 11 月第 1 版
印次：2023 年 11 月北京第 1 次印刷
发行：新华书店北京发行所
开本：787mm×1092mm　1/16
印张：13.5
字数：320 千字
定价：80.00 元

编写人员

主　编	路吉坤　张　硕　高春梅　伏光辉
副主编	孙苗苗　陆　波　卢　璐　王　超
	李　征　高世科　黄　宏
审　稿	江　敏

前言

自 20 世纪以来，由于过度捕捞、环境污染和生境破坏等原因，全球范围内都面临着海洋渔业资源衰退的问题，传统捕捞业和养殖业已难以适应经济社会健康发展和海洋生态环境承载力要求。作为一种新型的海洋渔业生产方式，海洋牧场已成为转变渔业发展模式，改善海洋生态环境，保障海洋生物资源可持续利用的有效途径，是我国海洋渔业转型升级的主要发展方向之一。

海洋牧场建设是践行"两山"理念的重要实践和应对"双碳"目标的有效途径，已成为新时期生态文明建设的重要关注点与关键发力点。开展海洋牧场建设，其一是为了提高某些经济品种的产量或整个海域的鱼类产量，以确保水产资源稳定和持续的增长。其二是在利用海洋资源的同时重点保护海洋生态系统，实现可持续生态渔业。

21 世纪是海洋的世纪，随着陆地资源的逐渐短缺以及国家对开发海洋战略方针的提出，世界各国将眼光投向海洋。我国沿海各省市也开始意识到充分利用海洋资源，积极进行人工鱼礁和藻场建设，大力发展海洋牧场的迫切性和重要性。

江苏省连云港坐山拥海，水域资源丰富，渔业发展基础良好。早在 20 世纪 80 年代，连云港就在前三岛海域启动人工鱼礁试验。2003—2015 年，海州湾海洋牧场区以投放大型资源保护型鱼礁为主，鱼礁布局上实行"核心与四周，集中与分散"投放相结合的策略，形成以方形礁、三角礁、十字礁和塔形石块礁为主的"保护＋增殖"型鱼礁组合模式，有效阻止拖网渔船进入，同时为海洋生物生长和繁殖创造了非常优越的生境，形成近 200 km² 海洋牧场养护区。2015—2020 年，在海洋牧场框架区域，加密鱼礁群密度，加大保育礁投放力度，选划 40 km² 建设国家级海洋牧场示范区，并于 2015 年 11 月，成功入选全国第一批国家级海洋牧场示范区。2021 年开始，连云港加大经营性海洋牧场建设力度，推动增殖型、休闲型海洋牧场开发建设。2022 年 1 月，江苏省连云港秦山岛东部海域国家级海洋牧场示范区成功获批。同时，连云港加快培育休闲型海洋牧场示范区。

通过不同礁体的投放及投放后的跟踪调查，结果表明：人工鱼礁对于投放水域生态环境有所改善，生物多样性指数提高，集鱼效果显著。通过对投放人工鱼礁后不同年份海洋牧场营养盐分布特征及通量的研究，发现鱼礁区和对照区的 N、P、Si 的不同形态有所变化，同时生物扰动及环境因子也是影响营养盐结构变化和通量的主要原因。由于营养盐的变化，导致鱼礁区和对照区的生物组成也发生变化，海洋牧场区能够吸引大量恋礁性鱼类在鱼礁区产卵、索饵，说明海洋牧场的建设逐渐形成了新的生态环境，形成了一个适宜鱼类、软体类产卵和索饵的渔场。近年来，海洋牧场的建设对于海州湾渔场修复和渔业资源增殖效果较为明显。

海州湾海洋牧场经过十几年的建设已经初具规模，除了做好长期的跟踪监测和调查评估，还需要进一步深入分析海洋牧场海域环境变化机制，探明主要营养物质的迁移和转化，为科学评估海洋牧场生态环境功能提供理论依据，因此本书结合近 10 年来海州湾海域沉积物和水环境现场调查和室内实验模拟等方法，系统分析了海州湾海洋牧场（人工鱼礁区）主要营养盐（N、P、Si）分布特征及影响因素，深入探讨营养盐交换通量的变化情况，同时对海洋牧场生态环境进行评价。上海海洋大学郑伊汝、朱珠、王功芹、方鑫、李大鹏、张中发、唐明蕊、罗娜等参加了海上调查、实验室模拟试验、数据整理等工作，梁宝贵和白伊铭等对书中图表进行了优化整理。在此表示衷心感谢。

本书可以为水产农业院校师生、渔业科技人员、渔业行政管理人员等提供参考。由于编者知识所限，书中难免存在一些问题和不足，恳请批评指正。

编　者

2023 年 9 月

目录

第一章 海州湾概况

一、地理位置

海州湾位于我国黄海的中部海域（图1-1），江苏海域北部，北起绣针河口，南抵灌河口，面积约 20 000 km²，是海床平缓、开放型的浅海性水域，处于暖温带海洋季风气候区向北亚热带海洋气候区的过渡地带，河流流量季节性变化较大。沿岸入湾河流有绣针河、青口河等18条河流，径流输入了丰富的营养盐物质，使得海州湾成为江苏赤潮发生频率较高的海区。海州湾有秦山岛、东西连岛等岛屿，湾口外有平山岛、达山岛和车牛山岛，共计大小岛屿14个，这些岛屿均为基岩型岛屿。岛礁周围水深多在20 m以上，礁区选择余地大。整个海湾的海产经济生物种类繁多，海洋环境质量优良，是江苏省重要的渔业基地，与当地的社会生活密切相关，因此具有十分典型的代表意义。

图1-1 海州湾海洋牧场地理位置

二、自然环境

（一）水文环境

1. 波浪

海州湾波浪的波形主要为混合浪，全年盛行波向为偏东北方向，波高平均值约为0.52 m，最大值一般在 9 月；波浪周期的平均值为 3.1 s，波周期的年变化不大，其变化范围为 3.5～2.7 s。

2. 潮流

海州湾的潮流属于正规半日潮，流向基本为西南—东北方向，涨潮期间流向为西南，落潮期间则为东北，流速分布特征为由北向南逐渐减弱，涨潮流流速（最大流速 107 cm/s）大于落潮流流速（最大流速 65 cm/s），涨潮流历时比落潮流历时短 1～2 h。潮流主要是往复流。海州湾的余流流速较弱，一般在 5 cm/s 左右，东西连岛东北方的余流较大，表层为 16 cm/s，底层为 9 cm/s。

3. 沉积物

海州湾沉积物的主要粒径结构为粉砂质的轻黏土，粒径分布具有一定规律性：海湾的西南部沉积物粒径较细，往两侧粒径逐渐变粗，岚山头南部海域粒径达到最大值。

4. 水温

水温分布有两种类型，分别是增温期的春夏型（近岸高、远岸低）以及降温期的秋冬型（近岸低、远岸高）。春季水温一般在 11～16 ℃，最高值为 16.9 ℃（秦山岛附近），最低值为 11.5 ℃（平岛附近）；夏季水温最高，一般在 20～26 ℃，最高值为 26.5 ℃（连岛东南），最低值为 21 ℃（达山岛附近）；秋季水温一般在 10～16 ℃，最高值为 16.5 ℃（平岛附近），最低值为 9.5 ℃（秦山岛附近）；冬季一般在 4～6 ℃，最高值为 7.4 ℃（平岛附近），最低值为 4.1 ℃（秦山岛附近）。

5. 海水透明度

连岛附近的海水透明度一般在 2.0 m 以下，前三岛附近一般在 4.5～7.0 m，且夏季的透明度比冬季大。

6. 盐度

春季盐度一般为 28.5～30，最大值为 30.69（平岛附近），最小值为 28.47（秦山岛附近）；夏季盐度最小，整个海域一般都小于 29.0，最小值仅为 21.0；秋季盐度为 28.0～30.0，最大值为 30.10（平岛附近），最小值为 27.69（连岛东南）；冬季盐度最大，一般为 29.0～30.5，最大值为 30.87（平岛附近），最小值为 28.77（秦山岛附近）。

（二）地貌

海州湾是一个年轻的海湾，它的形成只有 280 多年的历史。地质结构上，海州湾处于苏鲁隆起和苏北南黄海过渡地带。绣针河口-兴庄河口（北段）是冲刷后退的砂质平原海岸，长为 27 km 左右，潮间带滩宽 1 km 左右，海滩物质以小于 0.1 cm 的石英砂为主，岸线为南西南走向。兴庄河口-西墅（中段）是淤积增长的淤泥质平原海岸，长约 26 km，潮间带滩宽是 3～6 km，由青灰色粉沙淤泥组成。西墅-烧香河北口（南段）是稳定的基岩海岸，长约 44 km，海滩狭窄，岸线曲折，由中细砂或淤泥质组成海滩。南部的连云港区域，泥沙回淤量随着风的大小而改变。刘付程等（2010）用统计学方法研究了海州湾表层沉积物中粒度的空间变异特性，总体组成状况是南部偏黏，北部偏砂，中部以粉砂为主。

三、渔业资源

海州湾是我国近海重要的渔场之一，属于高低盐水系和冷暖水团的交汇海区，其海洋环境条件优越，水生生物资源丰富。海州湾渔场有着丰富的鱼、虾、贝类海产经济物种，其中包括 200 多种鱼类（主要有带鱼、小黄鱼、大黄鱼、银鲳等）（图 1-2）、30 多种虾类（包括中国对虾、葛氏长臂虾等）（图 1-3）、80 多种贝类（包括毛蚶、褶牡蛎、红螺等），46 种软体动物以及 7 种腔肠动物。据估算，海州湾各海区普遍有一定的渔获量，春季水生生物密度最大，冬季水生生物量最低。海州湾鱼类资源分布特点具有：①季节性。多种洄游性鱼类在春季海水回温期间来海州湾产卵，鱼类丰度显著提高；冬季来临后，海水温度下降，洄游性鱼类又向外海迁移，丰度大大降低。②集群性。海州湾渔场鱼类资源具有若干数量多、密度大和集群性强的优势种，常见的优势种有小黄鱼、虾虎鱼、赤鼻棱鳀等。

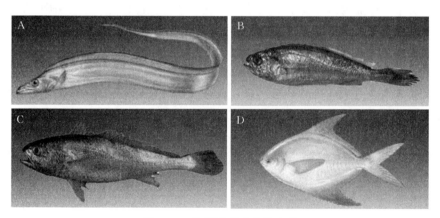

图 1-2　海州湾部分优势鱼类
A. 带鱼　B. 小黄鱼　C. 大黄鱼　D. 银鲳

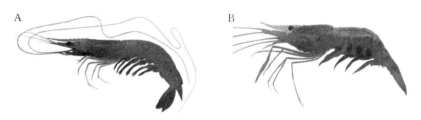

图 1-3　海州湾部分优势虾类
A. 中国对虾　B. 葛氏长臂虾

四、港口资源

连云港市位于海州湾南部，其具有东西连岛的自然屏障，水域广阔，是连接海上运输和陇海铁路的枢纽，是我国中部沿海重要的贸易、工业和风景旅游等综合发展的城市，是具有极大发展前景的综合贸易港。连云港港是国家规划的原材料和能源运输的重要煤炭装船港和重要的口岸，是我国沿岸集装箱运输的支线港，逐渐成为集装箱运输的干线港，并在服务渤海湾南部地区沿海经济带和长江三角洲北部地区的发展，以及带动中西部纵深腹地经济和谐发展中，其逐渐发展成为地区性中心港口。连云港港将来会以原料、能源和集装箱等大宗散货的运输为主，临港工业发展和商贸流通功能并重，货运和客运相结合，具备装卸仓储、中转换装、现代物流、通信信息、综合服务及保税等多种功能。其中就渔业船舶情况来说，据江苏省 2013 年渔业统计年报估计，连云港有海淡水渔业船舶 13 566 艘，机动渔船 9 533 艘，生产渔船 9 384 艘，辅助渔船 6 327 艘，非机动渔船 40 333 艘。

五、社会经济

江苏省连云港市是我国典型的沿海开放城市之一，主要依靠以下三种产业带动当地经济的发展：①第一产业为海洋渔业；②第二产业主要包括海洋化工、生物医药和船舶三个方面；③第三产业主要包括港口产业和海洋旅游业等。海州湾具有很大的开发利用潜力，其地理位置优越、交通便利，而且自然环境良好，有着丰富的滩涂资源、渔业资源、港口资源和旅游资源，这些优势条件能够让江苏省的社会经济得到更好的发展。但在发展经济的同时，也会人为地造成一定的环境污染，应当引起足够的重视。

第二章　海州湾海洋牧场发展现状

一、海洋牧场的概念和分类

海洋牧场的理念起源于20世纪70年代的日本和美国，在日本发展迅速。20世纪50年代日本进行了人工鱼礁的研究，美国和日本分别在1968年和1977年提出了发展海洋牧场计划。1973年，在冲绳国际博览会上，日本着重强调了海洋牧场是"在人为管理下维护和利用海洋资源"的一种全新生产方式。韩国《养殖渔业育成法》将海洋牧场定义为：在一定的海域综合设置水产资源养护的措施，人工繁殖和采捕水产资源的场所。1979年，广西钦州地区投放了我国第一组试验性单体人工鱼礁，我国开始了对海洋牧场建设的实践探索。20世纪90年代以后，我国学者在海洋牧场的实践基础上，吸收日本和其他国家学者的思想，丰富了海洋牧场的概念和内涵。张国胜等（2003）强调了海洋牧场的渔业增养殖功能，提出海洋牧场是在一定海域内，建设适宜的水产资源生态的人工栖息场所，采用增殖放流和移植放流方法人为增加水产资源苗种，利用海洋自然生产力和微量投饵育成，使渔业资源量增大。阙华勇等（2016）认为现代海洋牧场的建设不能忽略对海洋生态系统结构、功能的利用和保护，将海洋牧场定义为：基于区域海洋生态系统特征，通过生物栖息地养护与优化技术，有机组合增殖与养殖等多种渔业生产要素，形成环境与产业的生态耦合系统。

综合国内外学者的观点，依据海洋牧场的实际建设情况，农业部于2017年发布了《海洋牧场分类》标准，将海洋牧场（marine ranching）定义为基于海洋生态系统原理，在特定海域，通过人工鱼礁、增殖放流等措施，构建或修复海洋生物繁殖、生长、索饵或避敌所需的场所，是一种增殖型养护渔业资源，改善海域生态环境，实现渔业资源可持续利用的渔业模式。该标准将海洋牧场分为2级12类（表2-1）。按功能分异原则，海洋牧场可分为养护型海洋牧场、增殖型海洋牧场和休闲型海洋牧场三大类。按区域分异原则，养护型海洋牧场分为4类；按物种分异原则，增殖型海洋牧场分为6类；按利用分异原则，休闲型海洋牧场分为2类。参考该标准，海州湾海洋牧场属海湾养护型海洋牧场。

表2-1　海洋牧场类型

1级	2级
养护型海洋牧场	河口养护型海洋牧场
	海湾养护型海洋牧场
	岛礁养护型海洋牧场
	近海养护型海洋牧场

（续）

1级	2级
增殖型海洋牧场	鱼类增殖型海洋牧场
	甲壳类增殖型海洋牧场
	贝类增殖型海洋牧场
	海藻增殖型海洋牧场
	海珍品增殖型海洋牧场
	其他物种增殖型海洋牧场
休闲型海洋牧场	休闲垂钓型海洋牧场
	渔业观光型海洋牧场

二、海洋牧场的生态环境构建基础

中国海洋牧场的建设以人工建设和增殖放流技术为主。增殖放流是指采用放流、底播、移植等人工方式向海洋等公共水域投放亲体、苗种等活体水生生物的活动。用于增殖放流的苗种、亲体应当是本地种的原种或者其子一代。从资源增殖放流的历史来看，海洋生物放流成功率较低，仅日本对大麻哈鱼、中国对海蜇、中国对虾等少数种类进行的人工放流取得了显著效果。较大规模的增殖放流效果甚微，并且还引起了遗传多样性丧失、生态系统失衡等诸多负面效应。在对退化生态系统的恢复和重建中，关键种的恢复是生态系统结构和稳定性重建与维持的必需环节，了解海洋牧场的生态系统结构和功能变化是确保增殖放流取得成功的关键。王腾等（2016）基于生态通道模型（Ecopath）计算了海州湾海洋牧场海域中国对虾的增殖生态容量，构建了该海域生态系统能量流动简易模型，结果表明该海域生态系统发育不成熟，中国对虾不是该海域的关键物种。Ecopath 模型以食物网为主线，通过研究生态系统各营养级间的能量流动，定量生态系统各特征值，用于评价生态系统的稳定性和成熟度，不少学者利用该模型对海洋牧场区人工鱼礁生态系统展开了类似研究。许祯行（2016）、李永刚（2007）和吴忠鑫等（2012）分别用该模型对獐子岛、嵊泗、荣成俚岛的人工鱼礁生态系统结构和功能进行了评价，结果表明人工鱼礁生态系统的成熟度和稳定性较低，生态环境的抗外界干扰能力弱，人工鱼礁对生态系统的修复作用需要通过养护才能得到实现，不适宜进行盲目的增殖放流。Wu 等（2016）评价了荣成海洋牧场俚岛海域的人工鱼礁生态系统结构和功能，该系统的能量传递率为 11.7%，渔业产量以低营养级的食腐和食草种类为主，Ecopath 模型的预测结果显示，该生态系统能为底栖生物提供更多的能量补充。Xu 等（2017）对刺参在人工鱼礁综合多营养养殖（integrated multi-trophic aquaculture，IMTA）生态系统的食源性研究表明，沉积物是刺参的主要食物来源之一，海洋牧场生物资源物种的丰度和多样性与人工鱼礁的结构复杂性存在明显关联。Charbonnel 等（2002）调查了法国 Mediterranean 沿岸经过改性的大型人工鱼礁生态系统中生物资源的丰度、生物量、生物密度的前后变化，结果证实生境复杂性在人工鱼礁设计中对鱼类复杂性和丰度具有突出作用。Castège 等（2016）对相同海域生物资源的研究表明，船礁的物种丰度和多样性要高于混凝土模块的组合，两种礁体生态系统中的物种结构发生了不同程度的演变。

人工鱼礁投放进入海底后具有类似自然礁体功能的特性。礁体投放到海底以后，礁体周围的水体压力受海流影响发生了变化，流场重新分布并产生了新的流态，人工鱼礁流场分布示意见图 2-1。Li 等（2017）利用 Fluent 软件模拟了不同数量的圆柱形空心人工鱼礁对流场的影响，结果表明上升流和背涡流的尺度和强度会随礁石数量的增加而增加，流场效应与礁石数量呈极显著正相关（$P > 0.99$）。流态效应深刻影响着人工鱼礁营造生态环境功能和效益的发挥。一般而言，沿岸海域水体的垂向运动相对水平运动往往可以忽略。如果在优势流主轴平行方向投放人工鱼礁，可以形成很强的局部上升流，其量值可以与水平流相当。迎面流面积和礁体迎面流坡度是影响礁体上升流的主要因素。常见单个礁型的主要流场效应指标见表 2-2。部分理论计算结果显示，实际海域由于鱼礁设置所产生的流场影响范围在水平尺度上一般不超过鱼礁规模的 50 倍。肖荣等（2016）采用计算流体动力学（computational fluid dynamics，CFD）模拟了人工鱼礁建设对福建霞浦海域营养盐运输的影响，研究表明人工鱼礁对水质和生物资源的影响范围可达其建设规模的 5～10 倍，自然条件下存在的上升流要低于理论数值计算值。Jiang 等（2016）尝试在立方框架礁石上设计安装导流板，借此来扩大人工鱼礁的流态效应，结果表明 30°或 150°较小或较大的角度有助于上升流的形成，两导流板间距对流场的影响不显著。

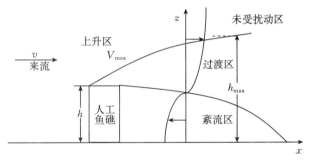

图 2-1　人工鱼礁流场分布示意（二维）

注：h_{max} 为上升流最大高度，V_{max} 为上升流最大流速，v 为海水流速，h 为礁体高度，下表同

表 2-2　常见礁型的主要流场效应指标

项目	圆形塔礁	金字塔形礁	三棱柱形礁	多孔方形礁	无孔方形礁	船礁
h_{max}/h	2.14～2.17	1.77	2.88	2.68	2.63	
h_{max}/s	1.60	1.18	0.96	1.15	0.88	5.0
v_{max}/v	0.76	0.76	0.58	0.74	0.64	0.05～0.15
$\bar{v}/v$	0.125	0.14	0.207	0.12	0.12	

注：s 为礁体截面积。

海洋牧场营养盐的运输依赖于人工鱼礁的存在和水动力机制。上升流将营养盐丰富的深层冷流和表层暖流相混合，同时会加快底层沉积物营养盐向上覆水体的释放。日本学者

野添学使用移流项（constrained interpolation profile，CIP）法、黏性项中心差分法的数值模拟方法研究了理想水域、水流定量的环境中垂直障碍物对营养盐分布变化的影响，得出鱼礁产生的上升流是底部营养盐垂直变动的主要原因。人工鱼礁对沉积物源汇作用的主要改变为减少营养物质的沉积和加快沉积物营养物质的释放。Zalmon 等（2014）研究了小尺度空间范围内（0.5～15 m）人工鱼礁沉积物周围的地球化学特征，结果表明人工鱼礁的存在会减少周围细颗粒泥沙和营养物质的沉积。在风浪较大的气候条件下，人工鱼礁的存在还会增加局部悬浮泥沙的含量。Falcão 等（2009）对葡萄牙南部阿尔加维海域鱼礁区和未投放鱼礁区的营养盐通量的调查结果表明，鱼礁区沉积物向上覆水体释放的溶解态的氮、磷是未投放鱼礁区的 2～3 倍；颗粒有机氮（particulate organic nitrogen）、颗粒有机磷（particulate organic phosphorus）是未投放鱼礁区的 1.5 倍。高春梅等（2015）研究了海州湾海洋牧场沉积物在无扰动条件下沉积物水界面的营养盐交换通量，结果表明在夏、秋两季磷酸盐和总溶解无机氮（total dissolved inorganic nitrogen）均表现为沉积物向水体释放，是该海域水体的氮源之一。沉积物营养盐的含量和存在形态是决定其源功能发挥的决定因素。对海州湾海洋牧场沉积物营养盐的分级浸取的分离研究显示，沉积物生物有效磷、氮分别占总氮（total nitrogen，TN）、总磷（total phosphorus，TP）的 16.52% 和 36.95%，较其他海域，海州湾海洋牧场沉积物处于中营养水平。

人工鱼礁会加剧海底有机物的物理沉降和生物化学降解，以及影响底部沉积物的再矿化作用。Falcão 等（2007）对葡萄牙南部海域的人工鱼礁的调查发现，人工鱼礁建设 2 年后，底部水体的营养物质（铵、硝酸盐、磷酸盐、硅酸盐等）含量增加了 30%～60%，鱼礁区高有机质的沉积物中的再矿化作用加剧。在人工鱼礁与养殖业结合发展的海洋牧场，养殖底栖生物会通过颗粒重建和洞穴通水造成沉积物结构和性质的改变，进而影响沉积物中颗粒态和溶解态物质迁移转化的过程。小型底栖生物的新陈代谢和硝化细菌的作用则会加快将颗粒态的氮转化为溶解态的还原氮。寄居蟹、颤蚓、环节动物等生物均能促进沉积物向水体释放氮营养盐。磷酸盐作为水生生物的代谢产物，往往与海洋环境中丰富的 Ca^{2+}、Mg^{2+}、Fe^{2+} 等金属离子结合转化为颗粒态磷，在沉积物中发生堆积。人工鱼礁对沉积物溶解态磷向水体释放的促进和抑制，取决于底栖生物类型和沉积物的物理化学性质。Mermilod - Blondin（2011）对室内的微环境研究表明，存在颤蚓生物扰动的沉积物向水体释放的磷酸盐量提高了 190%，但水丝蚓却会抑制沉积物中溶解态磷酸盐的释放。间隙水溶解态磷酸盐含量的降低会减小磷酸盐向水体扩散的含量梯度，从而减小磷酸盐的释放通量，甚至产生沉积物对水体中磷酸盐的吸附，改变颗粒态磷的化学形态。同时，沉积物营养盐作用的发挥会受水动力条件的影响。

人工鱼礁上附着的大型海藻每年能更新其自身组织 1～20 次，在此过程中释放的脱落碎屑是海洋牧场水层和底栖生物的重要营养物质来源。人工鱼礁对流场的改变会影响藻体周围的水体，补充藻体优先吸收的氨氮和磷酸盐，带走藻体产生的代谢物和阻止泥沙在藻体表面的沉积。海藻对营养盐的储存和调控能力是海洋牧场调控和改善区域水环境的依据之一。Lapointe 等（1997）的研究表明，海藻的营养吸收动力学主要依赖营养盐含量，沉积物-间隙水中的营养盐在水动力条件下被带至海藻附近，提高了海藻周围的营养盐含量，加快了藻类对营养盐的吸收。但在营养盐较为丰富的水域，人工鱼礁发挥的作用会减小。

Littler 等（2010）对 Belize Barrier 人工鱼礁水域氮、磷富集对藻类发展的影响的调查结果表明，该水域营养物质丰富，对照组和鱼礁组的营养盐含量均超过了藻类生长的最适含量，鱼礁的营养盐富集作用效应不明显。

礁体和优势流的相互作用会在礁体另一侧形成充满旋涡的滞流或紊流，该区域水流缓慢，礁体高度为水深的10%时，湍流范围可达水深的80%～100%，颗粒态有机质和营养盐易在该处发生沉积，为浮游植物的滞留和繁衍提供了必要条件。浮游植物是海洋牧场的主要初级生产者，其生产的有机物通过食物链进入食物网，影响着海洋牧场生态系统的生产过程。Yu 等（2015）比较了大亚湾人工鱼礁建设前后生态因子的变化，发现浮游植物叶绿素 a 由建设前的 2.37 mg/m^2（2002—2007 年）上升至 2.93 mg/m^2（2008—2012 年）。

魏虎进等（2013）采用稳定同位素技术研究了象山港海洋牧场区食物网基础和营养级的结构，发现浮游植物和沉积相颗粒有机物（sedimentary particulate organic matter）是该海洋牧场区生物食物网的基础，对上层消费者的碳源贡献率达 50.27%。海州湾海洋牧场浮游植物对于食物网和营养结构的贡献更为显著，据 IsoSource 模型估算，浮游植物对消费者的碳源贡献率可达 80.8%。浮游植物的群落结构会受到营养盐的影响。海州湾海洋牧场浮游植物与环境因子的典范对应分析表明，沉积物 TN、TP 是影响浮游植物群落分布的重要环境因子。人工鱼礁对浮游植物群落结构的影响机制还不清楚。对荣成俚岛、海州湾前三岛人工鱼礁区和对照区的浮游植物群落的调查表明，丰度指数、多样性指数和均匀度指数间无显著差异（$P < 0.05$）。但章守宇等（2006）对海州湾海洋牧场浮游植物的调查表明，鱼礁区与对照区的浮游植物组成相似度由投礁前极高的 0.963 下降到投礁后 3 个月的 0.863 和 7 个月后的 0.685。

三、中国海洋牧场建设的生态环境问题

从实际建设情况来看，中国海洋牧场的整体产业化水平低。海洋牧场建设缺乏自主创新和完备体系的技术标准，现有的《人工鱼礁建设技术规范》《人工鱼礁资源养护效果评价技术规范》无法满足科学、全面地建设高规格海洋牧场的需求。《中国水生生物资源养护行动纲要》和《国务院关于促进海洋渔业持续健康发展的若干建议》都指出中国海洋渔业发展方式仍然粗放，存在设施装备条件差、近海捕捞过度和环境污染加剧的问题。在促进海洋渔业健康持续发展的同时，要加强海洋渔业资源和生态环境保护。而在海洋牧场建设实践中，绝大多数海洋牧场难以抵御环境与生态灾害，增殖放流的幼苗的成活率得不到保证，部分海洋牧场对生态环境还造成了负面影响。唐峰华等（2012）对春、夏两季象山港海洋牧场渔业调查资料的分析表明，资源生物的 Shannon-Wiener 多样性指数在 1～3，参考《水生生物监测手册》的评价标准，海洋牧场海域处于中度污染水平。从全国层面来看，缺乏统一的生态、环境和生物资源调查评估对海洋牧场效果进行量化评估，更没有长期对生态环境影响的监测分析和效果评估。

海洋牧场是一种典型的生产性生态系统，人工鱼礁造成的水体营养物质的高可利用性能够促进海洋牧场初级生产力的提高，但不能将人工鱼礁的投放等同于海洋牧场。在中国的海洋牧场建设中，投放人工鱼礁、增殖放流等经常被等同于海洋牧场建设，传统渔场和

海洋牧场的概念混淆。中国海洋牧场的建设实践虽然发展迅速，但由于人工鱼礁选型的不科学，部分海洋牧场出现了礁体漂移和塌陷、掩埋现象。而海洋牧场的发展理念的争议也一直存在，仅少数海洋牧场的设计中涉及了红树林、海草床、藻场、珊瑚礁等自然生境的修复，其中浙江省在 2010 年利用天然岩礁进行了铜藻等大型藻场的建设试验，2012 形成面积约为 10 hm² 的人工藻场修复示范区；青岛即墨大官岛海域的人工鱼礁也进行了大叶藻、海带、鼠尾藻等藻类移植试验。但现有牧场的建设仍以增殖经济价值较高的水产品为目的，减少传统海水养殖带来的污染、维护并改善海洋水生态环境的作用并未得到重视。此外，海流、透明度、温度、水深等水文条件，溶解氧（DO）、溶解态磷酸盐（SRP）、溶解态硅酸盐（SRS）、溶解态无机氮（DIN）、悬浮物（SS）、化学需氧量（COD）、叶绿素 a（Chl-a）等水质条件，沉积物粒度、总氮（TN）、总磷（TP）、重金属等底质化学指标，以及浮游植物、浮游动物等初级生产者的生物量和群落结构等海洋牧场环境参数缺乏长期监测，对海洋牧场环境影响的评估仅停留在选址方面。

我国农业部、国家海洋局也在 21 世纪初开始每年投入一定资金在全国沿海地区开展海洋牧场示范区建设，辽宁、山东、海南、江苏、广东等省份陆续建设了不同规模的海洋牧场。据不完全统计，全国累计投入海洋牧场建设资金超过 80 亿元，其中中央财政投入近 7 亿元，已经建设人工鱼礁 2 000 多万空 m³，礁区面积约 11.3 亿 hm²，每年增殖放流各种海洋生物苗种数量达到 200 亿尾（粒）以上，为海洋牧场的建设创造了有利条件。

四、海州湾自然条件

海州湾的自然条件要想达到良好的水动力效应，礁体在设计的时候应具有良好的通透性。海州湾海洋牧场示范区建设海域属于富氧水域，具有良好的生物生长条件。

据多年的跟踪监测和调查结果显示，海州湾海洋牧场区游泳生物和底栖生物的种类和生物量明显增加，海洋生物资源量达到江苏海域平均水平的 2 倍以上，产生了巨大的经济、社会和生态效益。经过多年的发展和建设，2015 年 11 月，江苏海州湾海洋牧场（连云港）已被农业部批准为全国首批 20 个国家级海洋牧场示范区之一。

五、海州湾人工鱼礁建设

2002—2014 年，江苏海州湾海洋牧场已累计投入资金 8 200 余万元，建设人工鱼礁总规模超 40 万空 m³（表 2-3），其中混凝土鱼礁 13 696 个，改造后的旧船礁 190 个，浮鱼礁 25 个，石头礁 33 534 个，已开发出多种形状不同的鱼礁类型（图 2-2），形成人工鱼礁投放区面积 144 km²，形成海洋牧场面积 160 km²，为海洋生物提供了良好的产卵场和栖息地。

人工鱼礁的集鱼效果得到了充分发挥，海州湾海洋牧场建设过程见图 2-3。2015 年海洋牧场的生物资源的调查结果显示，礁区游泳生物的种类数、生物量、密度、资源量均高于对照区。此次调查共发现游泳生物 73 种，礁区出现 51 种，对照区出现 46 种，游泳生物存在季节更替现象，但各季节礁区游泳生物种类数均高于对照区。海洋牧场拖网生物量为 24.70 kg/h，对照区为 12.57 kg/h；海洋牧场生物平均密度为 2 672 尾/h，对照区为 2 330 尾/h；根据扫海面积计算礁区游泳生物资源量为 1 013.8 kg/km²，对照区为 633 kg/km²；礁区游泳生物生物量是江苏近岸海域渔业资源（2002—2014 年）平均密度（453.08 kg/km²）的 2 倍多。

表 2 - 3　2002—2014 年海州湾海洋牧场的人工鱼礁规模

| 年份 | 混凝土鱼礁 | | 船礁 | | 浮鱼礁 | | 石头礁 | | 人工鱼礁规模合计 |
	数量（个）	规模（空 m³）	数量（条）	规模（空 m³）	数量（个）	规模（空 m³）	数量（个）	规模（空 m³）	规模（空 m³）
2002	1 000	4 530	30	9 000	25	113.4	0	0	13 643.4
2003	0	0	40	12 000	0	0	0	0	12 000
2004	700	5 600	40	12 000	0	0	0	0	17 600
2005	0	0	80	24 000	0	0	0	0	24 000
2006	290	2 383.8	0	0	0	0	0	0	2 383.8
2007	1 350	12 025	0	0	0	0	0	0	12 025
2008	1 450	12 225	0	0	0	0	0	0	12 225
2009	2 100	17 580	0	0	0	0	0	0	17 580
2010	1 416	10 447.53				0	4 400	15 200	25 647.53
2011	1 670	8 780				0	3 334	6 668	15 448
2012	3 880	12 880				0	12 200	1 525	14 405
2013	4 440	14 620				0	9 000	1 125	15 745
2014	6 850	16 416	0			0	0	0	16 416
合计	25 146	117 487.33	190	57 000	25	113.4	28 934	24 518	199 118.73

注：空 m³ 为人工鱼礁外部轮廓包围的体积，是人工鱼礁的计量单位。

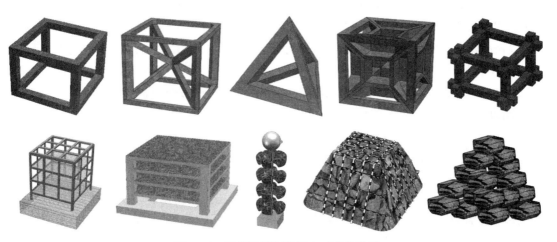

图 2 - 2　海州湾海洋牧场人工礁体类型

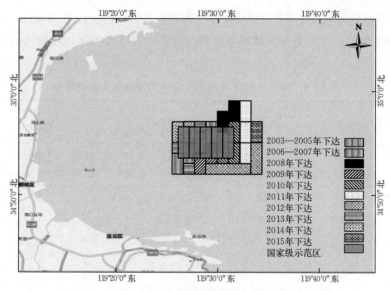

图 2-3　海州湾海洋牧场建设过程

六、海州湾海上增殖放流

为了达到连云港海洋牧场建设的预期目标——营造适宜海洋生物栖息繁衍的海洋环境；利用海洋自然生产力养育增殖放流或者海底移植的生物苗种；通过海底设施吸引海洋中的自然生物与人工放养的生物一起形成人工渔场，连云港市连续多年开展了海上增殖放流活动。

截至 2014 年底，连云港市在海州湾累计底播菲律宾帘蛤（*Ruditapes philippinarum*）、青蛤（*Cyclinasinensis*）、毛蚶（*Scapharca subcrenata*）、文蛤（*Meretrix meretrix*）等苗种 50 t，海珍品刺参（*Stichopus japonicus*）2×10^6 尾、鲍（*Haliotis rubra*）5×10^5 尾。资源生物的放流量分别为：中国对虾（*Fenneropenaeus chinensis*）1.8×10^8 尾/年、梭子蟹（*Portunus trituberculatus*）1×10^7 尾/年、黑鲷（*Acanthopagrus schlegelii*）4×10^6 尾/年、黄姑鱼（*Albiflora croaker*）1×10^6 尾/年、牙鲆（*Paralichthys olivaceus*）2.6×10^5 尾/年、日本鳗鲡（*Anguilla japonica*）2×10^3 尾/年，极大地恢复了渔业资源再生能力。

七、海州湾贝藻场建设

连云港市在现有海洋牧场建设的基础上，积极开展贝藻场建设，实现贝、藻、参、海胆的多种组合方式的综合立体化混养模式，促进了生态系统的良性循环并获取了可观的经济效益。连云港市在海水透明度高、人为活动少、礁石密集度较高、便于建设管护的海州湾观测平台附近海域建设贝藻场。其中藻场建设一方面以海州湾已投放的人工鱼礁为藻礁，并在礁区内同时抛投岩石，改善海州湾藻类生长的底质条件，提供藻类附着生长的条件；另一方面在礁区内开展人工附苗包括江蒿、海带、紫菜等，以便进行海藻移植、吊养。此外，结合藻场建设，利用已投放礁体，连云港市还开展了贝场建设，对贻贝、魁蚶、牡蛎等实行大规模吊养，吊养经济贝类（鲍、魁蚶、牡蛎）600 多台，底播贝类约 33.3 hm²，贝场的建设对充分利用水层、净化水质、提升食物链发挥了重要作用。

　　截至目前，连云港市已累计投入各类资金 2.2 亿元，以海州湾海洋牧场示范区为核心，打造赣榆、连云、灌云 3 个海洋牧场区，形成秦山岛、连岛、开山岛、竹岛和前三岛 5 个岛礁修复休闲型海洋牧场，有力推动了全市渔业的健康持续发展（图 2-4）。

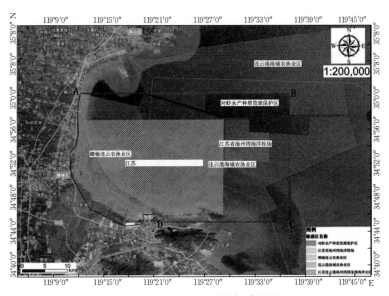

图 2-4　海州湾海洋牧场建设图

第三章 海州湾海洋牧场营养盐变化

海洋中营养物质（N、P、Si）是海洋生物赖以生存的最主要成分，是构成海洋生态系统的基本要素之一。营养物质缺乏会限制海洋生物的生长，而营养物质过多则会导致海洋水体富营养化，发生赤潮，严重危害海洋生态系统和生态环境正常运行发展。同时，海水中的营养物质还在矿物质元素的早期成岩作用中扮演十分重要的角色，其化学地质作用多变复杂。海洋沉积物-水界面作为研究海洋化学和生态系统最重要的界面之一，通过在界面发生复杂的生物、化学和物理的相互作用，控制着营养物质在沉积物和海水之间的交换和运输。海洋沉积物-水界面的研究对于了解和掌握海洋中营养物质转化和补充机制具有十分重要的意义。

沉积物是海洋水体 N、P 营养盐中的源和汇。沉积物-水界面可交换态 N、P 的释放和有机质矿化，能够满足上层水体中浮游植物生长繁殖所需的 N、P 营养物的80%。营养盐含量和结构的变化会影响浮游植物种群和丰度的改变，进而导致海洋牧场生态系统结构和功能的变化。同时，有研究表明海洋牧场藻场的扩建可能会造成水体及沉积物营养盐的时空分布发生改变，也有学者认为人工鱼礁会为底栖生物营造适宜的生活环境，进而达到改良海洋牧场底质环境的效果。

一、研究区域及站点

2008—2015 年研究者在海洋牧场及周围海域设置 28 个调查站点，其中海洋牧场区（含藻场建设区）20 个。调查范围对照区 8 个，对照区为远离礁区 4 n mile 外的天然海域，海洋牧场区内外两侧海域各设 4 个平衡调查点，分别在每年的 5 月（春季）、8 月（夏季）、10 月（秋季）进行共计 24 个航次的调查。站点位置见表 3-1。

表 3-1 海州湾海洋牧场环境监测站点

站点	经度（N）	纬度（E）
RA01	34°55.200′	119°28.800′
RA02	34°55.750′	119°27.750′
RA03	34°54.700′	119°26.800′
RA04	34°53.200′	119°26.800′
RA05	34°53.750′	119°25.750′
RA06	34°52.150′	119°25.750′
RA07	34°56.000′	119°29.550′

（续）

站点	经度（N）	纬度（E）
RA08	34°57.000′	119°30.517′
RA09	34°58.000′	119°29.617′
RA10	34°52.500′	119°28.017′
RA11	34°53.500′	119°28.867′
RA12	34°54.500′	119°29.717′
RA13	34°57.000′	119°28.317′
RA14	34°56.000′	119°30.517′
RA15	34°54.500′	119°30.517′
RA16	34°57.000′	119°30.517′
RA17	34°55.000′	119°32.716′
RA18	34°55.750′	119°32.716′
RA19	34°52.500′	119°31.060′
RA20	34°53.500′	119°34.020′
CA01	34°55.200′	119°34.800′
CA02	34°55.750′	119°22.750′
CA03	34°54.700′	119°21.700′
CA04	34°53.200′	119°33.800′
CA05	34°53.750′	119°21.150′
CA06	34°52.150′	119°32.750′
CA07	34°53.000′	119°20.000′
CA08	34°51.000′	119°30.000′

二、试验方法

（一）沉积物 TN、TP 测定

TN 的测定采用凯氏定氮法。TP 的测定采用以过硫酸钾为氧化剂、抗坏血酸为还原剂的磷钼蓝法。

（二）水样 DIN、SRP 和 SRS 测定

水体中硝酸盐（$NO_3^- - N$）、亚硝酸盐（$NO_2^- - N$）、铵盐（$NH_4^+ - N$）、可溶性磷酸盐（SRP）、可溶性硅酸盐（SRS）的试验分析方法均采用《海洋监测规范 第 4 部分：海水分析》（GB 17378.4—2007）中的相关方法（表 3 - 2），其中 $DIN = (NO_3^- - N) + (NO_2^- - N) + (NH_4^+ - N)$。

表 3-2　水样监测指标及分析方法

项目	分析方法	检出限
$NH_4^+ - N$	次溴酸钠氧化法	$>0.2\ mg/L$
$NO_3^- - N$	锌-镉还原法	$>0.1\ \mu mol/dm^3$
$NO_2^- - N$	萘乙二胺分光光度法	$>0.1\ mmol/dm^3$
SRP	磷钼蓝分光光度法	$>0.2\ \mu g/L$
SRS	硅钼黄分光光度法	$>0.1\ mmol/dm^3$

三、水体营养盐与海洋牧场建设的关系分析

鱼礁投放量与营养盐含量的相关性如表 3-3 所示。结果显示：海洋牧场区 SRP 与人工鱼礁累积投放量呈极显著正相关（$P=0.861$），表明海洋牧场区 SRP 在很大程度上可能受到了鱼礁投放量的影响。对照区 SRP 与鱼礁累积投放量的相关性不显著（$P=0.118$），说明人工鱼礁投放对对照区的影响较牧场区要小。对海洋牧场区底栖生物的调查表明，人工鱼礁的投放增加了底栖生物的生物量与种类，加上人工鱼礁投放造成生物扰动的加剧可能是鱼礁区 SRP 含量增加的主要原因之一。海州湾为半日潮，自身潮流比较弱，不利于营养盐的运送，导致人工鱼礁建设对对照区的影响较小。

表 3-3　海洋牧场营养盐与鱼礁累积投放量的相关性（$n=42$）

指标	地区	人工鱼礁体积	SRP	SRS	DIN
人工鱼礁体积	海洋牧场区	1.000			
	对照区	0.000			
SRP	海洋牧场区	0.861**	1.000		
	对照区	0.118	1.000		
SRS	海洋牧场区	0.179	0.132	1.000	
	对照区	−0.084	0.294	1.000	
DIN	海洋牧场区	0.834**	0.596	−0.269	1.000
	对照区	0.823*	−0.080	−0.506	1.000

注：*的显著性水平为 0.05，**的显著性水平为 0.01，下同。

海水中的 SRP 主要来源于陆地径流的输入。海洋牧场区离海岸较远，从临洪河、青口河与龙王河等入海河口输入的 SRS 到达海洋牧场区时，浓度差异已不显著。由表 3-3 可知，SRS 与鱼礁累积投放量的相关性不显著（鱼礁区 $P=0.179$，对照区 $P=-0.084$），说明海洋牧场底部的人工鱼礁对陆源输入的 SRS 影响较小，因此鱼礁区与对照区 SRS 的年际变化趋势基本一致。2010 年后海洋牧场 SRS 含量呈现秋季大于春、夏两季的趋势。海洋牧场浮游植物的调查结果表明，浮游植物以硅藻门为主，秋季浮游植物种类和丰度均远高于春、夏两季。秋季 SRS 的增加促进了该海域浮游植物的生长。

海洋牧场区和对照区 DIN 随年际变化呈整体增长趋势。海洋牧场区和对照区 DIN 与鱼礁量累积投放量都呈极显著正相关，对照区 DIN 与鱼礁累积投放量呈显著正相关（$P=0.823$）。不同于 SRS，海洋牧场区 DIN 的年际变化与 SRP 类似，在很大程度上受到了鱼礁投放的影响。沉积物可以为海洋牧场提供 124% 的 DIN 营养供给。人工鱼礁的流场效应和生物扰动，会加剧沉积物中的氮营养盐向下层海水释放。上下层水体的交换，增加了海洋牧场区表层海水中的 DIN 含量。当氨化作用和硝化作用进行充分时，$NO_3^- - N$、$NH_4^+ - N$ 和 $NO_2^- - N$ 会达到基本的热力学平衡。海洋牧场区 DIN 含量升高时，各形态氮之间的热力学过程会造成对照区 DIN 含量的增加，因而随着人工鱼礁的建设，对照区 DIN 含量呈明显增长趋势。

四、表层沉积物 TP、TN 时空变化分析

海州湾海洋牧场表层沉积物 TN 的时空变化如图 3-1 所示。海洋牧场区（MA）TN 的含量范围为 178.40～708.30 mg/kg，平均为 380.00 mg/kg；对照区（CA）TN 的含量范围为 166.60～641.20 mg/kg，平均为 343.67 mg/kg。海洋牧场区 TN 含量始终高于对照区。海洋牧场区和对照区的 TN 含量都随时间变化呈增加趋势。以往调查结果显示，在未投放人工鱼礁时期，海洋牧场所处海域沉积物的沉积速率为每年 0.43 cm，沉积通量达每年 0.45 g/cm²，较其他海域偏高。自 1960 年以来，海洋牧场邻近海域的柱状沉积物中 TN 含量呈波动增加的趋势，表明外部环境的变化对该海域沉积物中氮的含量有很大的影响。

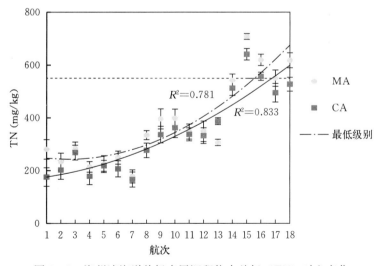

图 3-1　海州湾海洋牧场表层沉积物中总氮（TN）时空变化

注：MA 表示海洋牧场区，CA 表示对照区，—表示 MA 随时间的拟合趋势，— · —表示 CA 随时间的拟合趋势，下同

定位试验表明，12%～16% 的氮会随沉降作用滞留在沉积物中。由于海州湾地区为半日潮，自身潮流比较弱，TN 含量更易受到陆源本身所携带的营养物质影响。海洋牧场区人工鱼礁的存在对沉积物的横向运输存在滞缓作用，因此造成了海洋牧场区沉积物总氮含

量始终要高于对照区。同时海洋牧场区的贻贝和藻类养殖区在近年来呈扩大趋势，贝类排泄物和养殖残饵在沉积物中的累加也是造成牧场区总氮偏高的原因之一。

当表层沉积物中 TN、TP 含量过高时，会对底栖生物群落与结构造成明显的破坏。根据表层沉积物中污染物对底栖生物的生态毒性效应可将沉积物分为三个等级（表 3-4）。海洋牧场区和对照区 TN 含量在 2014 年、2015 年均超过了 550 mg/kg，表层沉积物受到了轻度污染。其他学者的研究表明：海洋牧场邻近海域氮的沉积量约为每年 400 mol，是潜在的氮汇。而海洋牧场 TN 存在明显的累积效应，其中可转化态氮占 16.53%。能被生物直接利用的离子交换态氮（IEF-N）会随 TN 的增加而增加，弱酸可浸取态氮（WAEF-N）、强碱可浸取态氮（SAEF-N）、强氧化剂可浸取态氮（SOEF-N）则呈减小趋势。海州湾海洋牧场海域的水力停留时间较长，海底人工鱼礁的存在对海流存在阻碍作用，湾内水体与湾外水体的交换受限。近年来海洋牧场海域的网箱养殖不断扩大，大量的生物残饵和海水养殖动物的代谢产物会发生纵向的沉降。在未来的海洋牧场建设过程中，应当控制表层沉积物中氮的累积，减轻其对底栖生物的毒害效应。

表 3-4 表层沉积物质量评价

生态毒性效应	TN（mg/kg）	TP（mg/kg）
安全级别	<500	<600
最低级别	500～4 800	600～2 000
严重级别	≥4 800	≥2 000

海州湾海洋牧场表层沉积物 TP 时空变化如图 3-2 所示。海洋牧场区 TP 含量范围为 147.59～628.46 mg/kg，平均为 386.51 mg/kg；对照区 TP 的含量范围为 191.42～689.82 mg/kg，平均为 381.01 mg/kg。TP 处于安全级别，不会对底栖生物产生毒性效应。TP 与 TN 含量变化不具有一致性。海洋牧场海域表层沉积物主要来自山东半岛沿岸

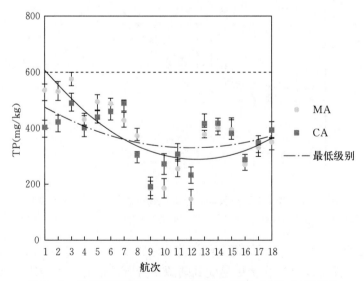

图 3-2 海州湾海洋牧场表层沉积物中总磷（TP）时空变化

流所携带的陆源沉积物。TN 和 TP 的陆源输入具有一致性,但伴随海洋牧场表层沉积物的累加,TP 含量却呈减小趋势,并且随时间推移,TP 空间分布发生改变,由海洋牧场区＞对照区,转变为海洋牧场区＜对照区。

海洋牧场沉积物-水界面的磷交换通量研究表明,沉积物中的磷在夏、秋季节均表现为由沉积物向水体释放,交换速率为 $0.32 \sim 0.41$ mmol/(m² · d),相当于氮释放速率的 11.2%。而磷的沉积量为每年 25 mol,仅为氮的 6.25%。相对于 TN,海洋牧场 TP 释放更强。原因在于磷与沉积物颗粒物之间存在很强的界面作用,当水体出现磷限制时,颗粒物中的磷会向水体释放,提供生物生长所需的磷。海洋牧场所处海域为典型的磷限制区域,海洋牧场沉积物中生物有效磷占总磷含量的 36.95%。沉积物中的磷更易被水解或矿化为溶解性的小分子有机磷或溶解性磷酸根,通过沉积物-水界面迁移扩散。水体磷酸盐的降低促使了沉积物中磷酸盐的释放,因此其含量呈减小趋势。

一般而言,人工鱼礁形成的上升流可达其高度的 $2.14 \sim 2.17$ 倍。海州湾海洋牧场海域的人工鱼礁规格高度在 3 m 左右,水深 $15 \sim 20$ m。海洋牧场区的流态效应会促使底层高含量的 SRP 向上迁移,被真光层内的浮游植物吸收利用。而浮游植物是海洋水体磷酸盐的主要消耗者。海洋牧场浮游植物的丰度时空变化如图 3-3 所示。浮游植物的丰度在 2010—2015 年间呈增加趋势,海洋牧场区的浮游植物丰度要高于对照区,且与其他海域相比最少高出 2 个数量级以上,说明海洋牧场区对于磷酸盐的消耗高于对照区。浮游植物的高丰度加快了海洋牧场区沉积物生物有效磷的释放,造成了总磷的空间分布在调查期间发生了改变。

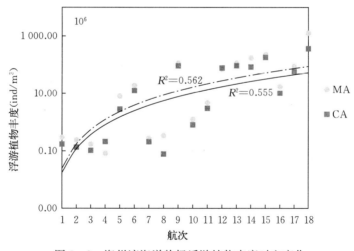

图 3-3 海州湾海洋牧场浮游植物丰度时空变化

五、水体 SRP、DIN 时空变化分析

海州湾海洋牧场表层水体 SRP、DIN 时空变化如图 3-4 所示。2010—2015 年海州湾海洋牧场区 SRP 浓度范围为 $0.11 \sim 0.27$ μmol/L,平均为 0.17 μmol/L,DIN 含量范围为

2.14~7.47 μmol/L，平均为 4.88 μmol/L；对照区 SRP 含量范围为 0.07~0.16 μmol/L，平均为 0.12 μmol/L，DIN 含量范围为 1.76~7.99 μmol/L，平均为 4.73 μmol/L。海洋牧场区 SRP 含量要高于对照区。SRP 在对照区变化相对平稳，但在海洋牧场区呈明显增加趋势。DIN 在海洋牧场区和对照区的变化具有一致性，但空间分布随时间发生了改变。2010—2013 年 DIN 分布呈现海洋牧场区＞对照区，2013 后（航次 12）海洋牧场区 DIN含量下降，对照区 DIN 含量要高于海洋牧场区。

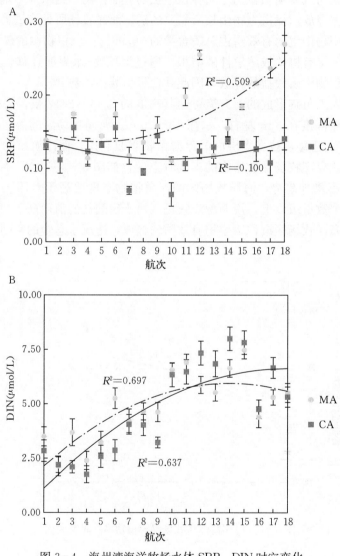

图 3-4　海州湾海洋牧场水体 SRP、DIN 时空变化

A. SRP 时空变化　B. DIN 时空变化

　　海洋牧场营养盐结构（N/P）时空变化如图 3-5 所示。海州湾海域的 N/P 与浮游植物生长的最适 Redfeild 值 16 相比偏高，该海域为明显的 P 限制海域。历史数据表明，海洋牧场邻近海域的 SRP 由 1980 年的 0.39 μmol/L，下降到了 2012 年的 0.17 μmol/L。但

从实际情况来看，浮游植物的生长并未受到限制（图3-3）。原因在于海洋牧场海域内的 SRP、DIN 呈增长趋势，能够满足浮游植物的生长需求。同时也表明海洋牧场浮游植物群落处于非稳定状态，营养盐结构的限制性在该海域未得到体现。海洋牧场区 N/P 平均值为 30.41，对照区 N/P 平均值为 41.89，海洋牧场区的 N/P 更接近最适值 16，这说明海洋牧场的生态修复效果取得了一定的成效。

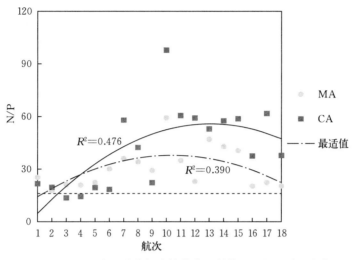

图3-5 海州湾海洋牧场水体营养盐结构（N/P）时空变化

虽然海洋牧场区 TN 含量一直高于对照区，但 DIN 空间分布却未表现出一致性。海水中硝酸盐的存在形式较为复杂，各氮形态之间的转化会导致 DIN 的分布和含量发生变化。DIN 结构的时空分布变化如图3-6所示。海洋牧场水体中溶解态硝酸盐的主要存在形态为 $NH_4^+ - N$ 和 $NO_3^- - N$，二者比例接近 1∶1，占 DIN 的 $80\% \sim 90\%$，$NO_2^- - N$ 由于自身化学性质不稳定，占 DIN 的比重小。

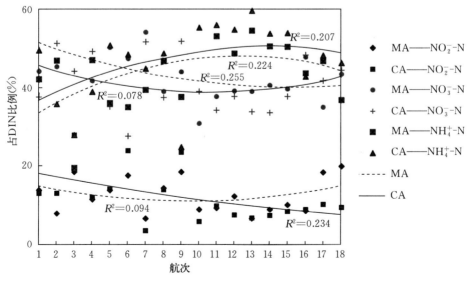

图3-6 海州湾海洋牧场 DIN 结构时空变化

浮游植物会优先吸收水体中的 $NH_4^+ - N$。$NO_3^- - N$ 需要在还原酶的作用下转化为还原态的氮才能被吸收利用。高比例的 $NH_4^+ - N$ 为浮游植物的生长和繁殖提供了有利条件（图 3-3）。海洋牧场区人工鱼礁形成的上下流交换可提高底层水体的溶解氧水平。有机物矿化是氨再生的途径之一，易发生在高溶氧环境下。高溶解氧环境和高 TN 含量为海洋牧场区提供了内源性的 $NH_4^+ - N$。从实际情况来看（图 3-6），海洋牧场区和对照区 $NH_4^+ - N$ 占比呈一定的增加趋势，自 2012 年（航次 6）后占主导地位。但 $NH_4^+ - N$ 占比在海洋牧场区始终小于对照区，这可能是由高丰度浮游植物和藻类对 $NH_4^+ - N$ 的消耗引起。

六、表层水体 SRP、DIN 与沉积物 TN、TP 相关性分析

海洋牧场与赣榆海岸线水平距离约为 18 n mile，位于海州湾中部海域，而径流量较大的临洪河等入海河流口则位于海州湾南部。与胶州湾、莱州湾、渤海湾等封闭、半封闭型海湾相比，海州湾敞开度高，海水的自净和生态系统恢复能力较强。海洋牧场海域水体的营养盐受陆源输入的影响小，内源作用较为显著。表层水体 DIN、SRP 含量与沉积物 TN、TP 含量的相关性分析见表 3-5。

表 3-5　表层水体 DIN、SRP 与沉积物 TN、TP 的相关性矩阵

项目	MA - DIN	CA - DIN	MA - SRP	CA - SRP	MA - TN	CA - TN	MA - TP	CA - TP
MA - DIN	1							
CA - DIN	0.883**	1						
MA - SRP	−0.079	−0.191	1					
CA - SRP	0.375	0.399	0.315	1				
MA - TN	−0.544*	−0.548*	0.147	−0.442	1			
CA - TN	−0.303	−0.290	−0.036	−0.352	0.892**	1		
MA - TP	0.675**	0.745**	0.153	0.556*	−0.484*	−0.362	1	
CA - TP	0.612**	0.647**	0.164	0.595**	−0.458	−0.392	0.969**	1

由表 3-5 的相关性分析表明，TN、TP 含量在海洋牧场区和对照区的来源具有一致性，呈极显著正相关（$P=0.892$，$P=0.969$）。DIN 含量在海洋牧场区和对照区也表现出了极高的正相关性（$P=0.883$）。SRP 含量在海洋牧场区和对照区的变化差异大（图 3-4），相关性不显著（$P=0.315$）。海洋牧场区的人工鱼礁对上下层水体营养盐的交换发挥着重要作用。一般而言，沉积物 TN、TP 含量与底层海水的 DIN、SRP 含量呈线性关系。因此水体 DIN、SRP 含量变化都会受到沉积物 TN、TP 的影响。而海洋牧场区与对照区水体营养盐受沉积物影响程度不同。海洋牧场区沉积物 TN 含量与水体 DIN 含量存在显著负相关性（$P=-0.544$）。对照区沉积物 TN 含量与水体 DIN 含量的相关系数较海洋牧场区小（$P=-0.290$）。而海洋牧场区沉积物 TP 含量与水体 SRP 含量的相关性却不显著（$P=0.153$）；对照区沉积物 TP 含量与水体 SRP 含量呈极显著正相关（$P=$

0.595)。结果表明，海洋牧场区的 DIN 含量更易受到沉积物 TN 影响，对照区 SRP 含量更易受到沉积物 TP 影响。

七、水体营养盐结构分析

2008—2015 年海州湾海洋牧场营养盐结构的变化情况如图 3-7 所示。海洋牧场区和对照区 Si/P、N/P、Si/N 的年际变化趋势基本一致。但随着时间变化，Si/P 与 DIN/P 的比值由海洋牧场区＞对照区，转变为海洋牧场区＜对照区。人工鱼礁建设提升了海洋牧场区的 SRP 含量，SRS 在海洋牧场区和对照区的变化一致，对照区 SRS 和 SRP 受人工鱼礁建设的影响小，因此 Si/P、N/P 由海洋牧场区＞对照区，转变为海洋牧场区＜对照区。Si/N 含量呈波动状态，自 2010 年后 Si/N 有趋于稳定的趋势，且接近于 Redfield 比值 1。总体而言，海州湾海洋牧场区的 Si/P、N/P 处于较高比值，与 Redfield 平衡状态相差较大，Si/N 比值不高（0.2～5），与谢琳萍等（2012）调查结果基本一致。

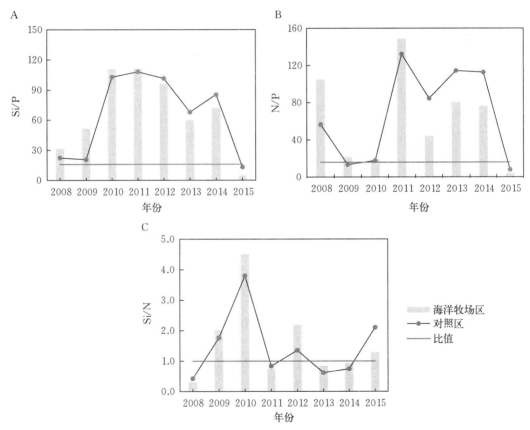

图 3-7　2008—2015 年海州湾海洋牧场营养盐结构变化
A. Si/P 年际变化　B. N/P 年际变化　C. Si/N 年际变化

利用 Justic 法评估海洋牧场的营养盐结构及浮游植物生长的可能限制因子，发现海洋牧场区 SRP 作为限制因子出现的概率最高（春季 56.8%，夏季 47.7%，秋季 66.7%），由于其含量过低造成的限制所占比例最高（春季 27.3%，夏季 36.4%，秋季 31.0%）。对照区限制因子出现概率最高的同样为 SRP（春季 50.0%，夏季 45.8%，秋季 62.5%），由于其含量的限制所占比例同样很高（春季 30.0%，夏季 30.0%，秋季 41.7%）。牧场区 DIN 作为限制因子以一定概率出现时（春季 11.4%，夏季 18.2%，秋季 9.5%），DIN 含量起到了一定的限制作用（春季 4.5%，夏季 9.1%，秋季 2.1%）。对照区 DIN 作为限制因子以一定概率出现时（春季 8.3%，夏季 29.2%，秋季 4.2%），春季主要受 DIN 含量的影响（8.3%），夏季和秋季不受 DIN 含量的影响（夏季 0%，秋季 0%），受控于营养盐结构。SRS 在海洋牧场区和对照区的春季均不作为限制因子出现，夏季作为限制因子出现时不受含量的影响（海洋牧场区 11.4%，对照区 8.3%），秋季作为限制因子出现时受浓度控制（海洋牧场区 9.5%，对照区 12.5%）（表 3-6）。

表 3-6 海州湾海洋牧场各种营养盐限制因子发生概率

限制因子	发生概率（%）					
	海洋牧场区			对照区		
	春季 ($n=44$)	夏季 ($n=44$)	秋季 ($n=42$)	春季 ($n=44$)	夏季 ($n=42$)	秋季 ($n=42$)
氮限制						
DIN/P<10，Si/DIN>1	11.4	18.2	9.5	8.3	29.2	4.2
DIN<1 $\mu mol/L$，DIN/P<10，Si/DIN>1	4.5	9.1	2.1	8.3	0	0
磷限制						
DIN/P>22，Si/P>22	56.8	47.7	66.7	50.0	45.8	62.5
P<0.1 $\mu mol/L$，DIN/P>22，Si/P>22	27.3	36.4	31.0	30.0	30.0	41.7
硅限制						
Si/P<10，Si/DIN<1	0	11.4	9.5	0	8.3	12.5
Si<2 $\mu mol/L$，DIN/P<10，Si/DIN<1	0	0	9.5	0	0	12.5

海州湾海洋牧场营养盐对浮游植物多表现为磷限制特征，与赵建华等（2015）和倪金俤等（2011）的研究结论一致。海洋牧场人工鱼礁的投放虽然增加了该海域水体中的 SRP 含量，但海洋牧场区和对照区由于 SRP 含量所造成的营养盐限制比例仍然很大，这表明海洋牧场的营养盐结构不仅受人工鱼礁投放的影响，还受到整个海湾环境的影响。当 DIN 作为限制因子出现时，DIN 含量对海洋牧场区的影响要大于对照区，尤其夏季和秋季更为明显。对海洋牧场区域浮游植物的调查结果显示，海洋牧场区和对照区浮游植物在群落结构和丰度上无显著差异，说明海洋牧场区和对照区 DIN 均能满足浮游植物的生长要求。DIN 作为限制因子的出现，可能是由于在海洋牧场人工养殖的藻类消耗水体中营养盐造成的。SRS 对海洋牧场区和对照区的限制作用相同，差异性主要体现在季节变化上。海洋牧场中的浮游植物以占 84.3% 的硅藻门为主，硅藻生长需要消耗海水中的 SRS，

而 SRS 主要来自陆源输入，受人工鱼礁建设的影响不大。硅藻的季节性生长可能控制着海洋牧场 SRS 的变化，因此导致不同季节 SRS 的限制作用发生变化。

八、小结

本试验主要分析了 2008—2015 年海洋牧场监测到的水体 SRP、DIN、SRS 和沉积物 TN、TP 的含量和空间分布变化，结合海洋牧场的建设情况，得到了以下结论：

（1）海州湾海洋牧场人工鱼礁对沉积物横向运输的滞缓作用和贻贝、藻类的养殖造成了沉积物 TN 的累积，海洋牧场区 TN 累积速率高于对照区。海州湾海洋牧场区的 DIN 更易受到 TN 的影响，对照区 SRP 则与沉积物 TP 的变化保持一致。

（2）浮游植物的高丰度可能加快了沉积物生物有效磷的释放，造成 TP 含量呈减小趋势。TP 空间分布发生改变，由海洋牧场区＞对照区，转变为海洋牧场区＜对照区。

（3）底栖动物对海洋牧场沉积物-水界面的营养盐交换通量的贡献率较低，并非影响海洋牧场 TN、TP 变化的主导因素。

第四章　海州湾海洋牧场表层沉积物中氮形态分析及吸附-解吸动力学

　　氮作为海洋初级生产力中不可缺少的元素，与底栖生物有着密不可分的关系。沉积物中氮主要来自水体中颗粒有机物的沉降积累。沉积物中的氮分为有机氮和无机氮，无机氮是海洋生物生长繁殖能利用的营养成分，有机氮主要通过微生物的作用转化成无机氮才能被生物所吸收利用。无机氮主要存在形式有 $NO_3^- - N$、$NO_2^- - N$ 和 $NH_4^+ - N$。$NH_4^+ - N$能够直接被浮游植物吸收，其含量决定了海域的生产力水平。$NO_3^- - N$ 主要富集在溶解氧含量较高沉积物的表层，而深层沉积物中 $NH_4^+ - N$ 的含量较高。根据沉积物中的 $NH_4^+ - N$ 和 $NO_3^- - N$ 含量能够判断沉积物处于氧化状态还是还原状态。

　　有机物质通过矿化作用转化成 $NH_4^+ - N$。在氧气充足的条件下，不利于 $NH_4^+ - N$ 累积，进一步发生硝化反应，以 $NO_3^- - N$ 的形式存在。随着沉积物深度的增加，沉积物的氧气环境变弱，不利于硝化反应的进行，中层沉积物通过生物扰动作用，得到了更多的溶解氧，可以加强硝化反应强度。对于深层沉积物，其性质稳定，其中的溶解氧含量较低，主要发生的是反硝化作用，$NO_3^- - N$ 含量较低。深层沉积物中微生物群落的活动同样促进反硝化作用的发生，所以在底栖生物活动频繁的地方，沉积物中硝化作用更容易进行。

　　沉积物中 N 的硝化作用是自表层向下逐渐减弱的，表层沉积物中 $NO_3^- - N$ 含量较高，深层沉积物中 $NO_3^- - N$ 含量较低。

　　温度、盐度、沉积物溶解氧含量、营养盐和有机物含量等是影响氮反硝化作用的主要因素。表层沉积物的氧化性较强，有利于沉积物中的有机氮发生氨化作用，使得表层沉积物 NH_4 含量较低。随着沉积物深度的增加，沉积物的还原性逐渐增强，有利于 $NH_4^+ - N$在沉积物中赋存累积。因此随沉积物深度增加，沉积物中 $NH_4^+ - N$ 含量呈现逐渐递增的趋势。

　　在海洋沉积物-水环境系统内，反硝化作用具有重要的生态环境意义。反硝化作用有助于缓解海滩富营养化，对海洋生态环境的自愈以及修复过程有着积极影响，同时将水中过多的氮磷储存在沉积物中，对海水中氮含量升高起到重要的缓冲作用。

一、氮形态分析方法

（一）硝酸盐氮、亚硝酸盐氮和氨氮的测定

　　上覆水中硝酸盐氮、亚硝酸盐氮和氨氮的测定均按照《海洋监测规范 第 4 部分：海

水分析》（GB 17378.4—2007）中的规定进行。亚硝酸盐的测定采用重氮-偶氮法。硝酸盐的测定用锌-镉还原法，用镀铬的锌片将海水中的硝酸盐定量地还原为亚硝酸盐，海水中的总亚硝酸盐用重氮-偶氮法进行测定，然后减去海水中原有的亚硝酸盐，计算出硝酸盐的含量。铵盐的测定采用次溴酸钠氧化法，在碱性条件下，次溴酸钠能将海水中的铵盐定量地氧化为亚硝酸盐，再用重氮-偶氮法测定生成的亚硝酸盐和海水中原有的亚硝酸盐，测定的总含量减去海水中原有的亚硝酸盐，则可计算出铵盐的含量。

（二）氮形态的分析与测定

称取 1 g（准确到 0.1 mg）表层沉积物样品，用改进的沉积物中磷（P）的分级浸取分离方法，将表层沉积物中不同形态的可转化态氮（TTN）提取出来，得到离子交换态氮（IEF－N）、弱酸可浸取态氮（WAEF－N）、强碱可浸取态氮（SAEF－N）及强氧化剂可浸取态氮（SOEF－N）。沉积物中各形态氮的分级浸取方法见图 4-1，其中每一步骤浸取液中氮的测定方法均采用紫外-可见分光光度法，测定的基本原理见 GB 17378.4—2007。NH_4^+－N 用次溴酸钠氧化法氧化后测定，NO_3^-－N 用锌-镉还原法还原后测定，每组样品分析做 3 个平行样，试验数据以 3 次测定的平均值表示，测定的误差＜± 5％。

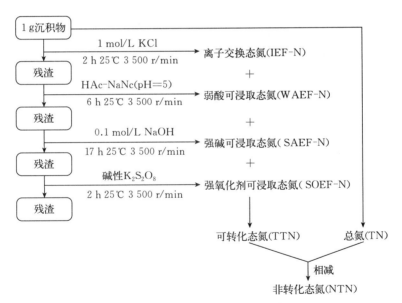

图 4-1　各形态氮分级浸取示意

1. 离子交换态氮的测定

称取 1 g（准确到 0.1 mg）表层沉积物样品，置于 50 mL 离心管中，加入 20.00 mL KCl（1 mol/L），振荡 2 h（25 ℃，180 r/min），离心（3 500 r/min），取上清液分别测定 NH_4^+－N、NO_3^-－N 的含量。

2. 弱酸可浸取态氮的测定

弱酸可浸取态氮（IEF－N）提取后的残渣加 10 mL 蒸馏水，离心后烘干（60 ℃，

10 h）。向烘干后的残渣加入 HAc - NaNc（pH＝5）20.00 mL，振荡 6 h（25 ℃，180 r/min），离心（3 500 r/min），取上清液分别测定 $NH_4^+ - N$、$NO_3^- - N$ 的含量。

3. 强碱可浸取态氮的测定

强碱可浸取态氮（WAEF - N）提取后的残渣加 10 mL 蒸馏水，离心后烘干（60 ℃，10 h）。向烘干后的残渣加入 20.00 mL NaOH（0.1 mol/L），振荡 17 h（25 ℃，180 r/min），离心（3 500 r/min），取上清液分别测定 $NH_4^+ - N$、$NO_3^- - N$ 的含量。部分样品浸出液呈黄褐色，要进行消解处理。

4. 强氧化剂可浸取态氮的测定

强氧化剂可浸取态氮（SAEF - N）提取后的残渣加 10 mL 蒸馏水，离心后烘干（60 ℃，10 h）。向烘干后的残渣加入 20.00 mL 碱性 $K_2S_2O_8$（NaOH 0.24 mol/L，$K_2S_2O_8$ 40 g/L），振荡 2 h（25 ℃，180 r/min），放入高压灭菌锅（110～115 ℃）内消煮 1 h，待冷却后离心（3 500 r/min），取上清液分别测定 $NH_4^+ - N$、$NO_3^- - N$ 的含量。

5. 非转化态氮的测定

非转化态氮（NTN）由总氮（TN）和可转化态氮（TTN）相减得到。

二、表层沉积物中各形态氮含量

（一）表层沉积物中总氮（TN）的含量和分布特征

海州湾春、夏、秋季表层沉积物中 TN 的含量见表 4-1。图 4-2 为海州湾不同季节表层沉积物中 TN 的含量和平面分布。

表 4-1 海州湾不同季节表层沉积物中总氮含量（mg/kg）

站点	5月（春季）	8月（夏季）	10月（秋季）
RA1	443.45	434.70	639.80
RA2	242.20	355.60	904.05
RA3	377.65	506.45	675.15
RA4	453.25	226.45	590.10
RA5	217.00	415.45	582.75
RA6	289.10	410.20	469.00
CA1	584.15	574.00	711.90
CA2	342.30	611.10	975.10
CA3	458.50	461.30	666.75
平均值	378.62	443.92	690.51

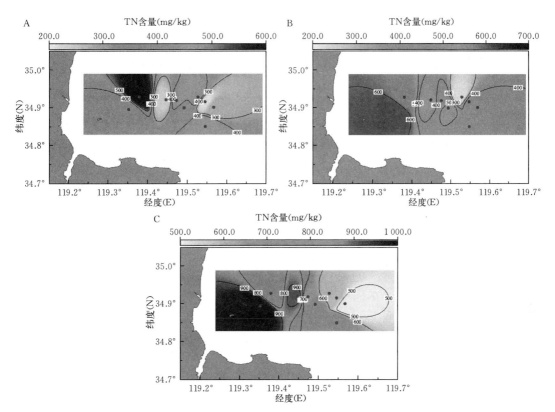

图4-2　海州湾不同季节表层沉积物中总氮含量和平面分布

A. 5月（春季）TN含量和平面分布　B. 8月（夏季）TN含量和平面分布

C. 10月（秋季）TN含量和平面分布

结合表4-1海州湾表层沉积物中总氮（TN）含量和图4-2总氮含量平面分布特性可知，海州湾表层沉积物中总氮的平均含量为378.62～690.51 mg/kg，各站点的总氮含量随季节变化而变化：春季沉积物中TN含量最少，夏季沉积物中TN含量开始增加，秋季沉积物中TN含量达到最大。这主要是由于海州湾为半封闭的港湾，秋季盛行东南风，使陆源输入的污染物向远岸运送的能力减小，在近岸堆积，总氮含量升高。

吕晓霞等（2004）对南海和黄海表层沉积物总氮平均含量的研究结果为805.84 mg/kg；丛敏（2013）对黄海和东海沉积物中的TN含量研究结果为582.2～1 059.5 mg/kg；何桐（2009）对大亚湾表层沉积物总氮含量研究表明总氮的含量较高，平均值高达1 692.52 mg/kg；马红波等（2003）的研究显示渤海沉积物中总氮含量也高达2 550 mg/kg。这与海州湾的研究结果有较大不同，海州湾表层沉积物中总氮含量显著低于其他海湾，所以海州湾海域的总氮在表层沉积物中没有出现明显富集现象，其本身的氮负荷较其他海域低。

根据加拿大安大略省环境和能源部（1997）发布的沉积物质量评价指南，以沉积物中氮污染物对底栖生物的生态毒性效应分为三级：安全级别、最低级别、严重级别。安全级别的沉积物，在水生生物中并没有发现中毒效应；最低级别的沉积物已受污染，但是多数底栖生物仍然能承受；严重级别的沉积物会使底栖生物群落与结构遭受明显的损害。沉积物中能引起最低级别与严重级别生态毒性效应的总氮含量标准分别为 550 mg/kg 和 4 800 mg/kg，李任伟等（2001）对黄河三角洲区域氮污染评价时即采用此标准。海州湾海域春季（除 CA1 为 584.15 mg/kg）、夏季（除 CA1 为 574 mg/kg，CA2 为 611.1 mg/kg）各站点总氮含量都低于 550 mg/kg，属于安全级别的沉积物；秋季各站点（除 RA6 为 469 mg/kg）总氮含量均大于 550 mg/kg 但低于 1 000 mg/kg，沉积物已经受到了污染，表明该区域氮污染已对环境质量产生影响，但尚未造成严重污染。

从空间分布上看：表层沉积物中 TN 呈海洋牧场鱼礁区（RA 年平均 457.35 mg/kg）低于对照区（CA 年平均 598.34 mg/kg）的分布趋势，可能是由于牧场鱼礁区有筏式吊养藻类，藻类对水体中营养盐的吸收利用，有利于沉积物中营养盐向水体释放，从而使海洋牧场区的 TN 含量较对照区低；海洋牧场鱼礁区、对照区 TN 含量均具有季节性变化，表现为春季＜夏季＜秋季。春季 TN 含量最高值为 584.15 mg/kg，位于对照区 1（CA1），夏季和秋季总氮含量最大值分别为 611.1 mg/kg 和 975.1 mg/kg，均位于对照区 2（CA2），三个季节含量最大值均位于离岸较近的站点。这是由于海州湾为一个半开阔性海湾，CA1、CA2 离岸最近，受陆源入湾河流下泄所携带营养物质影响较大；海州湾为半日潮，自身潮流比较弱，海水交换能力减弱，以外洋水向岸补充为主，不利于污染物的离岸运送，导致陆源污染物在 CA1、CA2 站点等近岸海域聚集。

（二）表层沉积物中可转化态氮（TTN）的赋存特征

1. 表层沉积物中可转化态氮（TTN）的含量和分布

把可转化态氮（TTN）划分为离子交换态氮（IEF-N）、弱酸可浸取态氮（WAEF-N）、强碱可浸取态氮（SAEF-N）及强氧化剂可浸取态氮（SOEF-N）4 种形态。其中，IEF-N、WAEF-N 和 SAEF-N 是无机形态氮；SOEF-N 主要为有机形态氮。海州湾表层沉积物中各形态可转化态氮（TTN）的含量和平面分布如图 4-3 所示。

（1）IEF-N 的含量和分布特征　　IEF-N 与沉积物结合能力最弱，容易被释放出来参与海洋生态系统的氮循环，在氮循环中具有重要地位。盐度、温度、生物扰动、DO、pH 及有机质的含量都会影响 IEF-N 的含量与释放，沉积物本身的粒度及结构性质也与其释放有直接的关系。海州湾表层沉积物中的 IEF-N 是三种可转化无机形态氮中含量最高的，图 4-3A～C 显示了海州湾表层沉积物中 IEF-N 的平面分布特征。春季 IEF-N 的含量变化范围为 8.10～16.20 mg/kg，平均值为 11.35 mg/kg；夏季 IEF-N 的含量变化在 33.11～72.03 mg/kg，平均值为 47.84 mg/kg；秋季 IEF-N 含量范围为 9.89～16.32 mg/kg，平均值为 12.63 mg/kg。从 IEF-N 的平均含量上看，夏季＞秋季＞春季；从空间分布上看，三个季节均呈现 IEF-N 的含量由中央海区的人工鱼礁区向两侧对照区减小的分布趋势。这是众多影响因素共同作用的结果，使该站点附近的表层沉积物具有较强的吸附能力，对 IEF-N 的吸附量增大，从而呈现此分布状态。

（2）WAEF-N 的含量和分布特征　　WAEF-N 释放能力比 IEF-N 稍低，与海洋沉积物的结合能力相当于碳酸盐的结合能力，是一种碳酸盐结合态氮。因此，其分布主要与沉积物中的碳酸盐环境相关，此外，还受多种因素的影响，如沉积物粒度、有机质矿化过程中酸碱度的改变等。春季 WAEF-N 的含量在 5.19～14.79 mg/kg，平均值为 8.76 mg/kg；

夏季 WAEF－N 的含量范围为 8.48～12.83 mg/kg，平均值为 11.45 mg/kg；秋季 WAEF－N 的含量为 4.69～6.61 mg/kg，平均值为 5.76 mg/kg。WAEF－N 平均含量的季节变化为夏季＞春季＞秋季。在空间分布上，春季、夏季、秋季 WAEF－N 的分布趋势基本一致（图 4-3D～F），海州湾东部沉积物中 WAEF－N 的含量要比海州湾西部近入海口处高，这可能与海州湾东部碳酸盐含量低有关。

（3）SAEF－N 的含量和分布特征　SAEF－N 与沉积物的结合能力相当于铁、锰、镁等金属氧化物的结合能力。SAEF－N 的含量及分布受沉积物的氧化还原环境、有机质含量、pH、微生物活动等的影响。在相同的海洋环境条件下，在三种可转化态无机氮中，SAEF－N 的释放能力最低。春季表层沉积物中 SAEF－N 的含量为 0.71～2.21 mg/kg；夏季 SAEF－N 的含量范围为 0.49～0.78 mg/kg；秋季表层沉积物中 SAEF－N 含量在 6.60～11.13 mg/kg。春季（1.04 mg/kg）和夏季（0.58 mg/kg）的平均含量相差不大，远远低于秋季（8.97 mg/kg）的平均值。由图 4-3G～I 可以看出，三个季节海州湾表层沉积物中 SAEF－N 的分布规律有很大不同。夏季 SAEF－N 含量呈现出海州湾西部低于海州湾东部的分布趋势，但各站点 SAEF－N 含量变化不大；秋季在湾口和远离湾口的一侧 SAEF－N 含量较高，而中间区域含量较低，造成这种分布的原因可能是海州湾中间区域的沉积物比两侧沉积物处于较强的还原环境，有利于 SAEF－N 向上覆水体中释放，被生物利用，从而表层沉积物中的含量较低；春季 SAEF－N 的空间分布基本与秋季的分布趋势相反。

（4）SOEF－N 的含量和分布特征　SOEF－N 是有机形态的氮，释放能力最弱，是最难被提取出来的氮。在海州湾表层沉积物可转化态氮中 SOEF－N 的含量最大，对海水沉积物界面的绝对贡献也最大。春季海州湾表层沉积物中 SOEF－N 的含量范围为 30.83～58.82 mg/kg，平均值为 47.37 mg/kg；夏季含量范围在 30.72～45.44 mg/kg，平均值为 36.68 mg/kg；秋季表层沉积物中 SOEF－N 含量在 76.39～94.55 mg/kg，平均为 85.32 mg/kg。夏季 SOEF－N 的含量变化范围较小，其空间分布特征无明显的起伏与波动；春季和秋季 SOEF－N 分布较复杂，出现多个高值区（图 4-3J～L）。春季 RA2、RA3 和 RA6 区域为高值区，秋季 RA3、RA5 出现两个高值区。

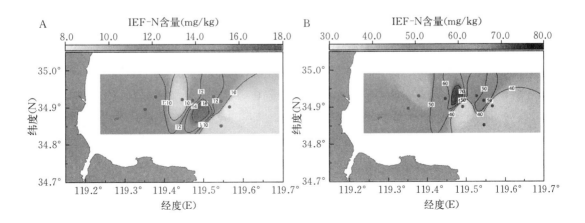

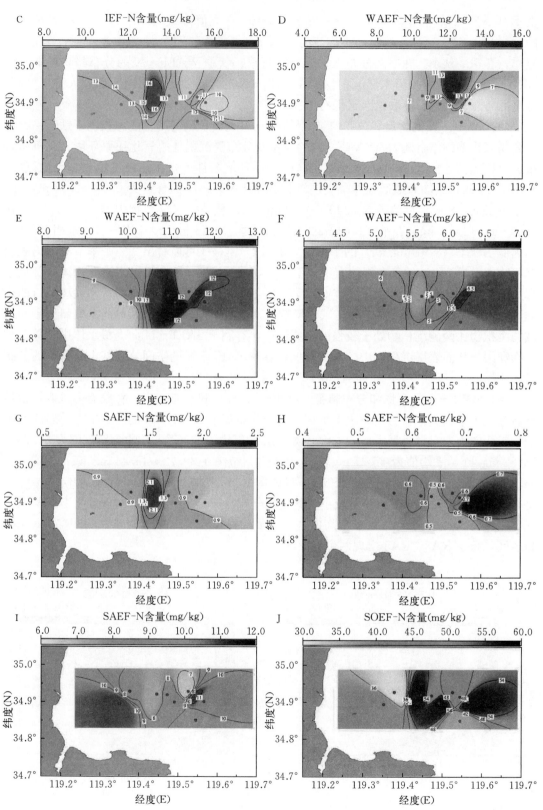

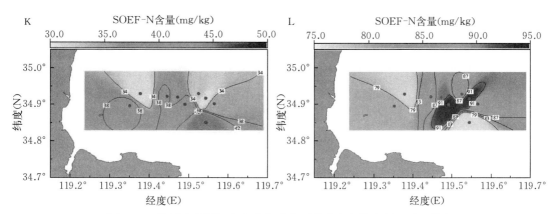

图 4-3　海州湾表层沉积物中各形态可转化态氮的含量和平面分布

A.5 月 IEF-N 含量和平面分布　B.8 月 IEF-N 含量和平面分布　C.10 月 IEF-N 含量和平面分布　D.5 月 WAEF-N 含量和平面分布　E.8 月 WAEF-N 含量和平面分布　F.10 月 WAEF-N 含量和平面分布　G.5 月 SAEF-N 含量和平面分布　H.8 月 SAEF-N 含量和平面分布　I.10 月 SAEF-N 含量和平面分布　J.5 月 SOEF-N 含量和平面分布　K.8 月 SOEF-N 含量和平面分布　L.10 月 SOEF-N 含量和平面分布

SOEF-N 的分布首先与表层沉积物的来源有关，河流注入海州湾带来大量富含有机质的物质，影响 SOEF-N 分布的因素还有沉积物的粒度、氧化还原环境、有机质向沉积物的输送速度等。沉积物粒度细，会造成不透气的环境，有利于保存有机质；同时由于沉积物存在阳离子，能与蛋白质、氨基酸、酚类、糖类等有机颗粒牢固结合；有机质向沉积物的输送速度与上覆水体的水深成反比，与初级生产力成正比。海州湾为半封闭浅湾，沿岸有多条河流注入，受陆源物质影响强烈，各因素对 SOEF-N 分布的影响很复杂，因此其分布也较为复杂。

（5）TTN 的含量和分布特征　表层沉积物中 TTN 是 TN 中能参与循环的真正部分。春季 TTN 的含量范围为 49.53～83.51 mg/kg，平均值为 68.52 mg/kg，占总氮的 18.01%；夏季 TTN 的含量在 82.14～122.60 mg/kg，平均值为 96.55 mg/kg，占总氮的 21.75%；秋季 TTN 的含量为 105.26～123.97 mg/kg，平均值为 113.19 mg/kg，占总氮的 16.39%。海州湾表层沉积物中 TTN 占 TN 的百分比大于何桐等（2009）的研究结果（13.55%），小于吕晓霞等（2004）的研究结果（25.33%～59.87%）和马红波等（2003）的研究结果（30.85%），与张小勇等（2013）的研究结果（16.81%）相当。夏季可转化态氮所占的比例较大，可能是由于夏季温度升高，硝化细菌的活性增强，海洋底栖生物的生命活动加快，生物扰动作用增强。海州湾表层沉积物中 TTN 平均含量的季节性变化为秋季＞夏季＞春季，与表层沉积物中 TN 具有相同的季节性赋存特征。从图 4-4 可以看出，三个季节 TTN 含量的空间分布整体呈现海洋牧场区高于对照区的特点。

2. 各形态可转化态氮占总可转化态氮的百分比

春、夏、秋季海州湾表层沉积物中各形态 TTN 占总 TTN 的百分比见图 4-5 至图 4-7。

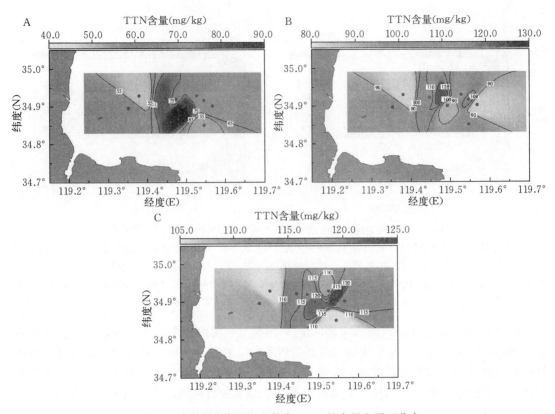

图 4-4 海州湾表层沉积物中 TTN 的含量和平面分布

A. 5 月 TTN 含量和平面分布 B. 8 月 TTN 含量和平面分布 C. 10 月 TTN 含量和平面分布

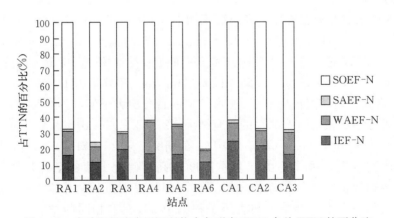

图 4-5 春季海州湾表层沉积物中各形态 TTN 占总 TTN 的百分比

海州湾表层沉积物中各形态 TTN 占总 TTN 的百分比情况如下：

（1）IEF-N 占总 TTN 的百分比 春季为 11.24%～24.47%，平均值为 16.57%；夏季为 37.68%～58.75%，平均值为 49.55%；秋季为 8.56%～14.43%，平均值为 11.16%。

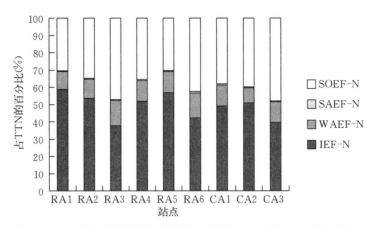

图 4-6　夏季海州湾表层沉积物中各形态 TTN 占总 TTN 的百分比

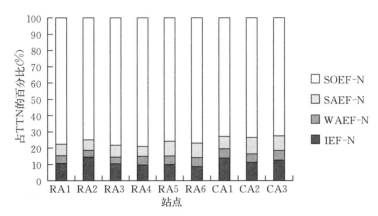

图 4-7　秋季海州湾表层沉积物中各形态 TTN 占总 TTN 的百分比

（2）WAEF-N 占总 TTN 的百分比　春季为 7.20%～20.04%，平均值为 12.78%；夏季为 8.86%～14.60%，平均值为 11.86%；秋季为 4.09%～5.89%，平均值为 5.09%。

（3）SAEF-N 占总 TTN 的百分比　春季为 0.98%～2.86%，平均值为 1.52%；夏季为 0.40%～0.94%，平均值为 0.60%；秋季为 6.06%～10.08%，平均值为 7.92%。

（4）SOEF-N 占总 TTN 的百分比　春季为 62.2%～76.06%，平均值为 69.13%；夏季为 30.30%～48.00%，平均值为 37.99%；秋季为 72.57%～79.02%，平均值为 75.83%。

各形态 TTN 占总 TTN 的百分比具有较明显的季节性变化。在 4 种可转化态氮中，IEF-N 最容易被释放出来参与海洋系统氮循环，WAEF-N 次之，SOEF-N 与沉积物的结合力最强，它们的结合力按 IEF-N＜WAEF-N＜SAEF-N＜SOEF-N 的顺序逐渐增强。各个季节 IEF-N 占总 TTN 的平均百分比为 25.76%，并且具有较大的季节性差异，夏季高达 49.55%；SAEF-N 在总 TTN 的所占百分比最小，平均只有 3.35%；SOEF-N 在 TTN 中所占的比例最高，平均为 60.98%，其含量的高低对表层沉积物中 TTN 含量的大小起决定作用。各形态 TTN 对沉积物-水界面的贡献大小是随时间尺度大小发生变化的，当时间尺度大到使 4 种形态 TTN 完全释放时，其贡献大小则与各形态氮含量是完全一致的。因此，各形态氮对沉积物-水界面的绝对贡献大小顺序为：春季，SOEF-N

（69.13%）＞IEF－N（16.57%）＞WAEF－N（12.78%）＞SAEF－N（1.52%）；夏季，IEF－N（49.55%）＞SOEF－N（37.99%）＞WAEF－N（11.86%）＞SAEF－N（0.60%）；秋季，SOEF－N（75.83%）＞IEF－N（11.16%）＞SAEF－N（7.92%）＞WAEF－N（5.09%）。

（三）表层沉积物中非转化态氮（NTN）的赋存特征

非转化态氮（NTN）由总氮（TN）与可转化态氮（TTN）相减得到。NTN可以分成两类，一类由沉积物粒度决定，其组成成分比较复杂，被包裹在较大颗粒的内层，无法真正地参与海洋化学循环；另一类被矿物晶格的特定结构所固定，必须破坏矿物晶格后才能释放出来。春季海州湾表层沉积物中NTN的含量范围为144.55～534.62 mg/kg，平均值为310.10 mg/kg；夏季NTN的含量为133.83～515.34 mg/kg，平均值为347.37 mg/kg；秋季表层沉积物中NTN的含量在353.40～866.28 mg/kg，平均值为577.32 mg/kg。就空间分布来说，三个季节NTN大体呈现自西向东逐渐减小的趋势，与TN的分布趋势大体相同（图4-8）。最大值出现在距离湾口最近的CA1、CA2、RA2等站点，最小值位于距离湾口最远的RA4、RA5、RA6等站点。这说明陆源污染物的输入、近岸堆积对NTN含量的影响较大。

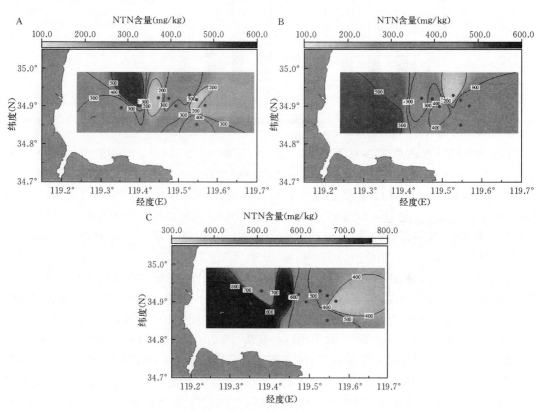

图4-8　海州湾表层沉积物中NTN的含量和平面分布

A. 5月NTN含量和平面分布　B. 8月NTN含量和平面分布　C. 10月NTN含量和平面分布

三、表层沉积物中各形态氮之间的相关性分析

沉积物各形态氮之间是可以相互转化的，它们之间的相关性分析对于了解沉积物中氮的迁移转化是非常必要的。本试验从各形态氮之间的相关关系出发，说明各形态氮之间可能存在的相互影响。海州湾表层沉积物中各形态氮之间的相关性系数（表4-2）。

表4-2　表层沉积物中各形态氮之间的相关性系数（$n=9$）

氮形态	季节	TN	TTN	IEF-N	WAEF-N	SAEF-N	SOEF-N
TN	春	1					
	夏	1					
	秋	1					
TTN	春	−0.555	1				
	夏	−0.230	1				
	秋	−0.335	1				
IEF-N	春	0.242	0.247	1			
	夏	−0.249	0.922**	1			
	秋	0.633	−0.215	1			
WAEF-N	春	−0.054	0.428	0.233	1		
	夏	−0.501	0.362	0.218	1		
	秋	−0.592	−0.032	−0.521	1		
SAEF-N	春	−0.461	0.255	−0.292	−0.117	1	
	夏	0.515	−0.404	−0.214	0.073	1	
	秋	−0.035	0.324	−0.324	0.548	1	
SOEF-N	春	−0.537	0.912**	−0.042	0.087	0.359	1
	夏	−0.330	0.256	−0.252	0.096	−0.559	1
	秋	−0.438	0.951**	−0.365	−0.105	0.120	1

注：同行数据肩标**表示差异极显著（$P<0.01$）。

从表4-2可以看出，各形态氮之间存在一定程度的相互作用。三个季节 TN 与 TTN 均呈负相关（春季 $r=-0.555$；夏季 $r=-0.230$；秋季 $r=-0.335$）。就 TTN 的含量来说，随着 TN 含量的增加，TTN 有减小的趋势，也就是说随着沉积物污染程度的加剧，氮的稳定性增强，沉积物向成岩过程发展。TTN 的含量与各形态氮含量之间基本呈正相关关系，夏季 TTN 与 IEF-N 呈显著正相关（$r=0.922$**）；春、秋季 TTN 与 SOEF-N 呈显著正相关（春季 $r=0.912$**；秋季 $r=0.951$**）。由此可得，不同季节对 TTN 含量贡献大小的氮形态不同：夏季 TTN 含量主要受 IEF-N 的控制，春、秋季 TTN 含量主要受 SOEF-N 的控制，表现了相应的季节性变化特点。以上仅是对本次研究结果的简单分析，表层沉积物氮形态之间的相互作用过程及机制是一项复杂的研究，需要做更深入的探讨。

四、表层沉积物中氮的生态学意义

氮的各种形态在沉积物中并不是固定不变的，有机质、微生物作用、温度、溶解氧、生物扰动、悬浮物、沉积物类型等都会影响其相互转化，并且这些因素具有较强的彼此影响的相关性。硝化和反硝化作用是氮在沉积物中形态转变的主要机制，在硝化过程中，硝化细菌在 O_2 的参与下将 $NH_4^+ - N$ 氧化为 $NO_3^- - N$；在反硝化过程中，反硝化细菌会在缺氧的条件下将 $NO_3^- - N$ 还原为 $NH_4^+ - N$。沉积物既可以接受来自颗粒物运输、水体沉降等多种途径带来的氮，也可以在适当的海洋水环境条件下从沉积物中释放出来，重新参与水体的氮循环，影响海区浮游植物的繁殖和生长，进而影响海域的生态环境。叶绿素 a 与沉积物并没有直接的相互作用，而是通过一系列的物理作用、化学作用和生物活动间接地影响沉积物的早期成岩过程，从而影响沉积物中氮的形态和含量。

本试验将春、夏、秋季海州湾表层沉积物中各形态氮的含量分别与沉积物中的有机碳（TOC）、海水温度（T）、悬浮物（SS），以及上覆水体中的溶解氧（DO）、叶绿素 a、$NO_3^- - N$、$NH_4^+ - N$、$NO_2^- - N$ 用 SPSS Statistics 软件进行分析，得出的 Pearson 相关性系数见表 4 - 3。

表 4 - 3　海州湾表层沉积物各形态氮与环境因子之间的相关性系数（$n=9$）

氮形态	季节	T	DO	TOC	SS	叶绿素 a	$NO_3^- - N$	$NH_4^+ - N$	$NO_2^- - N$
TN	春	0.358	−0.163	0.432	−0.077	−0.196	−0.097	−0.318	0.146
	夏	0.085	−0.519	0.737*	0.887**	−0.281	0 311	−0.137	0.423
	秋	−0.187	0.088	0.862**	−0.387	0.740*	−0.380	−0.111	−0.259
TTN	春	−0.676	−0.282	−0.093	0.288	0.533	0.032	0.240	0.375
	夏	−0.518	−0.309	0.004	−0.530	−0.340	−0.046	−0.410	−0.180
	秋	0.048	0.037	−0.378	0.820**	−0.217	0.275	−0.086	0.235
IEF - N	春	−0.618	0.321	0.506	0.397	−0.281	−0.101	−0.113	−0.204
	夏	−0.456	−0.326	0.044	−0.445	−0.474	0.069	−0.378	−0.187
	秋	−0.703*	−0.293	0.646	−0.260	0.129	−0.384	−0.045	−0.028
WAEF - N	春	−0.519	0.056	−0.273	−0.123	0.064	−0.764*	−0.213	−0.074
	夏	−0.485	0.626	−0.596	−0.722**	0.486	−0.492	−0.040	−0.417
	秋	0.531	0.514	−0.841**	−0.185	−0.274	0.730*	0.689*	0.521
SAEF - N	春	0.198	0.120	0.296	0.432	0.067	0.302	0.637	0.410
	夏	−0.064	0.623	−0.437	−0.305	0.223	−0.512	0.619	−0.549
	秋	0.626	0.677 *	−0.476	−0.163	0.210	0.678*	0.423	0.619
SOEF - N	春	−0.439	−0.427	−0.154	0.248	0.651	0.313	0.345	0.484
	夏	−0.031	−0.156	0.079	−0.016	0.205	−0.151	−0.092	0.149
	秋	0.049	−0.088	−0.357	0.918**	−0.268	0.147	−0.216	0.042

注：同行数据肩标*表示差异显著（$P<0.05$），肩标**表示差异极显著（$P<0.01$）。当 $0 \leqslant |r| \leqslant 0.3$ 时，为微弱相关；当 $0.3< |r| \leqslant 0.5$ 时，为低度相关；当 $0.5< |r| \leqslant 0.8$ 时，为显著相关；当 $0.8< |r| <1$ 时，为高度相关；当 $|r| = 1$ 时，为完全线性相关。

三个季节 TN 与 TOC 均具有良好的相关性：春季 $r=0.432$，低度相关；夏季 $r=0.737^*$，显著相关；秋季 $r=0.862^{**}$，高度相关。春季 IEF-N 与 TOC 的相关性系数为 0.506，秋季的相关性系数为 0.646，均具有高度相关性。夏季 WAEF-N 与 TOC 的相关性系数为 -0.596，显著相关；秋季 WAEF-N 与 TOC 的相关性系数为 -0.841^{**}，高度相关。这三种氮形态与 TOC 均具有良好的相关性，原因在于有机碳作为一种有机质，其吸附容量很大，尤其是腐殖酸，能吸附较多的氮元素，TN、IEF-N、WAEF-N 与 TOC 的相关性也体现出了有机碳对总氮、离子交换态氮和弱酸浸取态氮分布趋势的控制作用。WAEF-N 与 TOC 呈负相关，这可能是因为在海州湾区域，WAEF-N 的分布趋势与碳酸钙是相同的，在碳酸盐含量高的区域 TOC 含量较小，矿化作用比较弱，pH 的变化较小，不易发生碳酸钙的溶解沉淀，因此 WAEF-N 的含量较大。夏、秋季 SAEF-N 与 TOC 呈负相关是因为氧化还原环境控制着 SAEF-N 的含量，TOC 含量越高，表层沉积物的还原性就越强，SAEF-N 的含量则越小。春、秋季 SOEF-N 与 TOC 的相关系数分别为 -0.154 和 -0.357，均具有负相关性，可能是由于 SOEF-N 与 TOC 成岩过程与转移机制的不同。

从表 4-3 中可以看出，海州湾表层沉积物中各形态氮与上覆水体中的 NO_3^--N、NH_4^+-N、NO_2^--N 大致呈正相关，其中 WAEF-N 和 SAEF-N 与水体中 NO_3^--N、NH_4^+-N、NO_2^--N 显著相关，表明 WAEF-N 和 SAEF-N 对于水体营养盐的贡献较大，但存在例外，说明浮游植物的生长除了与氮素的含量有关，也与各氮素之间的比例有关。叶绿素 a 是衡量初级生产力的重要指标，与海洋沉积物通过一系列活动发生相互作用。本研究发现，海州湾叶绿素 a 与各形态氮大致呈正相关，其中秋季 TN 与叶绿素 a 的相关系数为 0.740^*，显著相关；春季 TTN、SOEF-N 与叶绿素 a 的相关系数分别为 0.533、0.651，显著相关。春、夏季 SOEF-N 与叶绿素 a 均为正相关，这是因为叶绿素 a 含量高的海区，光合作用随之增强，浮游植物的生长活动活跃，富含有机质的生物残体分解，有机态的 SOEF-N 含量就会增加。

五、缢蛏扰动对表层沉积物中各形态氮含量的影响

（一）试验设计

首先将预处理的沉积物用新鲜海水在室温下培养 7 d，让沉积物恢复到接近自然状态，然后将培养好的沉积物均匀放入直径 16 cm 的 PVC 管中，沉积物柱高 20 cm，在沉积物表层加入适量的海水继续培养 3 d，之后进行生物扰动试验。试验设置生物扰动组（低密度组、高密度组）和对照组，每组 3 个重复。分别在生物扰动组的 PVC 管中放入缢蛏，低密度组放入 2 只缢蛏（99 只/m^2），高密度组放入 5 只缢蛏（249 只/m^2）。培养周期为 20 d，在培养试验期间，对照组和生物扰动组均保持充氧，每天更新 1/3 的海水，金藻饵料隔天投喂 1 次，直至试验周期结束。

培养试验结束后，缓慢抽取上层海水，尽量避免引起表层沉积物的扰动。将 PVC 管中的柱状沉积物从上至下按照 0~5 cm 段（上层）每 1 cm 分层；5~13 cm 段（中层）每 2 cm 分层；13~21 cm 段（下层）每 4 cm 分层。各层分别取样，样品冷冻干燥后过 100 目筛，测定沉积物中各种形态氮的含量。

（二）缢蛏扰对沉积物 TN 含量的影响

本试验中，沉积物 TN 对照组平均含量为 355.37 mg/kg，生物扰动组为 429.06 mg/kg（低密度组为 413.48 mg/kg，高密度组为 437.97 mg/kg）。由表 4-4 可知，高密度组和低密度组 TN 含量明显高于对照组，且随着缢蛏生物密度的增加，TN 含量增加明显，说明缢蛏扰动对沉积物中 TN 的含量变化有影响。从垂直方向上来看，柱状沉积物中 TN 含量随深度的增加呈往复螺旋式变化，低密度组的高值出现在 6 cm 和 12 cm 处，高密度组的高值出现在 5 cm、10 cm 和 15 cm 处，与试验期间缢蛏栖息的深度一致（图 4-9）。有研究表明，底栖生物能够促进沉积物中 TN 的释放。因此，缢蛏的扰动作用促进了沉积物中 TN 含量的增加，且随着生物密度和扰动强度的增加，TN 含量增加明显。

表 4-4　上、中、下层沉积物中各形态氮含量

取样层	组别	各形态氮含量（mg/kg）					
		NTF-N	IEF-N	CF-N	IMOF-N	OSF-N	TN
上层	对照组	263.17	12.36	9.11	10.74	60.22	355.60
	低密度组	342.85	13.55	12.24	10.03	24.93	403.60
	高密度组	360.02	17.04	12.66	11.15	27.53	428.40
中层	对照组	291.88	10.63	9.84	10.05	31.10	353.50
	低密度组	370.47	15.81	9.58	14.35	25.54	435.75
	高密度组	367.12	17.16	13.08	17.15	26.48	441.00
下层	对照组	251.52	9.93	9.26	11.94	74.35	357.00
	低密度组	333.38	15.78	10.77	12.72	28.46	401.10
	高密度组	381.89	10.79	14.02	12.80	25.01	444.50

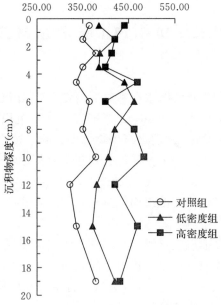

图 4-9　缢蛏扰动下沉积物 TN 含量的垂直分布

（三）沉积物中各形态氮含量组成

表 4-5 是沉积物中各形态氮（TN、NTN、TTN、IEF-N、CF-N、IMOF-N 和 OSF-N）的含量平均值及变化量。从表 4-5 中可得，对照组和生物扰动组的 TN 含量平均值分别为 355.37 mg/kg 和 425.73 mg/kg。对比生物扰动组与对照组不同形态氮的含量，生物扰动组沉积物中 TN 含量平均值增加了 19.80%，NTN 含量平均值增加了 33.63%，TTN 含量平均值降低了 23.21%。TTN 4 种氮形态中 OSF-N 的含量平均值最高，对照组和生物扰动组中分别为 55.22 mg/kg 和 26.33 mg/kg；CF-N 含量平均值最低，对照组和生物扰动组分别为 9.40 mg/kg 和 12.06 mg/kg；IEF-N 含量平均值在对照组和生物扰动组分别为 10.97 mg/kg 和 15.03 mg/kg；IMOF-N 含量平均值在对照组和生物扰动组分别为 10.91 mg/kg 和 13.04 mg/kg。与培养试验初始状态相比 OSF-N 含量平均值减少了 53.32%、IEF-N 增加了 37.01%、CF-N 增加了 28.13%、IMOF-N 增加了 19.52%。

表 4-5　沉积物中各形态氮含量平均值及其变化量（mg/kg）

项目		IEF-N	CF-N	IMOF-N	OSF-N	NTN	TTN	TN
对照组平均值		10.97	9.40	10.91	55.22	268.86	86.51	355.37
生物扰动组	低密度组平均值	15.05	10.86	12.37	26.31	348.9	64.58	413.48
	高密度平均值	15.00	13.25	13.70	26.34	369.68	68.29	437.97
试验组平均值		15.03	12.06	13.04	26.33	359.29	66.44	425.73
变化量（%）		37.01	28.13	19.52	−52.32	33.63	−23.21	19.80

图 4-10 显示了柱状沉积物上、中、下层中各形态氮占 TN 的百分比。从图 4-10 中看出，NTN 占 TN 的比例为 70.45%～85.91%，是沉积物氮的主要存在形式；TTN 占 TN 的比例为 12.09%～29.35%，其中 OSF-N 占 TN 的比例最高，为 5.63%～20.83%；CF-N 占 TN 比例最低，为 2.20%～3.15%；IEF-N 和 IMOF-N 占 TN 的比例分别为 2.43%～3.98% 和 2.48%～3.89%。无论是上层、中层还是下层沉积物中 TN、NTN 所占百分比，均是低、高密度组高于对照组。TTN 所占百分比总体呈减小的趋势，OSF-N 占 TN 的比例下降明显，其他 3 种氮形态（IMOF-N、CF-N、IEF-N）占 TN 的比例有所增加。

NTN 作为沉积物氮的主要存在形态，占 TN 的比例很大，NTN 所占百分比是由 TN 减去 TTN 而得，由于其成分复杂、性质稳定、不容易浸取，所以这部分氮无法参与氮循环，只有占比小的 TTN 参与氮循环。OSF-N 作为 TTN 的主要存在形式，在缢蛏扰动后含量降低，IEF-N、CF-N 和 IMOF-N 含量增加，这些含量变化与 IEF-N、OSF-N、IMOF-N 的性质有关。在缢蛏的扰动作用下，沉积物氮中 TTN 占 TN 的比例减小，NTN 占 TN 的比例增加。因此，缢蛏扰动促进了沉积物中可转化态氮（TTN）向不可转

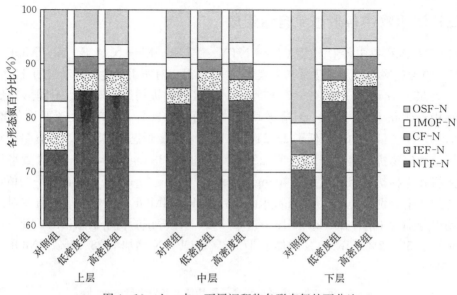

图 4 - 10 上、中、下层沉积物各形态氮的百分比

化态氮（NTN）的转化，以及 TTN 4 种形态氮中 OSF - N 向 IEF - N、CF - N、IMOF - N 的转化。

（四）沉积物中各形态氮含量的垂直分布

1. 离子交换态氮（ion - exchange form - N，IEF - N）

IEF - N 是结合能力较弱的氮形态，但也是最容易浸取的氮形态，主要由沉积物中 NH_4 - N 的含量决定。IEF - N 含量在 9.93～17.03 mg/kg，对照组平均值为 10.979 mg/kg，生物扰动组平均值为 15.03 mg/kg（低密度组 15.05 mg/kg，高密度组 15.00 mg/kg）。由于采样时间为夏季，海水中浮游生物含量较高，消耗了大量的氧气，采集的沉积物处于还原环境，沉积物氮的反硝化作用占优势，因此经矿化作用产生的 NH_4^+ 难被硝化，所以对照组沉积物中 IEF - N 含量较低。高密度组 IEF - N 含量高于低密度组且明显高于对照组，这是因为缢蛏的扰动改变了沉积物的物理结构以及理化性质，促进了沉积物中 IEF - N 含量的增加。如图 4 - 11 所示，从垂直方向来看，对照组 IEF - N 含量在垂直方向上的变化较小，高、低密度组的垂直变化趋势大致相同，都是在 0～4 cm 的上层沉积物中垂直变化较小，随着深度的增加在 5～7 cm 的中上层沉积物中 IEF - N

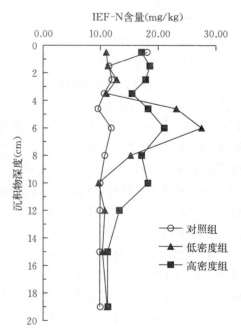

图 4 - 11 沉积物中离子交换态氮含量的
垂直分布

含量增加，并在 6 cm 处达到最大值，而后下层沉积物中 IEF - N 含量的垂直变化变小。但低密度组在 6 cm 处的最大值异常高，可能是由于缢蛏栖息在此深度，对该深度沉积物的扰动作用相较其他深度更强，所以 IEF - N 含量突然增高。

2. 铁锰氧化态氮（iron manganese oxide form - N，IMOF - N）

IMOF - N 含量变化与沉积物的氧化还原环境有关。IMOF - N 在还原条件下能够稳定存在，在氧化环境下大量 Fe^{2+} 被氧化成 Fe^{3+}，沉积物中的氮更容易与 Fe^{3+} 结合，因此在氧化环境下的 IMOF - N 含量较高。一般来说富氧的表层沉积物中 IMOF - N 含量较高，随着深度的增加沉积物还原性增强，IMOF - N 含量会逐渐降低。IMOF - N 含量在 10.03～17.15 mg/kg，对照组平均值为 10.91 mg/kg，生物扰动组平均值为 13.04 mg/kg（低密度组 12.37 mg/kg，高密度组 13.70 mg/kg）。如图 4 - 12 所示，对照组 IMOF - N 含量随着沉积物深度的增加呈减小的趋势，在 4 cm 处达到最小值，而后含量在垂直方向上变化很小。高、低密度组的 IMOF - N 含量在垂直方向上的变化趋势相同，都是随着深度的增加含量先减小，然后在 3～10 cm 处逐渐增大，最大值均出现在 6 cm 处，在 10 cm 处 IMOF - N 在垂直方向上的含量变化又变小，且高密度组的 IMOF - N 含量高于低密度组和对照组。缢蛏的扰动作用使沉积物的物理结构变得松散，有利于氧气的输送，改变了沉积物的氧化还原环境，所以在缢蛏栖息的深度 IMOF - N 含量较高，而且扰动强度较高的高密度组的 IMOF - N 含量也高于低密度组。

3. 碳酸盐结合态(carbonate form - N，CF - N)

CF - N 的含量变化取决于沉积物中 CO_3^{2-} 含量以及有机矿化作用，pH 也是影响 CF - N 含量变化的重要因素。本试验中沉积物 pH 变化较小，有机矿化作用弱，沉积物中的 $CaCO_3$ 不易溶解形成 CO_3^{2-}，很难生成 CF - N，因此含量较低。CF - N 含量为 9.11～14.02 mg/kg，是 4 种氮形态中含量最低的。对照组 CF - N 含量平均值为 9.40 mg/kg，生物扰动组平均值为 12.06 mg/kg（低密度组 10.86 mg/kg，高密度组 13.70 mg/kg）。

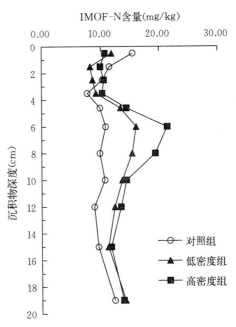

图 4 - 12　沉积物中铁锰氧化态氮含量的垂直分布

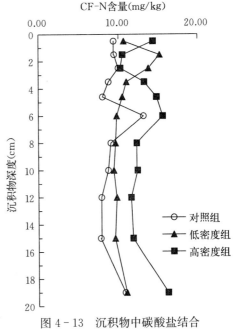

图 4 - 13　沉积物中碳酸盐结合态氮含量的垂直分布

如图 4-13 所示，除低密度组在 2~3 cm 处 CF-N 含量突然增大外，其他深度在垂直方向上 CF-N 的含量变化不明显，高密度组与对照组 CF-N 含量在垂直方向上的变化趋势相同，都是随着深度的增加，含量呈先减小后增大然后又减小再保持不变的变化趋势，最大值出现在 6 cm 处，在 8~16 cm 处生物扰动组与对照组的变化趋势相同，CF-N 含量变化幅度都较小，在 16 cm 处对照组和高密度组的 CF-N 含量又突然增大，但其含量值与表层接近。

4. 有机态和硫化物结合态 (organic and sulphide form-N，OSF-N)

OSF-N 主要与沉积物的来源有关。OSF-N 含量在 24.93~74.35 mg/kg，对照组平均值为 55.22 mg/kg，生物扰动组平均值为 26.33 mg/kg（低密度组 26.31 mg/kg，高密度组 26.34 mg/kg），是 4 种氮形态中含量最高的，也是 TTN 的主要存在形式。如图 4-14 所示，对照组 OSF-N 含量随着沉积物深度的增加在 0~4 cm 处增大而后降低，在 6~12 cm 处含量基本保持不变，然后在 13~21 cm 的下层沉积物中 OSF-N 含量再次增大。生物扰动组 OSF-N 含量低于对照组，高、低密度组 CF-N 含量在垂直方向上相近，变化也不十分明显。OSF-N 含量主要的变化机制目前还不了解，但在沉积物处于缺氧状态时，有机物能够较好地保存，与之结合的 OSF-N 也能够比较稳定地保存在沉积物中，因此 OSF-N 含量的变化可能是由于缢蛏扰动破坏了其能稳定存在的环境条件。

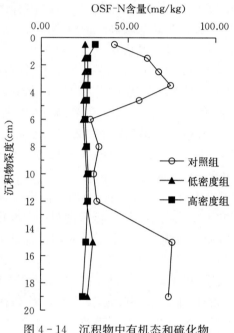

图 4-14 沉积物中有机态和硫化物结合态氮含量的垂直分布

六、缢蛏排氨作用对上覆水 NH_4^+ 含量及通量的影响

（一）样品采集与处理

试验所用沉积物采于海州湾海洋牧场区，用抓斗采泥器采集表层沉积物，混合均匀放入保温箱低温保存，运回实验室，在 65 ℃烘干（以消除微生物的影响），筛除大型生物以及杂质，备用。培养试验前将处理好的沉积物用新鲜海水培养 7 d，使其接近原生环境的状态。

培养试验所用生物缢蛏用海水清洗表面泥沙以及附着生物后，置于实验室循环水池中暂养 7 d，其间不间断曝气充氧，并投喂金藻，以保证缢蛏活性。挑选体长为 (6.0±0.5) cm 健康完整的缢蛏个体进行排氨测定以及氮通量的实验室模拟培养试验。

（二）试验方案

将 0 只（对照组）、2 只（低密度组）、4 只（中密度组）、6 只（高密度组）缢蛏，分别放在 4 L 装满海水的桶中，每组 3 个重复，在不额外充氧的环境下培养 24 h。排氨根据培养前后海水中的氨氮含量变化来计算，换算成 NH_4^+ 含量。

（三）缢蛏排氨作用的上覆水 NH_4^+ 含量变化

缢蛏在生命活动的代谢过程中排氨作用会产生 NH_4^+，这一部分氨能够影响上覆水中 NH_4^+ 的含量。如图 4-15 所示，在去除缢蛏排氨所产生的 NH_4^+ 后，上覆水中 NH_4^+ 含量随时间的推移不断增加，在 0~10 d 增加缓慢，10~20 d 增加幅度较大，20~25 d 含量变化较小，中、高密度组与对照组小幅度降低，低密度组增加。低、中、高密度组上覆水 NH_4^+ 含量始终高于对照组。

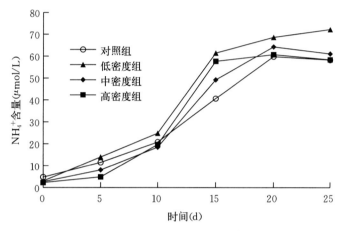

图 4-15　去除缢蛏排氨作用后上覆水中 NH_4^+ 含量随时间的变化

图 4-16 是对照组以及低、中、高密度组去除缢蛏排氨作用前后 NH_4^+ 含量随时间的变化。对照组去除缢蛏排氨作用前后的 NH_4^+ 含量没有变化，因为对照组中没有缢蛏（图 4-16A）。低、中、高密度组去缢蛏除排氨作用后，NH_4^+ 含量随时间的变化趋势与去除缢蛏排氨作用前类似（图 4-16B~D）。去除排氨作用后低密度组 NH_4^+ 含量降低幅度较小，高密度组 NH_4^+ 含量降低明显。随着生物密度的增加，去除缢蛏排氨作用后 NH_4^+ 含量随之增大，说明生物密度越高，缢蛏的排氨作用对上覆水中 NH_4^+ 含量影响越大。

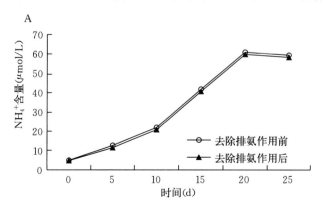

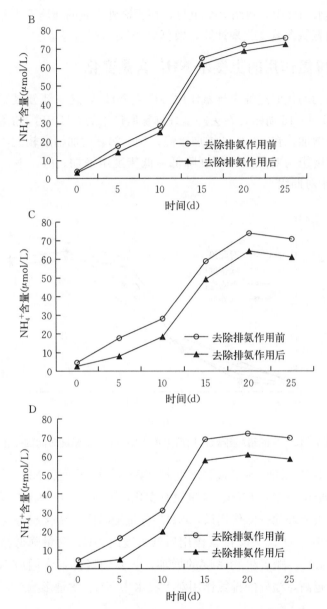

图 4-16　去除缢蛏排氨作用前后上覆水中 NH_4^+ 含量随时间的变化

A. 对照组去除排氨作用前后 NH_4^+ 含量变化　B. 低密度组去除排氨作用前后 NH_4^+ 含量变化

C. 中密度组去除排氨作用前后 NH_4^+ 含量变化　D. 高密度组去除排氨作用前后 NH_4^+ 含量变化

（四）去除缢蛏排氨后上覆水 NH_4^+ 通量变化

图 4-17 是去除缢蛏排氨作用后上覆水中 NH_4^+ 通量随时间的变化。从图中可知，去除缢蛏排氨所产生的 NH_4^+ 后，低密度组除 0 d，其他时间均表现为沉积物向上覆水中释放 NH_4^+。中、高密度组除 0 d 及 5、10 d 的通量为负值，表现为沉积物从上覆水中吸收 NH_4^+ 外，其他时间均表现为沉积物向上覆水中释放 NH_4^+。低密度组与高密度组 NH_4^+ 通

量存在显著性差异（$P<0.05$）[15 d 时低、高密度组之间不存在显著性差异（$P>0.05$）]。对比去除排氨作用前后 NH_4^+ 通量发现，在去除缢蛏排氨作用产生的 NH_4^+ 后，低密度组的 NH_4^+ 通量变化与未去除排氨作用之前相比差别不大，而中、高密度组在 5、10 d 通量值由正值变为负值，其余试验期 NH_4^+ 通量均比未去除缢蛏排氨作用时略有降低。

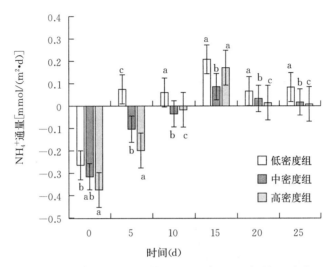

图 4-17　去除缢蛏排氨作用后 NH_4^+ 通量随时间的变化

注：图中小写字母代表不同组之间的差异性，字母相同表示没有差异，字母不同表示有差异，下同

七、缢蛏扰动对沉积物-水界面氮形态交换通量的研究

（一）上覆水中 NH_4^+、$NO_2^-+NO_3^-$、DIN 含量变化

如图 4-18A 所示，上覆水中 NH_4^+ 含量为 2.26～72.21 $\mu mol/L$。低、中、高密度组与对照组上覆水 NH_4^+ 含量随时间的变化趋势大体一致，均是随着时间的推移呈不断增加的趋势。低、中、高密度组的 NH_4^+ 含量明显高于对照组，且随着生物密度的增加，NH_4^+ 含量越大。其中，在试验中期（10～20 d）NH_4^+ 含量增加较为明显，在后期（20～25 d）各密度组之间的 NH_4^+ 含量变化较小，基本保持在 70 $\mu mol/L$ 左右。

如图 4-18B 所示，上覆水中 $NO_2^-+NO_3^-$ 含量为 9.97～208.06 $\mu mol/L$。低、中、高密度和对照组上覆水中 $NO_2^-+NO_3^-$ 含量变化趋势大体一致，均是随着时间的推移，呈先增加后减小的趋势。对照组 $NO_2^-+NO_3^-$ 含量高于低、中、高密度组，在试验初期（0～5 d）$NO_2^-+NO_3^-$ 含量变化较小，各密度组之间差别很小；5～15 d 含量增大明显，并在 15 d 达到最大值；而后 15～25 d $NO_2^-+NO_3^-$ 含量呈降低的趋势，但整体上看 $NO_2^-+NO_3^-$ 含量各密度组与对照组变化趋势一致，含量增加不明显、相同时间段均减小，且生物密度越高 $NO_2^-+NO_3^-$ 含量减小越多。

DIN 含量变化由 NO_2^-、NO_3^-、NH_4^+ 共同决定，如图 4-18C 所示，DIN 含量随着时

间的推移呈上升的趋势，对照组和低密度组的含量高于中、高密度组，与 $NO_2^- + NO_3^-$ 含量的变化趋势类似。

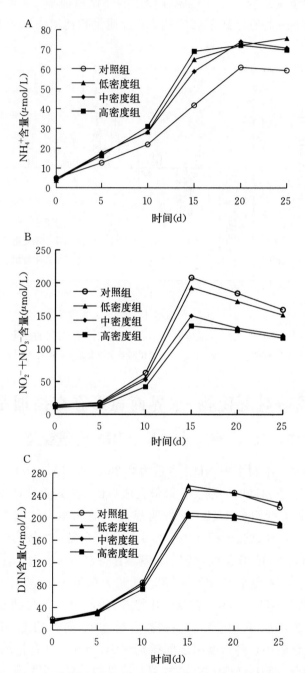

图 4-18　上覆水中 NH_4^+、$NO_2^- + NO_3^-$、DIN 含量随时间的变化

A. NH_4^+ 含量随时间的变化　B. $NO_2^- + NO_3^-$ 含量随时间的变化　C. DIN 含量随时间的变化

试验初期，NH_4^+ 含量增加幅度较小，很可能是由于缢蛏还处于对新环境的适应阶

段，扰动强度较小。随着时间的推移，扰动强度增加，促进了沉积物中 NH_4^+ 释放，所以上覆水 NH_4^+ 含量增加明显，且随着生物密度的增加而增大。试验后期（20～25 d）沉积物与上覆水之间的 NH_4^+ 含量差较小，达到了相对平衡的状态，NH_4^+ 含量基本保持稳定。有研究表明，底栖生物的扰动促进了沉积物中 NH_4^+ 的释放，进一步增加了上覆水中 NH_4^+ 的含量。

底栖生物的扰动作用能够影响沉积物中氮的硝化、反硝化过程，进而加快 NO_3^- 的还原过程。由于 NO_2^- 是硝化作用中的中间产物，且在本试验中测得的含量较低，因此将 $NO_2^- + NO_3^-$ 的和作为硝化作用的产物。有研究表明，生物的扰动作用改变了沉积物的氧化还原环境，使得表层沉积物中的溶解氧含量增加，有利于硝化作用的发生，从而促进沉积物中的 NO_3^- 向水中释放。在本试验中，培养通量培养试验结束后，上覆水中溶解氧的含量降低，沉积物中溶解氧含量增加。在 0～15 d $NO_2^- + NO_3^-$ 的含量呈逐渐增加的趋势，随着时间的推移，缢蛏的呼吸等生命活动消耗了氧气，使得硝化作用减弱，因此在试验后期（15～25 d）$NO_2^- + NO_3^-$ 含量有小幅度下降的趋势。还有研究发现，底栖生物的扰动能够促进上覆水中的 NO_3^- 向沉积物中迁移，进而促进沉积物中的反硝化过程，因此上覆水中的 $NO_2^- + NO_3^-$ 含量会降低，所以对照组的 $NO_2^- + NO_3^-$ 含量要高于低、中、高密度组。本试验的研究结果与 Zhong 等（2015）对凡纳滨对虾扰动的研究类似。

综上所述，缢蛏扰动促进了上覆水中氮营养盐的增加，且不同生物密度的扰动对营养盐的增加量有差异，总的来说，在一定生物栖息密度下，随着生物密度的增加，扰动强度增加，扰动作用对氮营养的释放和吸收影响加大。

（二）上覆水中 NH_4^+、$NO_2^- + NO_3^-$ 通量变化

NH_4^+ 通量的变化范围是 $-0.195 \sim 0.273 \, mmol/(m^2 \cdot d)$。从图 4-19A 可以看出，除试验初期（0 d）NH_4^+ 通量为负值，表现为沉积物从上覆水中吸收 NH_4^+ 外，5～25 d 通量均大于 0，表现为沉积物向上覆水中释放 NH_4^+。随着时间的推移，通量呈先增大后减小的趋势。5 d 时低、中、高密度组之间的 NH_4^+ 通量无显著性差异（$P > 0.05$）；15～25 d 各密度组通量存在显著性差异（$P < 0.05$），且中、高密度组的 NH_4^+ 通量呈降低趋势。

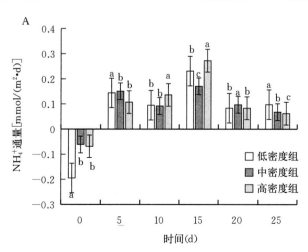

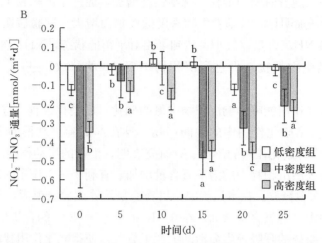

图 4 - 19　上覆水中 NH_4^+、$NO_2^- + NO_3^-$ 通量随时间的变化

A. NH_4^+ 通量随时间的变化　B. $NO_2^- + NO_3^-$ 通量随时间的变化

$NO_2^- + NO_3^-$ 通量的变化范围为 $-0.554 \sim 0.038 \ mmol/(m^2 \cdot d)$。从图 4 - 19B 中可以看出，在试验前期（$5 \sim 10 \ d$）$NO_2^- + NO_3^-$ 通量较小。除 10、15 d 的低密度组表现为沉积物向上覆水中释放 $NO_2^- + NO_3^-$，其余时间均表现为沉积物从上覆水中吸收 $NO_2^- + NO_3^-$。从整体上看，除 10 d 时中密度组 $NO_2^- + NO_3^-$ 通量低于低密度组外，中、高密度组 $NO_2^- + NO_3^-$ 通量均显著大于低密度组（$P < 0.05$）。

沉积物是海洋底栖生物生命活动的重要介质，底栖生物的生长、排泄、掘穴等活动会改变沉积物的氧气环境，加速沉积物中的氮向水中释放。试验初期（0 d），上覆水中的氮营养盐含量高于沉积物，二者之间存在含量差，NH_4^+ 和 $NO_2^- + NO_3^-$ 通量均表现为沉积物从上覆水中吸收。缢蛏扰动促进了沉积物向上覆水中释放 NH_4^+，使得氮营养盐通量一直大于 0，且硝化过程中上覆水中 NH_4^+ 转化成 NO_3^-，在 $5 \sim 25 \ d$ 的大部分时间 NH_4^+ 和 $NO_2^- + NO_3^-$ 通量发生相反的变化，因此缢蛏的扰动促进了氨氮与硝态氮之间的转化。有研究表明，缢蛏的扰动影响沉积物和上覆水中溶解氧的含量，使沉积物中溶解氧含量增加，加速了沉积物中硝化过程，使得上覆水中 NO_3^- 的含量增加。在本试验培养结束后，对照组上覆水中溶解氧含量减少了 1.58%，沉积物中溶解氧增加了 0.56%；各密度组上覆水中溶解氧的含量降低了 27.10% $\sim$ 42.64%，沉积物间隙水中溶解氧含量增加了 6.46% $\sim$ 19.70%，与以上的研究结果相近。随着生物密度的增加，$NO_2^- + NO_3^-$ 通量也明显增加，且中、高密度组的 $NO_2^- + NO_3^-$ 通量高于低密度组。因此缢蛏的扰动作用对氮营养通量有影响，且在不同生物密度的扰动下 $NO_2^- + NO_3^-$ 通量的变化存在差异，从整体上看，中、高密度组缢蛏的扰动对 $NO_2^- + NO_3^-$ 通量的影响明显大于低密度组。

八、表层沉积物对氨氮的吸附-解吸特性及其影响因素的研究

沉积物是有机质的重要蓄积库，也是营养盐等各类污染物再生的主要场所。氮素在海

洋沉积物-水界面间的迁移和转化是一项非常复杂的生物化学过程。氮在沉积物-水界面迁移转化的主要形式是硝化和反硝化作用。沉积物中的有机氮化合物在微生物的分解作用下生成氨氮，氨氮在有氧条件下通过细菌作用被氧化成硝酸盐，NH_4^+、NO_3^- 等无机离子可以通过扩散作用进入上覆水体，增加水体中氮素的营养水平。有关的研究表明，沉积物中的 NH_4^+ 主要以可交换的形式存在，NO_3^- 则是以可溶态的形式存在，沉积物-水界面交换过程中氮主要以 NH_4^+ 的形式存在。因此研究海州湾沉积物对氨氮的吸附-解吸过程对于了解沉积物中氮的循环有着重要意义，对于改善和治理海州湾的富营养化状况十分必要。

（一）沉积物对氨氮的吸附-解吸动力学特征

1. 沉积物对氨氮的吸附动力学特征

在初始含量为 2.5 mg/L、吸附时间为 6 min 至 24 h 的条件下，表层沉积物对氨氮的吸附动力学变化趋势见图 4-20。由该图可以看出，海州湾表层沉积物对氨氮的吸附是复合动力学过程，可以分为两个过程：快速吸附过程（0～30 min）和慢速吸附过程（30 min 至 24 h）。在 0～30 min 内，表层沉积物对氨氮的吸附量 Q 和吸附时间 t 几乎呈线性增加趋势，吸附量随时间的增加增长速度较快，是快速吸附过程；30 min 以后 Q 随 t 的增加增长不多，吸附逐渐趋于稳定状态；12 h 以后吸附动力学曲线为一水平直线，吸附过程基本达到平衡。吸附过程的作用机制是吸附刚开始时，高含量的铵盐离子集聚在沉积物吸附点位的周围，铵盐离子与吸附点位上的基团快速发生配位体交换作用，表现为

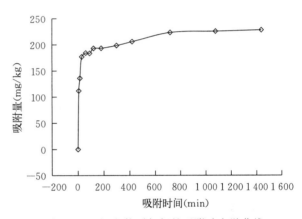

图 4-20　沉积物对氨氮的吸附动力学曲线

较快的吸附阶段；随着时间的增加，沉积颗粒物上的吸附点位逐渐变少，并且由于沉积物颗粒上吸附铵根离子而带正电荷，从而与溶液中的铵根离子产生相互排斥的静电作用，导致吸附作用变慢，表现为慢反应阶段。

吸附速率是指单位时间内单位质量沉积物吸附氨氮的量。为了定量地描述海州湾表层沉积物在不同时间段内吸附氨氮的状况，采用吸附速率来表示海州湾表层沉积物对氨氮的吸附。由表 4-6 可以看出，0～6 min 内吸附速率最大，为 18.61 mg/(kg·min)；6～15 min 内吸附速率迅速降低，为 2.73 mg/(kg·min)；120 min 以后吸附速率基本可以忽略。

表 4-6　表层沉积物不同时间段内对氨氮的吸附速率

取样时间（min）	0～6	6～15	15～30	30～60	60～90	90～120	120～180	180～300	300～420	420～1 440
吸附速率 [mg/(kg·min)]	18.61	2.73	2.72	0.24	-0.02	0.32	0.004 6	0.043	0.062	0.022

为了深入分析表层沉积物对氨氮的吸附动力学特性，对该吸附过程用吸附方程来拟合。常用的吸附动力学模型有一级反应动力学模型、准二级吸附动力学方程、抛物线扩散模型和修正的 Elovich 模型。

一级反应动力学模型：$\ln Q = a + bt$

准二级吸附动力学方程：$\dfrac{t}{Q_t} = a + bt$

抛物线扩散模型：$Q = a + kt^{1/2}$

修正的 Elovich 模型：$Q = a + b\ln t$

式中，Q 是表层沉积物对氨氮的吸附量（mg/kg）；t 为吸附时间（min）；a，b，k 均为吸附常数。

表 4-7 是海州湾表层沉积物对氨氮吸附动力学的拟合参数。从拟合的结果来看，海州湾表层沉积物对氨氮的吸附动力学不符合一级反应动力学模型、抛物线扩散模型，准二级吸附动力学方程和修正的 Elovich 模型的模拟效果较好。准二级吸附动力学方程：$\dfrac{t}{Q_t} = a + bt$ 的拟合达到了显著相关水平，相关系数 $R^2 = 0.999\,1$，所以海州湾表层沉积物对氨氮的吸附动力学进程可以用准二级吸附动力学方程去描述。这表明海州湾表层沉积物对氨氮的吸附是一个复杂的过程，可能会受到多种因素的综合影响。

表 4-7　表层沉积物对氨氮的吸附动力学拟合参数

一级反应动力学模型 $\ln Q = a + bt$			准二级吸附动力学方程 $\dfrac{t}{Q_t} = a + bt$			抛物线扩散模型 $Q = a + kt^{1/2}$			修正的 Elovich 模型 $Q = a + b\ln t$		
a	b	R^2	a	b	R^2	a	k	R^2	a	b	R^2
5.109 1	0.000 3	0.439 8	0.097	0.004 4	0.999 1	148.32	2.545 6	0.719	91.867	19.613	0.927 7

2. 沉积物对氨氮的解吸动力学特征

解吸动力学是指被吸附在沉积物上的氨氮重新进入水体的过程。根据试验所得解吸动力学数据绘制海州湾表层沉积物对氨氮的解吸动力学曲线（图 4-21）。

海州湾表层沉积物对氨氮的解吸动力学曲线与吸附动力学曲线基本一致，在 0～30 min 内，沉积物对氨氮的解吸量 Q 和解吸时间 t 几乎呈线性增加趋势，解吸量随时间的增加增长速度较快；30 min 以后解吸量随时间的增加增长不多，解吸逐渐趋于稳定状态；

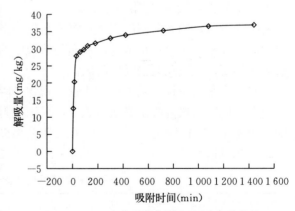

图 4-21　沉积物对氨氮的解吸动力学曲线

18 h 以后解吸基本达到平衡。表层沉积物对氨氮的吸附-解吸动力学曲线之间的区别表现为：①吸附过程完全平衡的时间为 12 h，解吸过程达到平衡的时间为 18 h，解吸平衡的时间大于吸附平衡的时间，意味着解吸过程相对于吸附过程存在滞后性；②最大解吸量为37.00 mg/kg，最大吸附量为228.09 mg/kg，平衡解吸量远远小于平衡吸附量，意味着吸附和解吸之间并非是动态平衡的。根据该研究所得的吸附-解吸动力学过程，以保证海州湾表层沉积物对氨氮的吸附-解吸平衡稳定为目的，确定吸附-解吸热力学试验中所需的最佳平衡时间为 24 h。

解吸速率是指单位质量沉积物在单位时间内释放氨氮的量。为了定量地描述海州湾表层沉积物在不同时间段内解吸氨氮的状况，采用解吸速率 [mg/(kg·min)] 来表示海州湾表层沉积物对氨氮的解吸。由表 4-8 可以看出，0～6 min 的解吸速率是最大的，为 2.09 mg/(kg·min)；6～15 min 解吸速率突然变小，与 6 min 以内的解吸速率相差近 3 倍；30 min 以后解吸速率变得更小，基本可以忽略。与吸附过程相同，解吸过程也分为快解吸和慢解吸两个过程。快解吸过程在 0～6 min 内完成，慢解吸过程延续到 420 min，大约 180 min 时解吸过程基本完成。

表 4-8　表层沉积物不同时间段内对氨氮的解吸速率

取样时间 (min)	0～ 6	6～ 15	15～ 30	30～ 60	60～ 90	90～ 120	120～ 180	180～ 300	300～ 420	420～ 1 440
解吸速率 [mg/(kg·min)]	2.09	0.86	0.51	0.039	0.023	0.036	0.013	0.012	0.007 6	0.002 9

为了更深入地分析表层沉积物对氨氮的解吸动力学特性，对解吸过程用解吸方程进行拟合。常用的解吸动力学模型有 4 种：一级反应动力学模型、Elovich 方程、抛物线扩散模型和双常数速率模型。

一级反应动力学模型：$Q_t = Q_{max}(1 - e^{-kt})$

抛物线扩散模型：$Q = a + kt^{1/2}$

Elovich 方程：$Q = a + b\ln t$

双常数速率模型：$\ln Q = a + b\ln t$

式中，Q 为 t 时刻的解吸量（mg/kg）；Q_{max} 为沉积物对氨氮的最大解吸量（mg/kg）；a，b，k 为解吸速率常数；e 是自然常数（取 2.718）；t 是解吸时间。

表 4-9 是海州湾表层沉积物对氨氮的解吸动力学拟合参数。从表 4-9 可以看出，一级反应动力学模型拟合的相关系数为 0.916 6，抛物线扩散模型的相关系数为 0.629 3，Elovich 方程的相关系数为 0.889 4，双常数速率模型的相关系数为 0.784 7。由 4 种模型方程对氨氮解吸过程拟合的相关系数可知，一级反应动力学模型可以较好地描述海州湾表层沉积物对氨氮的解吸动力学过程。

表 4-9　表层沉积物对氨氮的解吸动力学拟合参数

一级反应动力学模型 $Q_t = Q_{max}(1 - e^{-kt})$			抛物线扩散模型 $Q = a + kt^{1/2}$			Elovich 方程 $Q = a + b\ln t$			双常数速率模型 $\ln Q = a + b\ln t$		
Q_{max}	k	R^2	a	k	R^2	a	b	R^2	a	b	R^2
36.90	0.003	0.916 6	22.21	0.48	0.629 3	10.67	3.887	0.889 4	2.58	0.158	0.784 7

（二）沉积物对氨氮的吸附-解吸热力学特征

1. 扰动对氨氮吸附-解吸过程的影响

水体扰动是由于人类活动及自然环境的变化引起的，它能使表层沉积物中的颗粒氮再悬浮，进入上覆水体，也会加速沉积物间隙水中氮的扩散，从而加快氮的解吸速度。一方面扰动会增加水域中的溶解氧含量，不利于沉积物中氮的释放；另一方面扰动也增加了沉积物-水间的混合和交换，有利于沉积物中氮的释放，两者的作用强度决定了扰动对沉积物中的氮是吸附还是释放。一般情况下，扰动会加速沉积物中氨氮的吸附与解吸，大量的研究也证明了此结论。Sondergaard（2002）研究了风力扰动下和未受扰动时湖泊沉积物的再悬浮状态，研究结果表明，在受扰动的水体中沉积物释放磷的含量相当于未受扰动沉积物的20～30倍，其再悬浮是通过增加沉积物-水界面磷的通量实现的。

本试验在室内模拟了海州湾水动力强度对表层沉积物氨氮吸附-解吸特性的影响。通过调节恒温水浴振荡器的振荡频率来模拟海州湾现场不同的扰动强度，恒温水浴振荡器的振荡频率分别设定为50、100、150、200 r/min。在不同的振荡频率下分别测定氨氮的吸附量和解吸量，从而得出扰动强度对海州湾氨氮吸附-解吸特性的影响。

（1）扰动对吸附试验过程的影响　不同扰动强度下，海州湾表层沉积物对氨氮的等温吸附曲线见图4-22。由图4-22可知，在50～200 r/min的条件下，随着转速的增加，表层沉积物对氨氮的吸附量大体呈逐渐增加的趋势。

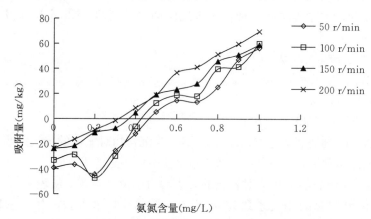

图4-22　不同振荡频率对氨氮等温吸附曲线的影响

不同振荡频率下的表层沉积物样品均出现不同程度的解吸，在溶液氨氮含量较低时出现的是氨氮的解吸现象，然后随着溶液中氨氮含量的增加逐渐出现吸附过程，并且表层沉积物对氨氮的吸附量随溶液中氨氮含量的增加而增加，表明海州湾表层沉积物对氨氮的吸附量和溶液中氨氮的平衡浓度呈线性关系。这与Mackin（1984）和Rysgaa（1999）的研究结果具有一致性，并且可以用Henry模型：$Q=KC+b$来拟合（Q代表氨氮吸附量；C代表平衡时的氨氮含量；K、b为常数）。吸附等温线与x轴的交点C_0为表层沉积物对氨氮达到吸附-解吸平衡时溶液中氨氮的含量。从表4-10的拟合结果来看，用Henry模型对海州湾表层沉积物的拟合结果均为显著性水平，其中200 r/min的扰动条件下，相关系数最大（$R^2=0.993$）。不同扰动强度下，表层沉积物对氨氮的吸附-解吸平衡浓度会发生变化，含量变化范围为 $0.28\sim0.50$ mg/L，扰动强度小则吸附-解吸平衡浓度大，扰动强度大则吸附-解吸平衡浓度小，这说明水体扰动强度大有利于污染物从表层沉积物中扩散出来，并有助于上覆水体营养物质的扩散转移。

表 4-10　不同振荡频率下表层沉积物对氨氮的等温吸附曲线方程

振荡频率（r/min）	等温吸附曲线方程	吸附-解吸平衡浓度（mg/L）	R^2
50	$Q=102.33C-50.715$	0.50	0.953
100	$Q=102.57C-47.124$	0.46	0.916
150	$Q=87.819C-28.714$	0.33	0.987
200	$Q=96.853C-26.988$	0.28	0.993

（2）扰动对解吸试验过程的影响　不同扰动强度下，海州湾表层沉积物对氨氮的等温解吸曲线见图 4-23。为了描述表层沉积物对氨氮的解吸行为，根据之前的研究结果，通常使用的模型有 3 种，即 Henry 模型、Freundlich 模型和 Langmuir 模型。

Henry 模型：$Q=KC+b$

Freundlich 模型：$Q=KC^n$

Langmuir 模型：$Q=\dfrac{Q_{max}KC}{1+KC}$

Freundlich 模型和 Langmuir 模型可以转换为一元线性方程：$\lg Q=n\lg C+\lg K_F$，$\dfrac{C}{Q}=\dfrac{1}{Q_{max}K_L}+\dfrac{C}{Q_{max}}$。

式中，Q 是表层沉积物对氨氮的解吸量（mg/kg）；Q_{max} 是表层沉积物对氨氮的最大解吸量（mg/kg）；C 是解吸平衡时氨氮的含量（mg/L）；n，K_F，K_L 为解吸平衡系数。不同振荡频率下海州湾表层沉积物对氨氮的解吸模型拟合参数见表 4-11。

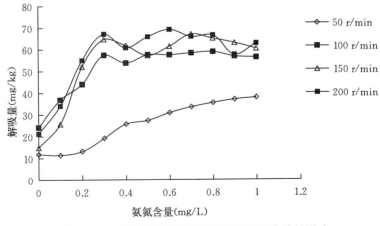

图 4-23　不同振荡频率对氨氮等温解吸曲线的影响

表4-11　不同振荡频率下表层沉积物对氨氮的解吸模型拟合参数

振荡频率 (r/min)	Henry 模型			Freundlich 模型			Langmuir 模型		
	K	b	R^2	n	K_F	R^2	Q_{max}	K_L	R^2
50	30.410	10.579	0.955	0.582 2	40.02	0.969	47.85	3.22	0.863
100	24.931	44.130	0.389	0.310 4	71.80	0.638	60.61	27.50	0.994
150	26.476	37.849	0.601	0.185 1	61.66	0.770	66.67	18.75	0.978
200	31.230	41.319	0.454	0.214 9	70.52	0.566	64.94	51.33	0.980

由图4-23和表4-11可以看出，在50 r/min的振荡频率下，表层沉积物对氨氮解吸量最小，为47.85 mg/kg；在150 r/min的条件下，解吸量最大，为66.67 mg/kg。在50～150 r/min的扰动强度范围内，解吸量随着振荡频率的增加而增大；超过150 r/min，即振荡频率为200 r/min的条件下，解吸量反而有所减小。由表4-11可见，不同振荡频率下三种模型对氨氮解吸拟合的效果不同：50 r/min，Freundlich模型的拟合程度较高，相关系数为0.969；100～200 r/min范围内，Langmuir模型的拟合程度最高，相关系数为0.978～0.994，所以描述氨氮解吸过程的最好模型应是Langmuir模型。Henry模型的拟合效果最差。

2. 粒径分布对氨氮吸附-解吸过程的影响

粒径是海州湾沉积物最基本的物理特征，沉积物的粒径特征包含了水动力环境、沉积物物源等许多环境信息。沉积物粒径越小，沉积物颗粒所具有的比表面积就越大，吸附容量随之增大。用制备好的4组沉积物样品（粒径<0.032 mm、0.032～0.063 mm、0.063～0.125 mm和0.125～0.25 mm）分别进行表层沉积物对氨氮吸附-解吸热力学室内模拟试验，分别测定沉积物对氨氮的吸附量和解吸量，从而得出沉积物粒径大小对海州湾氨氮吸附-解吸特性的影响。

（1）粒径分布对吸附试验过程的影响　不同粒径范围内，海州湾表层沉积物对氨氮的等温吸附曲线见图4-24。由图4-24可以看出，随着粒径的减小，表层沉积物对氨氮的吸附量大体呈逐渐增加的趋势。相同氨氮含量下的吸附量依次是黏土和中细粉砂（粒径<0.032 mm）>粗粉砂（粒径0.032～0.063 mm）>极细砂（粒径0.063～0.125 mm）和细砂（粒径0.125～0.25 mm）。

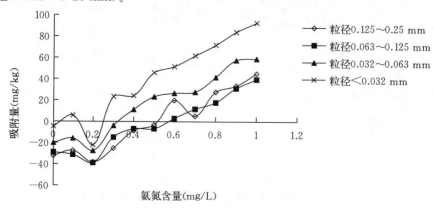

图4-24　不同粒径沉积物对氨氮等温吸附曲线的影响

　　不同粒径范围内，当溶液氨氮含量较低时沉积物均出现不同程度的解吸现象，然后随着溶液中氨氮含量的增加逐渐出现吸附过程，并且沉积物样品对氨氮的吸附量随着溶液中氨氮含量的增加而增大。由图 4-24 可以看出，海州湾表层沉积物样品对氨氮的吸附量与溶液中氨氮的平衡浓度具有较好的线性关系，能用 Henry 方程进行拟合，拟合结果见表 4-12。可以看出，用 Henry 模型对海州湾表层沉积物的拟合结果均具有显著相关性，其中 0.032～0.063 mm 粒径范围内的粗粉砂具有最大的相关系数，为 0.943。不同粒径组成的表层沉积物对氨氮的吸附-解吸平衡浓度会造成影响，浓度变化范围为 0.134～0.529 mg/L，极细砂和细砂的吸附-解吸平衡浓度大，黏土和中细粉砂的吸附-解吸平衡浓度小。由此可以得出，黏土和中细粉砂含量高的沉积物有利于污染物从沉积物中扩散出来，并有助于上覆水体营养物质的扩散转移。

表 4-12　不同粒径表层沉积物对氨氮的等温吸附曲线方程

粒径（mm）	等温吸附曲线方程	吸附-解吸平衡浓度（mg/L）	R^2
<0.032	$Q=107.85C-14.414$	0.134	0.918
0.032～0.063	$Q=88.603C-27.918$	0.315	0.943
0.063～0.125	$Q=75.029C-39.685$	0.529	0.940
0.125～0.25	$Q=83.442C-42.051$	0.504	0.920

　　(2) 粒径分布对解吸试验过程的影响　不同粒径组成范围内，海州湾表层沉积物对氨氮的等温解吸曲线和解吸模型拟合参数分别见图 4-25 和表 4-13。由图 4-25 和表 4-13 可以看出，0.125～0.25 mm 粒径范围内的细砂表层沉积物对氨氮解吸量最小，为 42.55 mg/kg；0.063～0.125 mm 粒径组成的极细砂表层沉积物对氨氮的解吸量最大，为 69.93 mg/kg；小于 0.125 mm 的表层沉积物对氨氮的解吸量随着粒径范围的增加而增大；超过 0.125 mm，即粒径范围在 0.125～0.25 mm 的表层沉积物，其解吸量反而有所减小。由表 4-13 可见，不同粒径组成范围内三种模型对氨氮的解吸拟合效果不同，Henry 模型和 Freundlich 模型的拟合效果较差；Langmuir 模型的拟合程度最高，其相关系数均达到显著性水平，相关系数在 0.955～0.971。因此描述不同粒径范围内表层沉积物解吸过程的最优模型应是 Langmuir 模型。

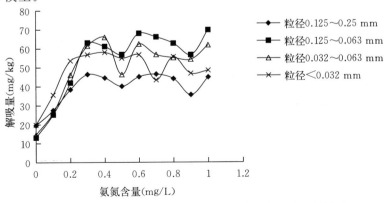

图 4-25　不同粒径表层沉积物对氨氮等温解吸曲线的影响

表 4 - 13　不同粒径表层沉积物对氨氮的解吸模型拟合参数

粒径 (mm)	Henry 模型			Freundlich 模型			Langmuir 模型		
	K	b	R^2	n	K_F	R^2	Q_{max}	K_L	R^2
<0.032	15.09	40.64	0.184	0.074	53.54	0.121	48.54	51.5	0.971
0.032~0.063	33.01	33.60	0.457	0.273	64.71	0.542	60.98	20.5	0.962
0.063~0.125	44.09	31.13	0.618	0.364	73.55	0.737	69.93	13.0	0.955
0.125~0.25	16.05	31.30	0.374	0.143	45.73	0.404	42.55	117.5	0.962

3. 盐度对氨氮吸附-解吸过程的影响

盐度的变化是控制沉积物对 NH_4^+ 吸附能力的重要因素之一。据报道，河口沉积物对 NH_4^+ 的吸附量要低于淡水潮汐河。盐度可能会直接影响硝化细菌，而这些硝化细菌对总硝化速率具有显著影响。Helder 的研究（1983）表明，NH_4^+ 氧化剂可以适应 0~35 盐度范围并且生长；Macfarlane（1984）的结果显示在 0~20 的盐度范围内，NH_4^+ 氧化是最优的；盐度在 30~40 时，其氧化将显著性下降。本试验为了研究在不同盐度条件下海州湾表层沉积物对氨氮吸附-解吸过程的影响，分别在 10、20 和 30 的盐度下进行室内模拟试验，分别测定沉积物对氨氮的吸附量与解吸量。

（1）盐度对吸附试验过程的影响　不同盐度条件下，海州湾表层沉积物对氨氮的等温吸附曲线见图 4 - 26。由图 4 - 26 可以看出，盐度为 10、20 时，表层沉积物对氨氮的吸附量均高于盐度为 30 时的吸附量。

与不同扰动强度和粒径组成范围吸附曲线相同，在不同的盐度条件下，沉积物先出现不同程度的解吸现象，然后出现吸附过程，并且沉积物样品对氨氮的吸附量随溶液中氨氮含量的增加而增大。由图 4 - 26 可以看出，海州湾表层沉积物样品对氨氮的吸附量与溶液中氨氮的平衡浓度具有较好的线性关系，能用 Henry 方程进行拟合，拟合结果见表 4 - 14。从表 4 - 14 的拟合结果来看，用 Henry 模型对海州湾表层沉积物的拟合结果均达到显著性水平，其中在 10、20 的盐度下，相关系数相同并且较大，为 0.998；不同盐度条件下，表层沉积物对氨氮的吸附-解吸平衡浓度会发生变化，含量变化范围为 0.092~0.441 mg/L，当盐度为 30 时，吸附-解吸平衡浓度大；盐度为 10 时，吸附-解吸平衡浓度小。

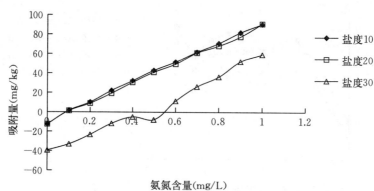

图 4 - 26　不同盐度下表层沉积物对氨氮等温吸附曲线的影响

表 4-14　不同盐度下表层沉积物对氨氮的等温吸附曲线方程

盐度	等温吸附曲线方程	吸附-解吸平衡浓度（mg/L）	R^2
10	$Q=101.55C-9.5701$	0.092	0.998
20	$Q=100.16C-10.45$	0.104	0.998
30	$Q=100.33C-44.263$	0.441	0.975

（2）盐度对解吸试验过程的影响　不同盐度条件下，海州湾表层沉积物对氨氮的等温解吸曲线和解吸模型拟合结果分别见图 4-27 和表 4-15。由图 4-27 和表 4-15 可以看出，盐度为 10 时沉积物对氨氮解吸量最小，为 12.61 mg/kg，30 时解吸量最大，为34.97 mg/kg，解吸量随着盐度的增加而增大。由表 4-15 可以看出，不同盐度条件下三种模型对氨氮的解吸拟合效果不同，盐度为 10、20 时 Langmuir 模型的拟合程度最高，其相关系数分别为 0.989 和 0.970；盐度为 30 时，Freundlich 模型的拟合效果较好，相关系数为 0.950。

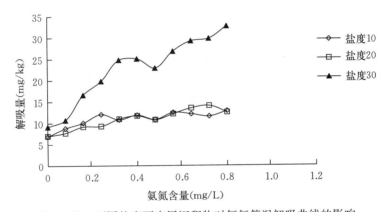

图 4-27　不同盐度下表层沉积物对氨氮等温解吸曲线的影响

表 4-15　不同盐度下表层沉积物对氨氮的解吸模型拟合参数

盐度	Henry 模型			Freundlich 模型			Langmuir 模型		
	K	b	R^2	n	K_F	R^2	Q_{max}	K_L	R^2
10	4.37	8.77	0.662	0.134	10.21	0.735	12.61	27.34	0.989
20	6.52	7.57	0.887	0.246	13.41	0.908	14.03	11.32	0.970
30	22.20	11.43	0.914	0.443	32.43	0.950	34.97	5.61	0.939

九、小结

本章对春、夏、秋季海州湾表层沉积物中氮的赋存形态特征和相关的环境因素如沉积物中的有机碳（TOC）、海水的温度（T）、悬浮物（SS）以及上覆水体中的溶解氧（DO）、叶绿素 a、$NO_3^- - N$、$NH_4^+ - N$、$NO_2^- - N$ 之间的相关性进行了研究，得出以下结论：

（1）海州湾表层沉积物中春季 TN 含量在 $217.00\sim584.15$ mg/kg，平均为 378.62 mg/kg；夏季 TN 含量为 $226.45\sim611.10$ mg/kg，平均为 443.92 mg/kg；秋季 TN 含量范围为 $469.00\sim975.10$ mg/kg，平均为 690.51 mg/kg。秋季 TN 含量远高于春季和夏季。

（2）表层沉积物中 TTN 占 TN 的比例较低，NTN 占 TN 的比例较高。根据各形态氮与沉积物的结合形式，各 TTN 的释放顺序为 IEF-N＞WAEF-N＞SAEF-N＞SOEF-N，表层沉积物中 4 种 TTN 的平均含量从大到小依次为春季：SOEF-N（47.37 mg/kg）＞IEF-N（11.35 mg/kg）＞WAEF-N（8.76 mg/kg）＞SAEF-N（1.04 mg/kg）；夏季：IEF-N（47.84 mg/kg）＞SOEF-N（36.68 mg/kg）＞WAEF-N（11.45 mg/kg）＞SAEF-N（0.58 mg/kg）；秋季：SOEF-N（85.32 mg/kg）＞IEF-N（12.63 mg/kg）＞SAEF-N（8.97 mg/kg）＞WAEF-N（5.76 mg/kg）。春、秋季 SOEF-N 是 TTN 的主要赋存形态，在表层沉积物中的平均含量最高，夏季 IEF-N 是主要的赋存形态。

（3）表层沉积物中各形态氮具有明显的季节性分布特征，TN、TTN、NTN 含量秋季较高而春、夏季较低；IEF-N 含量在夏季较高而春、秋季较低；WAEF-N 总体呈现春、夏季含量较高而秋季含量较低的季节性特征；SAEF-N 和 SOEF-N 的季节性变化顺序为秋季＞春季和夏季。

（4）各形态氮之间存在着某种程度的相关性。三个季节 TN 与 TTN 均呈负相关，就 TTN 的含量来说，随着 TN 含量的增加，TTN 有减小的趋势，也就是说随着沉积物污染程度的加剧，氮的稳定性增强，沉积物向着成岩过程发展。TOC 的含量是影响各形态氮含量与分布的一个重要因素，各形态氮与 TOC 均具有一定的相关性，并且有显著的相关性。春季沉积物中 WAEF-N 与上覆水体中 $NO_3^- - N$ 在 $P < 0.05$ 的水平上有显著的相关性；秋季 WAEF-N 与上覆水体中的 $NO_3^- - N$、$NH_4^+ - N$ 在 $P < 0.05$ 的水平上均具有显著相关性；春夏秋季 SAEF-N 与上覆水体中的 $NO_3^- - N$、$NH_4^+ - N$、$NO_2^- - N$ 均具有比较显著的相关性。各形态氮和叶绿素 a 的相关系数大多为正值，说明其对浮游生物的生长具有一定影响。

在缢蛏的扰动作用下沉积物中总氮（TN）含量增加，其中不可转化态氮（NTN）含量增加了 30.94%，可转化态氮（TTN）含量降低了 20.57%。有机态和硫化物结合态氮（OSF-N）是 TTN 的主要赋存形态，占 TN 的 9.31%；碳酸盐结合态氮（CF-N）的含量最低，占 TN 的 2.77%；离子交换态氮（IEF-N）和铁锰氧化态氮（IMOF-N）分别占 TN 的 3.39% 和 3.06%。综上所述，缢蛏扰动促进了沉积物中 OSF-N 向其他形态的转化，以及可转化态氮（TTN）向不可转化态氮（NTN）的转化。

缢蛏扰动促进了上覆水中氨氮（NH_4^+）、硝态氮（$NO_3^- + NO_2^-$）含量的增加，随着缢蛏投放密度的增加，NH_4^+ 含量呈现明显的上升趋势，而 $NO_3^- + NO_2^-$ 含量先增加后降低。NH_4^+ 通量为 $-0.195\sim0.273$ mmol/（m²·d），即沉积物中的氨氮向上覆水中释放；$NO_3^- + NO_2^-$ 通量为 $-0.554\sim0.038$ mmol/（m²·d），表明沉积物从上覆水中吸收硝态氮。

考虑到缢蛏代谢排氨的影响，用排氨数据校核氨氮含量后发现，尽管 NH_4^+ 含量有小幅降低，但随时间的变化趋势不变。另外 NH_4^+ 通量在试验初期变化较大，从沉积物向上覆水释放转变为上覆水中 NH_4^+ 向沉积物迁移，随后趋于平稳，变化不明显。因此，缢蛏的扰动促进了沉积物与上覆水之间氮营养盐的交换，其中排氨作用在试验前期对通量的影响较大，随时间的推移排氨作用的影响逐渐降低。

通过实验室内模拟，进行吸附-解吸动了学和热力学试验，研究了扰动强度、粒径和盐度3个因素对海州湾表层沉积物氨氮吸附-解吸过程的影响，可以得出以下结论：

（1）氨氮吸附-解吸动力学试验可以得出，海州湾表层沉积物对氨氮的吸附-解吸是一个复合动力学过程，分为两部分：快速吸附-解吸过程与慢速吸附-解吸过程。快速吸附-解吸过程主要发生在0~30 min时间段内，其吸附-解吸量与吸附解吸时间几乎呈线性增加关系，吸附-解吸速率较大；30 min以后为慢速吸附-解吸过程，吸附-解吸速率基本维持不变。

（2）在试验设定的扰动强度下，随着振荡频率的增加，表层沉积物对氨氮的吸附量和解吸量呈逐渐增加的趋势。振荡频率的增加会使沉积物-水界面之间的混合作用和交换作用增强，从而加速了悬浮颗粒表面的氮交换，最终有利于表层沉积物对氨氮的吸附与解吸。

（3）表层沉积物粒径越小，沉积物颗粒所具有的比表面积就越大，对氨氮的固定和吸附能力随之增大，从而吸附容量增大，释放量减小。本试验中，在一定的粒径范围内，表层沉积物对氨氮的解吸量随粒径的增加而增大。黏土和中细粉砂沉积物对氨氮的吸附量大而解吸量小。所以研究沉积物粒径范围的百分比组成是探究表层沉积物对氨氮吸附-解吸过程的前提。

（4）盐度是影响沉积物对NH_4^+吸附-解吸过程的重要环境因素。在试验设定的盐度条件下，当盐度为10、20时表层沉积物对NH_4^+的吸附量和解吸量均没有明显的变化；随着盐度增加到30，沉积物对NH_4^+的吸附量减小，解吸量增大。这说明低盐度有利于沉积物对氨氮的吸附，吸附量较大，随着盐度的升高，沉积物对氨氮的吸附量减小。

第五章 海州湾海洋牧场表层沉积物中磷形态分析及吸附-解吸动力学

　　磷是海洋生物赖以生存的重要营养元素之一，对维持海洋生态系统的物质循环有十分重要的作用。磷的含量与分布特征会影响海区的初级生产力与浮游动植物的种类、数量及分布。除此之外，磷也是导致水体富营养化的重要限制因子之一。随着近几年来沿海城市经济的快速发展，人类活动的频繁发生，如农田灌溉退水，生活污水、工业废水的排放等，会携带大量的氮、磷营养物质随地表径流进入近海，造成水体的富营养化，从而引发赤潮。已有研究表明在长江入海口、渤海湾区域赤潮频频发生，均是由于大量氮、磷营养物质的输入，使得藻类与浮游植物过量繁殖，加剧了富营养化。

　　除外源磷的输入，近海沉积物是海洋水体中磷的重要蓄积库或释放源，水体中的磷可以经过一系列复杂的沉降、矿化等过程，进入沉积物中，因此其对上覆水体具有一定的净化作用；而进入沉积物中的磷并不是简单地被堆积和埋藏，一部分磷会借助生物扰动以及有机物矿化分解、扩散和解吸等作用进入间隙水中，与上覆水体发生交换，从而影响海域的富营养化程度。可见沉积物-水界面是水生环境的一个重要界面。沉积物-水界面的物质通量和矿化过程尤为重要，既可以满足上层水体中浮游植物生长对氮磷营养盐需求的80%，又会向上覆水体释放营养盐，造成水体的"二次污染"。有研究表明，在外源磷得到有效的消减与控制后，沉积物中所包含的内源磷的释放就成为决定海域富营养化程度的主导因子。Pitkanen等（2001）对芬兰波罗的海湾的研究中发现，在外源磷输入量已经减少30%的情况下，水体中的磷酸盐含量仍然增加，说明沉积物内源磷释放是水体中磷含量增加的原因。可见，研究磷在沉积物-水界面之间的迁移转化，即沉积物对磷的吸附-解吸特征，对改善海洋环境尤为重要。

　　而沉积物中能真正参与界面交换，与沉积物-水界面交换息息相关的是生物有效磷。生物可利用磷的含量取决于沉积物中磷的赋存形态，不同形态磷的释放能力差别较大，它们具有不同的地球化学行为和生物有效性。不同形态磷的相对含量，还可以指示沉积物中磷的来源，对预测人类活动对海洋环境的影响具有十分重要的作用。例如，沉积物中活性态铁（Fe）和铝（Al）是对磷持留的主要作用者，并且铁/铝磷是沉积物"源""汇"转化过程中较活跃的磷组分。悬浮层沉积物中（Fe+Al）-P更能指示环境的污染状况。沉积物携带的本底吸附磷是水中溶解磷的重要来源。

一、磷在沉积物-水界面的交换特性

　　沉积物-水界面是水体与沉积物磷进行交换的重要场所，是水生环境的一个重要界面。

磷在沉积物-水界面间的交换是一个复杂的过程，主要包括以下几种循环方式：①磷的生物化学循环。在水生生物的作用下，有机磷与无机磷可以进行相互转化。水生生物吸收无机磷，将无机磷转化为有机磷；而生物体的代谢物及残骸等经过矿化作用又可以将有机磷转化为无机磷。②磷的吸附与解吸。③含磷颗粒物的沉降和再悬浮。④磷的溶解与沉淀等过程。而目前对于沉积物-水界面磷的交换特征研究主要集中在表层沉积物对磷的吸附与解吸两个方面。

通常情况下，沉积物与上覆水之间存在着磷的吸附与解吸的动态平衡过程，然而，当上覆水体中磷的含量较大或较小时，这个平衡过程就会被打破。当上覆水体中磷的含量较大时，表层沉积物就会吸附上覆水体中的磷，此时沉积物表现为磷的"汇"；而当上覆水体中的磷含量较小时，表层沉积物就会向上覆水体释放磷，这时沉积物表现为磷的"源"。如蒋增杰等（2008）、李北罡等（2010）分别研究了桑沟湾养殖水域表层沉积物、黄河喇嘛湾段及内蒙古包头段沉积物对磷的吸附特征，结果表明：由于桑沟湾以及黄河上覆水体中磷酸盐的含量大多小于磷的吸附平衡质量浓度（EPC_0），因此可以推断桑沟湾表层沉积物以及黄河喇嘛湾段、内蒙古包头段沉积物均充当磷"源"的角色。王晓丽等（2009）采集了黄河区域 9 个站点的沉积物与上覆水样品，研究了沉积物对磷的吸附行为特征，并测定了上覆水体磷酸盐的含量，结果表明：只有壶口和张家湾站点沉积物充当磷"汇"的角色，而其他 7 个站点的沉积物均表现为磷的"源"。

二、沉积物磷形态分布

2014 年 8 月（夏季）与 10 月（秋季），研究人员分别采集海州湾海洋牧场海域中 9 个站点的表层沉积物和上覆水样，其中海洋牧场区（RA）6 个，对照区（CA）3 个，主要分布于 34°52.15′N—34°58.00′N、119°21.15′E—119°34.80′E，具体采样站点如图 5-1 所示。利

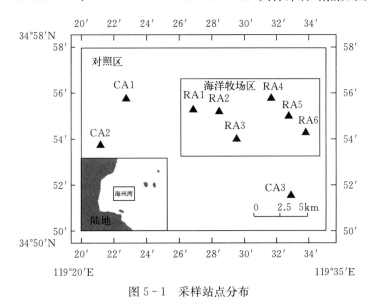

图 5-1　采样站点分布

用抓斗式采泥器采集表层（0～5 cm）沉积物样品，并放于密封袋中冷冻保存。分析前取适量沉积物样品风干，研磨，过 100 目筛（孔径 0.15 mm），待测。上覆水样用采水器采集后，一份现场抽滤后将滤膜避光冷冻保存，用于检测叶绿素 a；另一份放入聚乙烯瓶中带回实验室，测定上覆水中磷酸盐含量。

采用高效江（2003）与宋祖光（2007）的提取方法进行磷形态分析，将无机磷分级为可交换态磷（Ex－P）、铁铝结合态磷（Fe＋Al）－P、钙结合态磷（Ca－P）与残留无机态磷（Re－P）。

(1) 总磷测定方法　借鉴扈传昱（1999）的方法，称取 0.05 g 样品，放入 50 mL 锥形瓶中，加蒸馏水 50 mL，再加入 3 mL 过硫酸钾溶液，封盖。置压力蒸汽灭菌筒中 30 min，冷却，离心，取上清液。加入 1.5 mL 抗坏血酸溶液混合 0.5 min 后加入 1.5 mL 混合试剂（45 mL 浓度为 95 g/L 的钼酸盐、120 mL 25% 的盐酸、5 mL 浓度为 32.5 g/L 的酒石酸锑钾以及 70 mL 蒸馏水）。混匀，以空白试剂作为对照，用 5 cm 比色皿在 820 nm 波长下测定吸光度。

(2) 有机磷的测定方法　采用灼烧法，用 0.5 mol/L H_2SO_4 溶液分别浸提，经 550 ℃灼烧和未灼烧的沉积物样品，用获得的可提取磷之差计算沉积物中的有机磷。

(3) 无机磷测定方法　总磷减去有机磷即得。无机形态磷的具体提取步骤如表 5-1 所示。

表 5-1　沉积物中无机形态磷的提取方法

无机磷分级	浸提剂或试剂	测定方法
可交换态磷（Ex－P）	NH_4Cl	磷钼蓝分光光度法
铁铝结合态磷（Fe＋Al）－P	NaOH－NaCl	磷钼蓝分光光度法
钙结合态磷（Ca－P）	H_2SO_4	磷钼蓝分光光度法
残留无机态磷（Re－P）		用无机磷减去可交换态磷、铁铝结合态磷与钙结合态磷

（一）表层沉积物理化性质

夏季（8月）和秋季（10月），海州湾表层沉积物的粒度分布以及有机碳含量如表 5-2 和表 5-3 所示。总体来看，8月和10月海州湾海洋牧场海域沉积物粒径分布都较为集中，大部分分布在 20～200 μm 的范围内，属细砂沉积物类型。8月，细砂沉积物占比为 50.59%～80.36%，平均值为 70.13%；10月，细砂沉积物占比为 2.45%～81.28%，平均值为 67.90%。

粒径在 2～20 μm 范围内属粉粒沉积物类型。8月，粉粒沉积物占比为 16.20%～41.93%，平均值为 24.94%；10月，粉粒沉积物占比为 15.27%～39.42%，平均值为 26.48%。

粒径<2 μm 属黏粒沉积物类型，其含量较少。8月，黏粒沉积物占比为 3.39%～7.37%，平均值为 4.91%；10月，黏粒沉积物占比为 3.44%～8.13%，平均值为 5.61%。

无论是8月还是10月，海州湾沉积物几乎不含粒径处于200～2 000 μm 的粗砂。

对比夏、秋两季海州湾表层沉积物的粒径分布，得出沉积物粒径分布的趋势相同，均是细砂含量＞粉砂含量＞黏粒含量。通过比较各个组分的百分比得出，10月比8月的沉积物粒径略小，但差异并不明显。

TOC的测定结果表明，8月海州湾表层沉积物中有机碳的含量为11.16～14.43 g/kg，其中含量最高的站点是CA1与CA2；10月海州湾表层沉积物中有机碳的含量为10.74～15.11 g/kg，RA1站点出现有机碳含量的最大值。对比夏、秋两季沉积物中有机碳的含量得出，除RA1站点有机碳的含量变化相对较大外，其余站点变化均不大。

表5-2　8月表层沉积物粒径分布以及有机碳含量

站点	粒径分布（%）				TOC (g/kg)
	粗砂（粒径200～2 000 μm）	细砂（粒径20～200 μm）	粉粒（粒径2～20 μm）	黏粒（粒径<2 μm）	
RA1	0.01	70.42	24.64	4.93	12.71
RA2	0.00	73.01	22.27	4.72	13.08
RA3	0.00	71.20	24.06	4.74	12.58
RA4	0.01	75.26	20.62	4.11	11.19
RA5	0.00	78.58	17.71	3.71	11.16
RA6	0.05	80.36	16.20	3.39	11.21
CA1	0.00	58.35	34.99	6.66	14.43
CA2	0.11	50.59	41.93	7.37	14.26
CA3	0.00	73.40	22.05	4.55	11.98

表5-3　10月表层沉积物粒径分布以及有机碳含量

站点	粒径分布（%）				TOC (g/kg)
	粗砂（粒径200～2 000 μm）	细砂（粒径20～200 μm）	粉粒（粒径2～20 μm）	黏粒（粒径<2 μm）	
RA1	0.00	52.45	39.42	8.13	15.11
RA2	0.00	74.29	21.21	4.50	12.45
RA3	0.03	71.62	22.96	5.39	12.86
RA4	0.00	71.96	22.83	5.21	12.78
RA5	0.00	79.70	16.51	3.79	10.75
RA6	0.01	81.28	15.27	3.44	10.74
CA1	0.00	55.26	37.69	7.05	12.43
CA2	0.00	54.14	38.35	7.51	12.88
CA3	0.00	70.43	24.06	5.51	12.48

（二）上覆水理化性质

夏季（8月）和秋季（10月），海州湾海洋牧场海域磷酸盐和叶绿素a含量如表5-4

所示。8月和10月，上覆水体磷酸盐含量范围分别为0.0166~0.0319 mg/L、0.0076~0.0219 mg/L，平均值分别为0.0221 mg/L和0.0166 mg/L，从整体上看，8月磷酸盐的含量略大于10月磷酸盐的含量。8月和10月，上覆水体叶绿素a的含量分别为1.45~3.16 μg/L、1.16~2.89 μg/L，平均值分别为2.03 μg/L、2.07 μg/L，最大值均出现在CA2站点。从整体上看，夏、秋季叶绿素a的含量无明显差异。

表5-4 海州湾上覆水中磷酸盐以及叶绿素a的含量

站点	磷酸盐含量（mg/L）		叶绿素a含量（μg/L）	
	8月	10月	8月	10月
RA1	0.0203	0.0219	1.91	2.71
RA2	0.0180	0.0163	1.68	1.89
RA3	0.0241	0.0208	2.24	2.24
RA4	0.0189	0.0219	1.99	2.07
RA5	0.0166	0.0098	1.91	1.42
RA6	0.0199	0.0082	1.45	1.16
CA1	0.0319	0.0219	2.24	2.71
CA2	0.0240	0.0208	3.16	2.89
CA3	0.0254	0.0076	1.65	1.57

三、表层沉积物中各形态磷的含量及其季节变化

（一）表层沉积物中总磷的含量及其季节变化

海州湾海洋牧场海域各采样点表层沉积物样品的分析结果表明（图5-2），夏季（8月）和秋季（10月）沉积物中总磷的含量范围分别为401.08~475.15 μg/g、352.38~444.29 μg/g，平均值分别为427.45 μg/g、396.66 μg/g。夏季多数站点总磷的含量高于

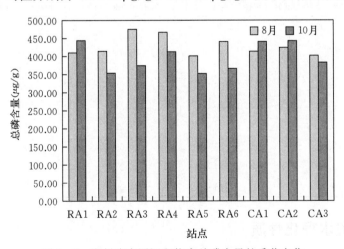

图5-2 海州湾表层沉积物中总磷含量的季节变化

秋季，尤其在海洋牧场区表现更为明显，这可能是由于夏季雨水丰富，大量的降雨冲刷人类活动区域，导致城市污水、农田养分等外源磷随雨水迁移到海州湾中，使得夏季（8月）水体以及沉积物中总磷含量增加。

如图 5-3 所示，夏季（8月）总磷含量的最大值出现在 RA3 与 RA4 站点，其余各站点总磷的含量相当。秋季（10月）总磷含量在靠近湾顶一侧对照区出现较高值 442.92 $\mu g/g$，在远离湾顶一侧的对照区与海洋牧场区磷含量相当。除夏季的两个站点（RA3 和 RA4），总体上两个季节表层沉积物的总磷含量均呈现从近岸向远岸逐渐减少的趋势。造成这一分布的原因可能与沉积物-水界面环境条件的变化、沉积物质地不同以及陆源输入等因素有关。近岸靠近河流，受排污影响大，同时位于近岸的两个站点（CA1 和 CA2）黏粒含量与其他站点相比高，而黏粒含量越高沉积物比表面积越大，磷沉积效果就越好。这些均是造成近岸总磷含量大于远岸总磷含量的原因。

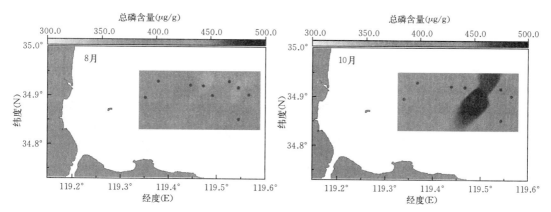

图 5-3　夏季（8月）与秋季（10月）总磷含量的平面分布图

注：圆点所示为站点，下同

（二）表层沉积物中无机磷的含量及其季节变化

如图 5-4 所示，夏季（8月）海州湾表层沉积物中无机磷的含量在 228.75～337.45 $\mu g/g$，平均值为 286.78 $\mu g/g$；无机磷的含量占总磷的 55.17%～76.54%，平均值为 66.93%。秋季（10月），海州湾表层沉积物中无机磷含量范围为 134.51～301.30 $\mu g/g$，平均值为 221.06 $\mu g/g$；无机磷含量占总磷含量的 33.10%～77.18%，平均值为 56.27%。因此无论是夏季（8月）还是秋季（10月），无机磷均是海州湾海洋牧场海域表层沉积物中磷的主要赋存形态，并且从图 5-4 中可以明显看出，夏季（8月）大多数站点无机磷的含量大于秋季（10月）无机磷的含量，这与总磷含量的季节变化相一致。

如图 5-5 所示，夏季（8月）和秋季（10月）无机磷的平面分布均呈现较大的差异性。这是因为无机磷是由多种形态的磷组成，并且每种形态的无机磷均会受到不同因素的影响。因此这种差异性与沉积物来源、沉积环境、矿物组成、气候条件以及人为活动等多种因素有关。

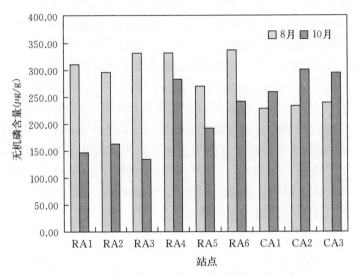

图 5-4　海州湾表层沉积物中无机磷含量的季节变化

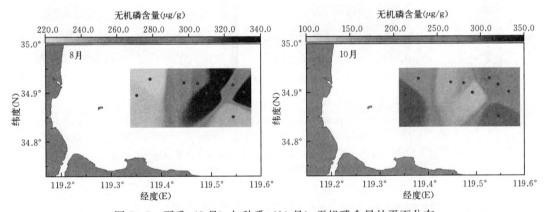

图 5-5　夏季（8 月）与秋季（10 月）无机磷含量的平面分布

（三）表层沉积物中可交换态磷的含量及其季节变化

沉积物中的可交换态磷（Ex－P）是活性磷，主要指被沉积物中的氧化物、氢氧化物以及黏土矿物颗粒表层等吸附的磷，主要源于水生颗粒，即沉降颗粒的吸附或生物碎屑的再生。可交换态磷是最活跃的，当上覆水体中磷酸盐含量水平低于沉积物磷的吸附解吸平衡质量浓度（EPC_0）时，其可解吸释放到上覆水体中，被浮游植物吸收。

如图 5-6 所示，夏季（8 月）和秋季（10 月）海州湾表层沉积物中可交换态磷的含量分别为 3.59～8.10 μg/g、1.83～6.85 μg/g，平均值分别为 5.15 μg/g、3.95 μg/g；占无机磷含量的比例分别为 1.06%～3.47%、0.76%～3.63%，平均值分别为 1.89%、1.85%。结果与宋祖光等（2007）对杭州湾潮滩表层沉积物研究所得的可交换磷的含量（1.4～11.1 μg/g）较接近。由于可交换态磷含量较少，说明沉积物中的可交换态磷对海州湾海水富营养化影响较小。通过对比夏、秋两季海州湾表层沉积物中的可交换态磷的含量发现，除RA1站点外，其余站点均是夏季的可交换态磷含量大于秋季可交换态磷的含量。因为秋季（10月）海州湾的风浪较大，扰动增强会促进沉积物中的可交换态磷向上覆水释放，因此秋季沉积物中的可交换态磷减少。

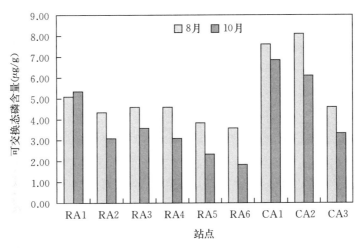

图5-6　海州湾表层沉积物中可交换态磷含量的季节变化

　　如图5-7所示，夏季（8月）和秋季（10月）可交换态磷平面分布均呈现从近岸向远岸逐渐减少的趋势，表明可交换态磷的含量可能受陆源输入的影响。除此之外，可交换态磷的含量还与沉积物质地有关，由表5-2和表5-3可以看出，近岸站点的沉积物含粉粒与黏粒的含量比远岸站点的含量多，粒径相对较小，近岸站点的有机碳含量也比远岸站点的含量大。这些都是近岸可交换态磷含量比远岸大的原因。

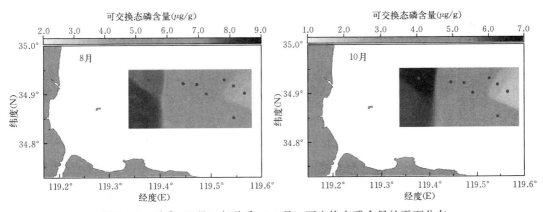

图5-7　夏季（8月）与秋季（10月）可交换态磷含量的平面分布

（四）表层沉积物中铁铝结合态磷的含量及其季节变化

　　铁铝结合态磷是指与沉积物以及海水中的铁、铝和锰的氧化物以及氢氧化物等的结合磷，其具有很强的释放活性，是内源负荷的重要来源之一，其含量可随着氧化还原电位的改变而改变。当沉积环境趋向还原时，铁铝结合态磷就会转化成可溶解的磷，释放到上覆水中，从而影响海水的富营养化。铁结合态磷具有重要的环境意义，戴纪翠等（2006）认为，沉积物中铁结合态磷的含量可以作为判断海区沉积物污染程度的指标之一。

如图 5-8 所示，夏季（8月）和秋季（10月）海州湾表层沉积物中铁铝结合态磷的含量范围分别为 7.60～14.62 μg/g、27.16～61.77 μg/g，平均值分别为 11.36 μg/g、47.26 μg/g，分别占无机磷含量的 4.13％、21.39％。通过比较夏、秋两季沉积物中铁铝结合态磷的含量，得出秋季（10月）铁铝结合态磷的含量比夏季（8月）含量高，并且高约 3 倍。这是因为海州湾夏季（8月）溶解氧的含量比秋季（10月）溶解氧的含量小，溶解氧含量越小则越趋于还原状态，因此会促进铁铝结合态磷的释放，使夏季沉积物中的铁铝结合态磷相对于秋季减少。铁铝结合态磷含量的高低在一定程度上又反映了人为污染程度。因此可以初步推断海州湾秋季的人为污染要比夏季的人为污染严重。

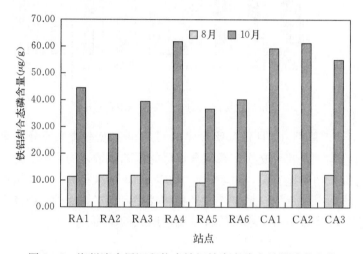

图 5-8　海州湾表层沉积物中铁铝结合态磷含量的季节变化

如图 5-9 所示，夏季（8月）和秋季（10月）海州湾铁铝结合态磷的平面分布呈现从近岸向远岸减小的趋势，说明人为污染可能是造成海州湾区域富营养化的主要因素。

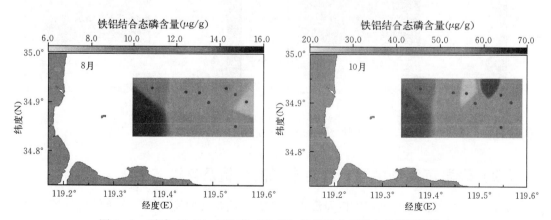

图 5-9　夏季（8月）与秋季（10月）铁铝结合态磷含量的平面分布

（五）表层沉积物中钙结合态磷的含量及其季节变化

沉积物中的钙结合态磷是指与自生磷灰石、海洋沉积碳酸钙以及生物骨骼等的含磷矿物有关的沉积磷存在形态，钙结合态磷很难被分解或转化为磷酸盐，基本上对间隙水和上覆水中磷酸盐的富集没有贡献。

如图 5-10 所示，夏季（8 月）和秋季（10 月）海州湾表层沉积物中钙结合态磷的含量范围分别为 63.78～84.37 $\mu g/g$、47.73～104.66 $\mu g/g$，平均值分别为 74.68 $\mu g/g$、71.72 $\mu g/g$，分别占无机磷含量的 26.85%、32.85%。比较夏、秋两季海州湾表层沉积物中钙结合态磷的含量，得出多数站点夏季（8 月）钙结合态磷的含量大于秋季（10 月）。

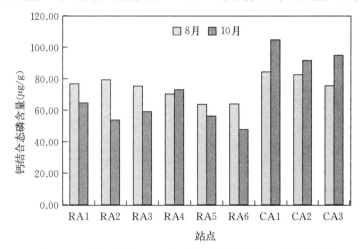

图 5-10　海州湾表层沉积物中钙结合态磷含量的季节变化

如图 5-11 所示，夏季（8 月）和秋季（10 月）钙结合态磷的平面分布同样呈现从近岸向远岸逐渐减少的趋势，说明海州湾沿岸河流携带大量含碳酸钙的颗粒物汇入湾口。

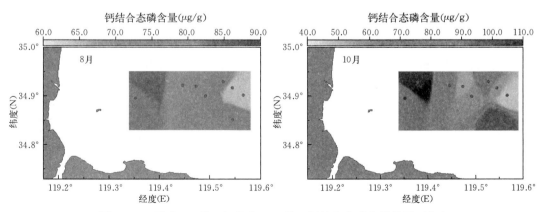

图 5-11　夏季（8 月）与秋季（10 月）钙结合态磷含量的平面分布

（六）表层沉积物中残留无机态磷的含量及其季节变化

沉积物中的残留无机态磷主要是指禁锢于矿物氧化物和矿物晶格中的磷，这一部分是最稳定的一种磷，难以成为溶解磷而释放到上覆水中，对水体的富营养化几乎没有贡献。

如图 5-12 所示，夏季（8 月）和秋季（10 月）海州湾表层沉积物中残留无机态磷的含量范围分别为 123.19～262.23 $\mu g/g$、32.45～142.06 $\mu g/g$，平均值分别为 195.59 $\mu g/g$、101.29 $\mu g/g$，分别占无机磷含量的 67.12%、43.91%，是无机磷中含量最多的一种形态。通过比较两个季节海州湾表层沉积物中残留无机态磷的含量，得出夏季（8 月）残留无机态磷的含量明显高于秋季（10 月），与无机磷含量的季节变化特征相一致。

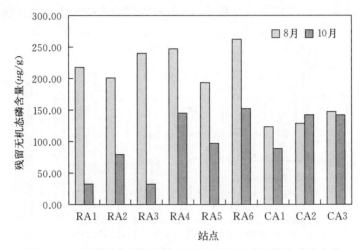

图 5-12　海州湾表层沉积物中残留无机态磷含量的季节变化

无论是夏季（8 月）还是秋季（10 月），残留无机态磷与无机磷的相关性都极好，相关性系数分别高达 0.99、0.88，因此对比图 5-13 和图 5-5 可以看出，这两种形态磷的平面分布较相似，并且分布差异明显，无规律性。

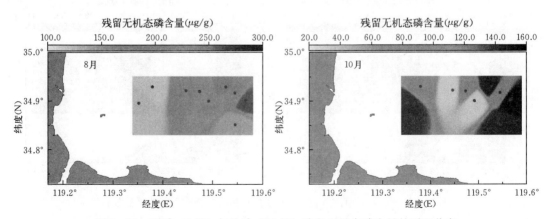

图 5-13　夏季（8 月）与秋季（10 月）残留无机态磷含量的平面分布

综上所述，无论是夏季（8 月）还是秋季（10 月），无机磷的赋存形态按平均含量大小排序为残留无机态磷＞钙结合态磷＞铁铝结合态磷＞可交换态磷。

（七）表层沉积物中有机磷的含量及其季节变化

沉积物中的有机磷可以分为两大类：一类是碱可提取磷（Org-Palk），其可与腐殖质相结合，稳定性较高，生物可利用度低，以富里酸磷（FA-P）和胡敏酸磷（HA-P）等为主要存在形式；另一类是酸可提取磷（Org-Pac），其主要存在形式有磷脂、核酸和植素（环己六醇磷酸酯），大部分是生物大分子，稳定性较差，在一定条件下可被水解或矿化为溶解性的小分子有机磷或溶解性磷酸根，通过沉积物-水界面迁移扩散，具有潜在的生物有效性。有机磷主要通过陆源输入和食物链等生物过程形成，在磷的寡营养区，部分有机磷可透过沉积物-水界面转化为可供海洋浮游植物利用的磷。

如图 5-14 所示，夏季（8月）和秋季（10月）海州湾表层沉积物中有机磷的含量范围分别为 99.14～189.93 μg/g、87.28～297.24 μg/g，平均值分别为 140.67 μg/g、172.44 μg/g，分别占总磷含量的 33.06%、43.73%，其含量均高于黄东海陆架区（32.69 μg/g）、桑沟湾（118.94 μg/g）沉积物中有机磷的含量。通过比较夏、秋两季海州湾表层沉积物中有机磷的含量，得出大部分站点秋季（10月）有机磷的含量大于夏季（8月）。这可能是因为夏季温度较高，生物活动较为频繁，会促进有机质的矿化作用，加速沉积物中有机磷向无机磷的转化过程，因此夏季（8月）沉积物中有机磷的含量同秋季相比较小。

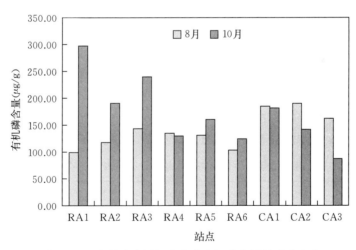

图 5-14　海州湾表层沉积物中有机磷含量的季节变化

如图 5-15 所示，夏季（8月）有机磷含量的平面分布也呈现从近岸向远岸逐渐减小的趋势，说明表层沉积物中有机磷含量受陆源输入与生物活动的影响，可能会成为海州湾水体潜在的磷源，进而影响海区磷含量；而秋季（10月）有机磷含量的最大值出现在RA1 站点，这是因为 RA1 站点有机碳的含量最大，有机质的积累造成了有机磷含量的增加。

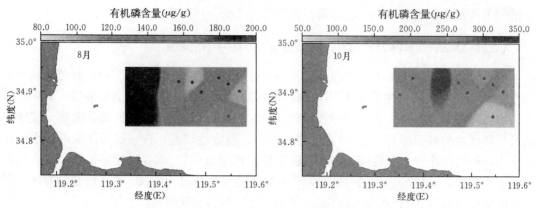

图 5-15 夏季（8月）与秋季（10月）有机磷含量的平面分布

（八）表层沉积物中各形态磷与粒径、有机碳之间的相关性分析

CA1 和 CA2 站点，与其他站点相比，沉积物粒径相对较小，粉粒含量比其他站点高，因此粒径分布从近岸向远岸呈现逐渐增大趋势。理论上沉积物粒度越小，比表面越大，对磷的吸附就越强，进而磷的含量就会越高。这正好与大部分形态的磷（可交换态磷、铁铝结合态磷、钙结合态磷）的含量整体上呈现从近岸向远岸逐渐减小的分布特点相一致。

从夏季（8月）沉积物中不同形态的磷与粒径的相关性来看（表 5-5），残留无机态磷与细小粒径（$<2\ \mu m$、$2\sim20\ \mu m$）呈负相关关系，而与较大粒径（$20\sim200\ \mu m$）呈显著正相关（$P<0.05$，$R>0.7$）。有机磷、可交换态磷、铁铝结合态磷以及钙结合态磷更倾向于存在较小粒径的沉积物中，这四种形态的磷与较小粒径（$<2\ \mu m$、$2\sim20\ \mu m$）呈显著正相关，而与较大粒径（$20\sim200\ \mu m$）呈极显著负相关（$P<0.01$，$R>0.7$）。此结论与 Meng 等（2014）在研究东海内陆架沉积物中磷的形态与粒径之间的关系时所得出的结果相类似。如表 5-6 所示，秋季（10月）则只有总磷与可交换态磷和沉积物的粒径相关，同样总磷、可交换态磷与较小粒径（$<2\ \mu m$、$2\sim20\ \mu m$）呈极显著正相关，而与较大粒径（$20\sim200\ \mu m$）呈极显著负相关（$P<0.01$，$R>0.8$）。

表 5-5 8月沉积物中各形态磷与粒径、有机碳之间的相关性分析

磷形态	粗砂（粒径 200~2 000 μm）	细砂（粒径 20~200 μm）	粉砂（粒径 2~20 μm）	黏粒（粒径<2 μm）	TOC
总磷	0.078	0.126	−0.119	−0.173	−0.223
有机磷	0.352	−0.802**	0.804**	0.788*	0.629
无机磷	−0.210	0.666	−0.663	−0.684	−0.598
可交换态磷	0.498	−0.967**	0.966**	0.969**	0.881**
铁铝结合态磷	0.240	−0.904**	0.901**	0.928**	0.896**
钙结合态磷	0.132	−0.846**	0.840**	0.886**	0.935**
残留无机态磷	−0.224	0.759*	−0.756*	−0.782*	−0.771

注：同行数据肩标*表示差异显著（$P<0.05$），肩标**表示差异极显著（$P<0.01$），下同。

表5-6 10月沉积物中各形态磷与粒径、有机碳之间的相关性分析

磷形态	粗砂 (粒径 200~2 000 μm)	细砂 (粒径 20~200 μm)	粉砂 (粒径 2~20 μm)	黏粒 (粒径<2 μm)	TOC
总磷	−0.310	−0.926**	0.926**	0.915**	0.671*
有机磷	0.295	−0.427	0.419	0.459	0.652
无机磷	−0.471	−0.130	0.137	0.092	−0.241
可交换态磷	−0.227	−0.956**	0.961**	0.912**	0.586
铁铝结合态磷	−0.301	−0.542	0.540	0.543	0.235
钙结合态磷	−0.373	−0.648	0.652	0.621	0.245
残留无机态磷	−0.405	0.278	−0.270	−0.318	−0.524

沉积物中的有机碳含量是指有机物所含碳的总量。根据夏季（8月）沉积物中不同形态的磷与有机碳的相关性分析可知，可交换态磷、铁铝结合态磷以及钙结合态磷均与有机碳（TOC）含量有显著的正相关（$P<0.01$，$R>0.8$），说明有机碳含量越高，这三种形态的磷含量可能会随之增大。因为沉积物有机质对磷等营养物质有吸附作用，所以有机碳变化能反映有机质的变化。而秋季（10月）沉积物中总磷的含量与沉积物中有机碳的含量呈显著正相关（$P<0.01$，$R>0.6$），有机磷、可交换态磷与沉积物有机碳也具有良好的相关性，相关系数均大于0.5。因此可以推断，秋季（10月）沉积物中总磷、有机磷以及可交换态磷的含量也会受到有机碳含量的影响。

（九）表层沉积物中磷的环境意义

海州湾海洋牧场海域表层沉积物中总磷的含量（352.38~475.15 μg/g）与厦门湾、桑沟湾沉积物中总磷的含量相当，低于杭州湾沉积物中总磷的含量，但高于大亚湾沉积物中总磷的含量（表5-7），说明海州湾沉积物中总磷含量在近海范围内处于中等水平。

表5-7 海州湾与其他海域表层沉积物中总磷含量的比较

磷形态	海州湾	厦门湾	桑沟湾	杭州湾	大亚湾
总磷含量（μg/g）	352.38~475.15	224.30~521.47	412.99~508.56	595.50~1 268.80	286.58~386.75

研究沉积物中磷形态的主要目的是定量生物有效磷。生物有效磷包括沉积物中可释放并参与水体中磷再循环的部分，其与沉积物-水界面磷的交换息息相关，通过对不同形态磷含量的分析可以确定沉积物中潜在生物有效磷的上限。可交换态磷、铁铝结合态磷以及有机磷可视为海州湾表层沉积物的生物有效磷。

如表5-8和表5-9所示，夏季（8月）海州湾沉积物中所有生物有效磷均与上覆水中的磷酸盐以及叶绿素a呈显著正相关（$P<0.05$，$R>0.6$），尤其是可交换态磷与叶绿素a呈极显著正相关（$P<0.01$，$R>0.8$）。秋季（10月）海州湾沉积物中可交换态磷与上覆水中的磷酸盐同样呈显著正相关（$P<0.05$，$R>0.6$），与叶绿素a呈极显著正相关（$P<0.01$，$R>0.9$）。虽然秋季的有机磷、铁铝结合态磷和上覆水中的磷酸盐、叶绿素a

的相关性不显著，但也呈现良好的正相关。从整体上看，生物有效磷均可在一定的条件下向上覆水体释放磷素，成为浮游植物进行光合作用的营养成分，进而影响水体的初级生产力。而且无论是夏季（8月）还是秋季（10月），可交换态磷与叶绿素 a 的相关性最高，这也验证了可交换态磷是最活跃的一种磷。

表 5-8 8月海州湾沉积物中生物有效磷与上覆水中磷酸盐、叶绿素 a 的相关性分析

项目	有机磷	可交换态磷	铁铝结合态磷	钙结合态磷	残留无机态磷
水体中磷酸盐	0.778*	0.674*	0.677*	0.695*	−0.663
叶绿素 a	0.745*	0.805**	0.740*	0.581	−0.539

表 5-9 10月海州湾沉积物中生物有效磷与上覆水中磷酸盐、叶绿素 a 的相关性分析

项目	有机磷	可交换态磷	铁铝结合态磷	钙结合态磷	残留无机态磷
水体中磷酸盐	0.582	0.690*	0.350	0.269	−0.449
叶绿素 a	0.513	0.920**	0.472	0.530	−0.384

如图 5-16 所示，夏季（8月）和秋季（10月）海州湾沉积物中生物有效磷的含量范围分别为 133.91～212.66 μg/g、145.62～347.05 μg/g，分别占总磷含量的 25.99%～50.19%、38.07%～78.11%，平均分别占总磷含量的 36.95%、56.28%，夏、秋两季的生物有效磷在总磷中所占比重较大。在近岸复杂的水动力条件、风浪、生物扰动以及人为因素等的作用下，会进一步促进生物有效磷在沉积物-水界面发生再生活化，从而影响水体的富营养化状态以及初级生产力。

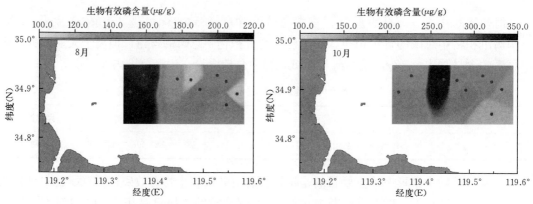

图 5-16 夏季（8月）与秋季（10月）生物有效磷含量的平面分布

（十）柱状沉积物中磷形态分布特征

2016 年 10 月，研究人员在连云港海州湾海域（34°52′52″N—35°7′23″N、119°31′12″E—119°43′41″E）共设置 12 个采样站点，分别为 RA1、RA2、RA3、RA4、RA5、RA6、RA7、RA8、RA9、RA10、CA1 和 CA2（其中 RA 表示在投放了人工鱼礁的鱼礁区采样站点，CA 表示在自然环境下的对照区采样站点），具体站点分布如图 5-17 所示。

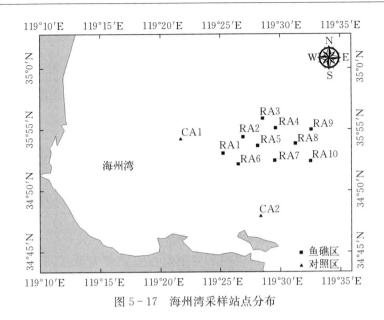

图 5-17　海州湾采样站点分布

铁结合态磷（Fe-P）在 5 个采样站点的平均含量由高至低为：RA3〔（0.058±0.001）mg/g〕＞RA9〔（0.057±0.001）mg/g〕＞RA5〔（0.041±0.000）mg/g〕＞RA4〔（0.040±0.000）mg/g〕＞CA2〔（0.015±0.000）mg/g〕。如图 5-18A 所示，Fe-P 含量在 5 个站点由表层至深层均出现轻微增加，其中在 RA9 站点变化幅度较大，这可能与该海域溶解氧含量较高和样品层次较浅有关，在本次调查中该海域的沉积物样品垂直深度最深为 20 cm，最浅的 CA2 站点仅 12 cm，同时现场检测发现溶解氧含量较高，这可能会使沉积物中铁磷矿物的还原过程受到一定的抑制，因此 Fe-P 的含量在此种情况下变化幅度不大。

由图 5-18B 可知，5 个站点的自生钙结合态磷（ACa-P）含量由表层至深层呈现递增的趋势，其中在 RA4 站点变化幅度相对较大，这可能和 ACa-P 是来自沉积物早期成岩过程中内生过程形成或生物成因而产生的自生钙磷有关。由于微生物大多数存在于底泥表层，而微生物呼吸的 CO_2 对 ACa-P 有较强的溶出作用，因此导致表层 ACa-P 含量要高于底层 ACa-P 含量。各站点 ACa-P 的垂直平均含量分别为：RA3〔（0.123±0.002）mg/g〕＞RA9〔（0.100±0.002）mg/g〕＞RA4〔（0.098±0.005）mg/g〕＞RA5〔（0.095±0.005）mg/g〕＞CA2〔（0.086±0.003）mg/g〕。

原生碎屑磷（DAP）在无机磷中占比最高，其含量从表层至深层呈现递减趋势，从图 5-18C 可以看出，在 RA9 站点变化幅度最大，这可能是由于随着深度增加，沉积物中 DAP 的矿化作用较为强烈，导致其含量逐渐降低。从 5 个站点 DAP 含量的垂直平均值来看，各站点之间的差异较为显著，其平均值由高到低为：RA5〔（0.270±0.004）mg/g〕＞RA4〔（0.233±0.004）mg/g〕＞CA2〔（0.215±0.004）mg/g〕＞RA9〔（0.194±0.005）mg/g〕＞RA3〔（0.153±0.010）mg/g〕。

有机磷（OP）站点含量在不同站点的垂直分布变化趋势大致相同，由表层至深层均表现出轻微增加，其中在 RA4 变化幅度较大。从图 5-18D 可以看出，在 5 个站点中 OP含量的最小值均出现在表层，这可能是由于相对底层沉积物来说，位于沉积物-水界面的表层沉积物具有良好的氧气富足环境，从而导致表层沉积物中有机磷的矿化作用较为强烈，因此出现了表层 OP 含量普遍低于深层 OP 含量的现象。

由图 5-18E 可知，CA2 站点总磷（TP）含量由表层至深层增加的趋势十分平缓，而在其他站点则变化幅度较大，且最大值基本处于 16 cm 深度。各站点 TP 的垂直平均含量排序为：RA5［（0.549±0.004）mg/g］＞ RA4［（0.486±0.003）mg/g］＞ RA3［（0.436±0.004）mg/g］＞ RA9［（0.427±0.003）mg/g］＞ CA2［（0.395±0.004）mg/g］，而各站点的 TP 含量均大于 CA2 站点，这在一定程度上说明了陆源输入对该海域沉积物中 TP 含量垂直分布变化的影响较小，引起 TP 含量垂直分布变化的主要原因可能是在鱼礁区实施的人工鱼礁投放措施以及海水养殖等活动，导致鱼礁区内的水生生物以及藻类等数量增多，对上层底泥中磷的消耗相对较大。

无机磷（IP）含量在各站点的变化和 TP 具有很好的一致性，这与数据显示的 IP 是 TP 的主要形式相吻合，同时也说明了其主要控制因素大致相同，具体变化趋势如图 5-18F 所示。

本次调查共采集了 5 个站点（RA3、RA4、RA5、RA9 和 CA2）的柱状沉积物样品，结果显示，在各个站点的 TP 含量中，以 IP 为主，在 IP 中又以 DAP 为主要形式，DAP 平均占比分别为 35.42%（RA3）、49.54%（RA5）、48.24%（RA4）、45.33%（RA9）和 54.57%（CA2），Fe-P 占比最小，分别为 13.43%（RA3）、7.52%（RA5）、8.28%（RA4）、13.32%（RA9）和 3.81%（CA2）。Fe-P 可以在一定程度上反映调查海域的环境污染情况，从图 5-18 可以看出，在本次研究区域的 5 个站点中，Fe-P 在所有形态磷中占比最小，说明海州湾并未出现严重的污染现象。段翠兰等（2013）对江苏省海洋环境的调查研究表明，海州湾海域仍有赤潮、土壤盐渍化、海洋垃圾等环境污染现象发生；而展卫红等（2016）研究表明，在海州湾海域实施人工鱼礁建设后，人工鱼礁的投放对于该海域生态环境有所改善，营养盐结构更加合理，生物多样性增加。本次调查结果也能在一定程度上说明海州湾海域的生态环境正趋于良好。

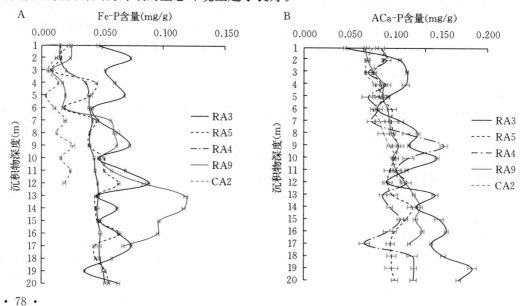

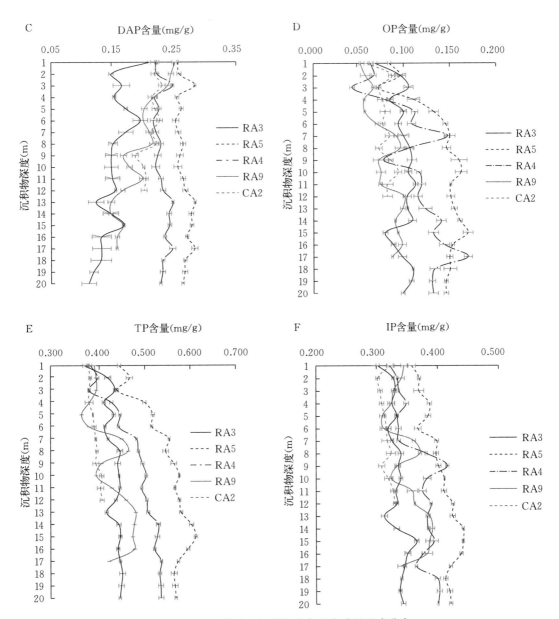

图 5-18　不同站点沉积物中各形态磷的垂直分布

A. Fe-P 的垂直分布　B. ACa-P 的垂直分布　C. DAP 的垂直分布

D. OP 的垂直分布　E. TP 的垂直分布　F. IP 的垂直分布

四、沉积物中生物有效磷的含量及其分布

　　生物有效磷（BAP）是指沉积物中潜在的可被水生生物利用的活性磷，其能以溶解态的磷酸盐释放出来，并被水生生物所利用。目前，生物有效磷尚无统一的界定，不同学者对生物有效磷的种类划分仍不尽相同。根据调查海域的实际情况，研究人员将不稳态磷及

铁结合态磷（Fe-P）、有机磷（OP）作为潜在的生物有效磷，根据实测结果计算出 BAP 的含量及 BAP 在 TP 中所占比例，从而初步分析海州湾海域内磷的释放风险。

（一）表层沉积物中的生物有效磷

由表 5-10 可知，在海州湾海域的 12 个采样站点中，表层沉积物的 BAP 含量为 0.069～0.143 mg/g，平均值为 0.092 mg/g，其在 TP 中所占的百分比为 19.435%～32.656%，平均占比为 24.170%。表层沉积物中 BAP 含量大致呈现近岸高、远岸低的趋势（图 5-19）。在 CA1 站点生物有效磷含量最高，所占总磷比例也最高，可能是由于近岸区域靠近入海河流，受到渔业捕捞、生活用水以及工农业用水排污的影响较大，所以造成 CA1 站点的 TP 和 BAP 均达到最大值。调查数据显示，BAP 占 TP 的平均百分比为 24.170%，即仅有 24.170% 的磷会在适宜的环境条件下释放出来，从而被水生生物所利用，加之 Fe-P 的含量也较小，说明磷的释放风险较小，调查海域的生态环境得到了一定的改善。

表 5-10 表层沉积物中 BAP 含量及占比

项目	RA1	RA2	RA3	RA4	RA5	RA6	RA7	RA8	RA9	RA10	CA1	CA2
BAP 含量（mg/g）	0.100	0.073	0.080	0.113	0.103	0.072	0.077	0.098	0.069	0.096	0.143	0.084
TP 含量（mg/g）	0.376	0.363	0.349	0.398	0.400	0.372	0.367	0.370	0.337	0.385	0.438	0.396
BAP/TP（%）	26.493	20.031	22.956	28.476	25.754	19.435	20.944	26.579	20.631	24.901	32.656	21.187

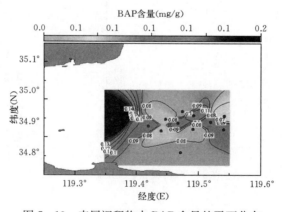

图 5-19 表层沉积物中 BAP 含量的平面分布

（二）柱状沉积物中的生物有效磷

通过调查采集 5 个站点（RA3、RA5、RA4、RA9 和 CA2）的柱状沉积物，测得 BAP 含量为 0.062～0.217 mg/g，在 TP 中所占百分比为 16.11%～43.54%，鱼礁区

（RA）站点各层沉积物中 BAP/TP 的值总体上大于对照区（CA），这说明人工鱼礁的投放与生物有效磷具有一定的关系，能在一定程度上促进沉积物与水体中磷的交换过程，而 BAP/TP 的平均值为 30.77%，说明有大约 30% 的潜在生物有效磷会在环境条件适宜的情况下释放出来，继而被生物所利用。由图 5-20 可知，各站点沉积物中 BAP 的含量变化较大，特别是在 RA4 和 RA9 站点，总体上表现出由表层至深层逐渐增加，然后又逐渐减少的变化趋势，最大值出现在 12～16 cm 深度，最小值出现在表层 1～4 cm 深度。

　　根据调查结果，秋季（10 月）海州湾海域底层沉积物中溶解氧的含量较高，最大值为 9.53 mg/L，这使得随沉积物深度增加，铁磷矿物的还原过程受到一定的减弱甚至抑制，因而 Fe-P 含量出现轻微增长。OP 的来源主要由陆源输入和海洋中的浮游生物残骸两部分组成，由于海州湾海域秋、冬季东北西南向流较强，沉积物以向岸堆积为主，加之沿岸有 17 条河流注入，因此在一定程度上说明该海域 OP 的主要来源为陆源输入。笔者认为，在 BAP 含量的垂直分布中，其变化主要受到 Fe-P 和 OP 的控制，加之海区水文条件及矿物组成等环境因素的影响，使得 BAP 含量的垂直分布呈现一定特征（图 5-20）。

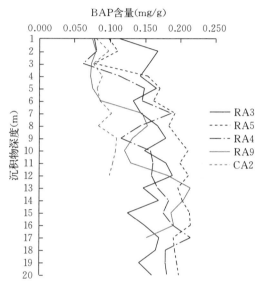

图 5-20　柱状沉积物中 BAP 含量的垂直分布

（三）柱状沉积物中各形态磷与粒径之间的相关性分析

　　沉积物中磷的形态分布不仅与物质来源有关，而且还受到沉积物所处的氧化还原环境、有机质含量及其矿化强度、沉积物的粒度分级及其沉积速率等因素的影响。依据《海洋调查规范　第 8 部分：海洋地质地球物理调查》（GB/T 12763.8—2007）的规定，借助激光粒度仪对各沉积物干样进行粒径检测，然后将沉积物中各形态磷的含量与颗粒物不同粒径所占的百分比之间进行 Pearson 相关性分析，结果如表 5-11 所示。

表 5-11　柱状沉积物中各形态磷与粒径间的相关性分析

站点	磷形态	细黏土（粒径<1 μm）	粗黏土（粒径1～4 μm）	细粉砂（粒径4～16 μm）	粗粉砂（粒径16～63 μm）	细砂（粒径63～250 μm）	中砂（粒径250～500 μm）	粗砂（粒径1 000～2 000 μm）
RA3	Fe-P	0.065	0.107	0.094	−0.079	−0.126	−0.010	0.078
	ACa-P	0.735**	0.797**	0.825**	−0.798**	−0.766**	−0.296	0.332
	DAP	−0.584**	−0.753**	−0.786**	0.768**	0.711**	0.213	−0.387
	OP	0.414	0.486*	0.451*	−0.305	0.549*	−0.407	0.004
	BAP	0.287	0.358	0.328	−0.232	−0.408	−0.244	0.057

（续）

站点	磷形态	细黏土 （粒径＜ 1 μm）	粗黏土 （粒径1～ 4 μm）	细粉砂 （粒径4～ 16 μm）	粗粉砂 （粒径16～ 63 μm）	细砂 （粒径63～ 250 μm）	中砂 （粒径250～ 500 μm）	粗砂 （粒径1 000～ 2 000 μm）
RA4	Fe-P	0.764**	0.779**	0.795**	−0.651**	−0.830**	−0.712**	−0.079
	ACa-P	0.524*	0.532*	0.542*	−0.741**	−0.687**	−0.606**	0.309
	DAP	0.317	0.301	0.336	0.135	−0.308	−0.354	−0.310
	OP	0.669**	0.666**	0.682**	−0.234	−0.609**	−0.629**	−0.376
	BAP	0.720**	0.721**	0.738**	−0.351	−0.689**	−0.676**	−0.313
RA5	Fe-P	0.473*	0.444*	0.591**	0.123	−0.756**	−0.589**	−0.061
	ACa-P	0.527*	0.455*	0.487*	−0.674**	−0.674**	−0.388	−0.089
	DAP	0.079	−0.165	−0.064	0.519*	0.076	−0.112	−0.185
	OP	0.708**	0.673**	0.765**	0.019	−0.906**	−0.603**	−0.164
	BAP	0.662**	0.627**	0.747**	0.064	−0.908**	−0.639**	−0.135
RA9	Fe-P	0.820**	0.850**	0.864**	−0.741**	−0.940**	−0.634**	0.438
	ACa-P	0.838**	0.867**	0.862**	−0.611**	−0.890**	−0.699**	0.266
	DAP	−0.745**	−0.784**	−0.770**	0.613**	0.821**	0.605*	−0.326
	OP	0.811**	0.838**	0.843**	−0.585**	−0.893**	−0.688**	0.295
	BAP	0.846**	0.876**	0.888**	−0.714**	−0.959**	−0.676**	0.406
CA2	Fe-P	0.417	0.401	0.448	0.319	−0.422	−0.386	0.022
	ACa-P	0.516	0.640*	0.823**	0.791**	−0.843**	−0.813**	0.077
	DAP	−0.431	−0.561	−0.645*	−0.514	0.621*	0.583*	−0.127
	OP	0.367	0.538	0.573	0.367	−0.517	−0.466	0.142
	BAP	0.517	0.642*	0.687*	0.456	−0.629*	−0.572	0.102

注：*表示在0.05水平（双侧）上显著相关，**表示在0.01水平（双侧）上显著相关。

由表5-11可知，柱状沉积物各形态磷与粒径之间的相关性较为显著。秋季（10月）海州湾主潮流流向以东北—西南流向为主，结合图5-20和表5-11分析，Fe-P和OP与不同粒径间的相关性也由相关性较小变为显著性相关，在离岸最远的RA9站点则均为极显著性相关，这说明海州湾潮流可能是影响Fe-P和OP与不同粒径相关性平面分布的重要因素。而在RA4、RA5、RA9站点，以细粉砂为分界线，粒径较大的颗粒物与Fe-P以及OP呈现极显著负相关（$P<0.01$），粒径较小的颗粒物与Fe-P以及OP呈现极显著正相关（$P<0.01$），说明弱吸附性磷、铁结合态磷以及有机磷主要存在于较小粒径的颗粒物中，这是由于弱吸附性磷、铁结合态磷以及有机磷均为沉积物中易被吸附解析的磷形态，颗粒物虽小但具有较大比表面积，因此可以较容易与沉积物中的有机质、营养盐等发生吸附作用，这与魏俊峰（2011）、于子洋（2014）等的研究结果相一致。自生钙结合态磷（ACa-P）与粒径的相关性也与Fe-P和OP相似，在粒径较小的颗粒物中反而存在较多，而原生碎屑磷（DAP）则刚好相反。从表5-11可以看出，多数情况下DAP与较

大颗粒物（粒径＞16 μm）成正比，与较小颗粒物（粒径＜16 μm）成反比，说明原生碎屑磷主要存在于大颗粒物中，产生这种分布特征的原因可能与海州湾调查海域内的沉积物物质组成以及水温、盐度等因素有关。生物有效磷（BAP）与粒径相关性平面分布具有一定的差异性，BAP 与 CA2 站点的粒径有显著性相关，与 RA4、RA5、RA9 站点的粒径为极显著性相关。同时，RA4、RA5 和 RA9 站点的 BAP 与较小的颗粒物（粒径＜16 μm）成正比，而与较大的颗粒物（粒径＞16 μm）成反比；而在 RA1 站点所表现出的相关性较低，说明人工鱼礁建设和不同粒径的物理化学性质等会在一定程度上影响 BAP 与粒径的相关性。从表 5 - 11 还可以发现，各形态磷与粗砂均未表现出显著的正相关性或者负相关性，说明沉积物中的粗砂在磷的循环过程中参与程度低。

五、表层沉积物中磷的吸附容量及潜在释放风险

采用黄清辉等（2004）提出的磷释放风险指数（ERI）来评估海州湾海域表层沉积物磷的潜在释放风险，即：

$$ERI = \frac{DPS}{PSI} \times 100\%$$

式中，ERI 为磷释放风险指数（%）；DPS 为磷吸附饱和度（%）；PSI 为磷吸附指数，单位为 $[mgP \cdot (100\ g)^{-1}] \cdot (\mu mol/L)^{-1}$。

（一）沉积物中草酸铵提取的铝、铁、磷的分布

2016 年 10 月研究人员采集的表层沉积物中，用草酸铵提取的无定形铝（Al_{ox}）的含量为 4.400～12.926 mmol/kg，平均值为 9.001 mmol/kg，在 RA3 有最小值，最大值出现在 CA8；草酸铵提取的无定形铁（Fe_{ox}）的含量为 9.017～29.530 mmol/kg，平均值为 18.693 mmol/kg，最小值出现在 RA3，在 CA8 有最大值；草酸铵提取的无定形磷（P_{ox}）的含量为 2.165～5.213 mmol/kg，平均值为 3.964 mmol/kg，其中最小值在 RA3，在 CA11 有最大值。

2017 年 5 月研究人员采集的表层沉积物中，用草酸铵提取的无定形铝（Al_{ox}）的含量为 3.955～14.035 mmol/kg，平均值为 8.095 mmol/kg，其中在 RA1 有最小值，最大值在 CA5；草酸铵提取的无定形铁（Fe_{ox}）的含量为 9.004～29.839 mmol/kg，平均值为 15.950 mmol/kg，在 RA12 有最小值，最大值在 CA5；草酸铵提取的无定形磷（P_{ox}）含量为 2.304～5.838 mmol/kg，平均值为 3.808 mmol/kg，最小值在 RA1，最大值在 CA5。

结合图 5 - 21 来看，在 2016 年 10 月和 2017 年 5 月两次调查中，Al_{ox}、Fe_{ox} 和 P_{ox} 的含量基本都表现出由岸及海先减小后增大的趋势，即在近岸有最大值，在调查区域的中心均处于最小值。这是由于在离岸较近的采样点附近，居民有频繁的日常生活和渔业活动，人为干扰的影响较大，而在中心区域有紫菜等人工养殖活动，水生植物可能对铁和磷有一部分的吸收作用，因此在整体上呈现由岸及海先减小后增大的分布趋势。从季节分布来

看，秋季（10月）Al$_{ox}$和P$_{ox}$的含量与夏季（5月）相差较小，而Fe$_{ox}$的含量则相比夏季要高出很多。有研究指出，沉积物中无定形的铝、铁、磷氧化物的含量会影响其对磷的吸附容量；同一区域的富营养状况鱼表层沉积物中草酸铵提取的Fe和P有同步变化的关系。从调查结果也可以看出，秋季沉积物中活性铁和活性铝的含量比夏季高，活性磷的含量也高于夏季，三种物质之间的变化基本是一致的。

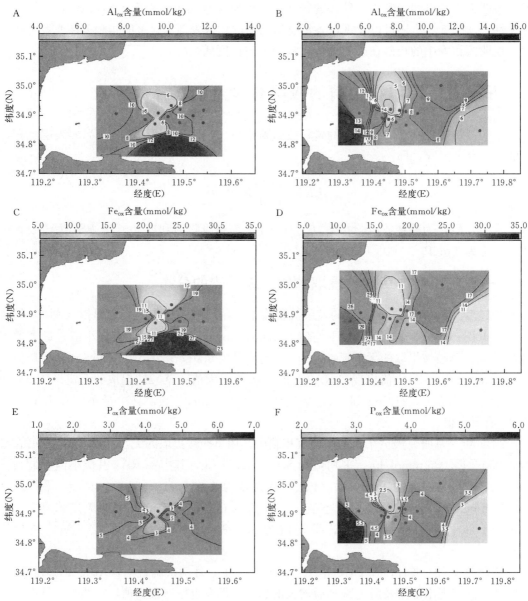

图5-21　2016年和2017年两次调查中Al$_{ox}$、Fe$_{ox}$和P$_{ox}$含量的平面分布

A. 2016年Al$_{ox}$含量调查结果　　B. 2017年Al$_{ox}$含量调查结果　　C. 2016年Fe$_{ox}$含量调查结果

D. 2017年Fe$_{ox}$含量调查结果　　E. 2016年P$_{ox}$含量调查结果　　F. 2017年P$_{ox}$含量调查结果

（二）沉积物中磷吸附指数和磷吸附饱和度的分布

磷吸附指数（PSI）的大小能够反映沉积物对磷的缓冲效果，其值越小，说明沉积物对磷的缓冲效果较差，反之则缓冲效果较好。2016 年 10 月研究人员采集的表层沉积物的 PSI 的变化范围为 99.58～199.39 ［mgP·（100 g）$^{-1}$］·（μmol/L）$^{-1}$，平均值为 152.55 ［mgP·（100 g）$^{-1}$］·（μmol/L）$^{-1}$，其中最大值出现在 CA8，最小值出现在 RA11；2017 年 5 月研究人员采集的表层沉积物的 PSI 的变化范围为 130.29～198.57 ［mgP·（100 g）$^{-1}$］·（μmol/L）$^{-1}$，平均值为 169.20 ［mgP·（100 g）$^{-1}$］·（μmol/L）$^{-1}$，其中最大值出现在 CA3，最小值出现在 RA12。两次调查的结果显示，从时间分布上看，夏季 PSI 略高于秋季，可能是由于在夏季有足够的光照时间和温度，从而水生植物的生长较快，对磷的需求则较大，所以夏季 PSI 相对较高；从平面分布上看，两次调查结果基本均表现出近岸高、远岸低的趋势，且最小值出现在调查区域的中心站点（图 5-22）。

磷吸附饱和度（DPS）的大小很大程度上表征了沉积物向水体中释放磷的多少，可以作为沉积物含磷水平和评估沉积物对磷的吸附容量的指标。DPS 越大，说明在沉积物表面绝大部分可以吸附水中磷酸盐的吸附点位已经被占满，吸附能力有限，进一步表明沉积物作为"源"的可能性较大，即不但很难从水中吸附磷酸盐，反而会从沉积物表面向上覆

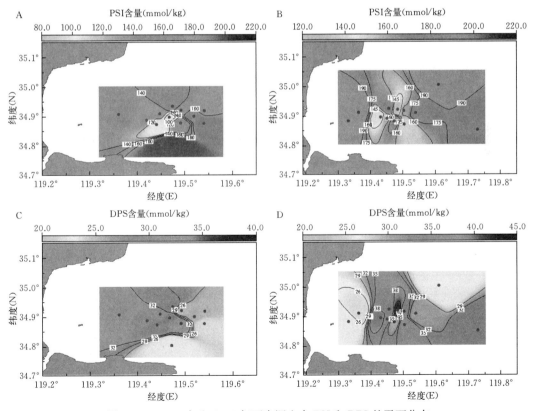

图 5-22　2016 年和 2017 年两次调查中 PSI 和 DPS 的平面分布

A. 2016 年 PSI 调查结果　B. 2017 年 PSI 调查结果　C. 2016 年 DPS 调查结果　D. 2017 年 DPS 调查结果

水体中释放磷酸盐。调查数据显示，2016 年 10 月采集的表层沉积物的 DPS 的变化范围为 23.118%～34.289%，平均值为 29.307%，最大值在 RA4，最小值在 CA8；2017 年 5 月采集的表层沉积物的 DPS 的变化范围为 25.545%～42.135%，平均值为 33.102%，最大值出现在 RA12，最小值在 CA3。从时间分布上看，夏季 DPS 要高于秋季，这是由于在夏季时 P_{ox} 和 Al_{ox} 与秋季相差不大，但夏季时的 Fe_{ox} 与秋季相比较低，说明在夏季有更多的铁结合态磷形成。韩雪鹏（2016）研究指出，植被能够起到降低磷吸附饱和度的作用，而在海州湾海域的 DPS 较高，这可能与海底植被较少有一定关系；结合图 5-22 来看，两次调查的 DPS 分布情况基本为离岸近的站点较小，由海州湾内向海州湾外表现为先增大后减小的趋势，在调查区域的中心站点有最大值。调查发现 DPS 较大，说明海州湾表层沉积物吸附磷酸盐的能力趋于饱和状态，进一步说明该海域的表层沉积物可能是作为"磷源"而存在，这在一定程度上和高春梅等（2015）的研究结果不谋而合。

（三）沉积物各指标间的相关性分析

从表 5-12 可以看出，沉积物中草酸铵提取的 Al_{ox}、Fe_{ox} 和 P_{ox} 之间存在着很好的相关性，且均为极显著正相关性，表明铝、铁、磷三者之间的含量具有同步变化的趋势，而且铝和铁对沉积物吸附磷的作用有重要意义。从两次调查中 PSI 和 DPS 的平面分布情况来看，PSI 和 DPS 呈现极显著负相关，即当 PSI 较大时，DPS 则相对较小。调查还发现，PSI 和沉积物中的 Al_{ox}、Fe_{ox} 呈显著正相关，即与草酸铵提取的无定形铝和铁有共同变化的趋势。在平面分布中，当 Al_{ox} 和 Fe_{ox} 的含量增加时，磷的可吸附点位增多，说明 Fe_{ox} 和 Al_{ox} 含量的增加能在一定程度上引起磷吸附容量的增大，因此沉积物对磷具有更强的缓冲能力，同时也说明无定形铝和无定形铁是影响海州湾表层沉积物吸附磷的主要因素。调查数据显示，沉积物中 Fe_{ox} 的含量大约是 Al_{ox} 的 2 倍，这进一步说明在影响磷吸附作用过程中，铁占据主导地位，但并未发现无定形磷与 PSI 之间的相关性。Al_{ox}、Fe_{ox} 和 P_{ox} 对磷吸

表 5-12　表层沉积物各理化参数之间的相关性分析（$n=12$）

调查时间	项目	Al_{ox}含量	Fe_{ox}含量	P_{ox}含量	DPS	PSI
2016 年 10 月	Al_{ox}含量	1				
	Fe_{ox}含量	0.974**	1			
	P_{ox}含量	0.785**	0.847**	1		
	DPS	−0.624*	−0.520	−0.016	1	
	PSI	0.657*	0.556	0.095	−0.953**	1
2017 年 5 月	Al_{ox}含量	1				
	Fe_{ox}含量	0.958**	1			
	P_{ox}含量	0.918**	0.889**	1		
	DPS	−0.680*	−0.729**	−0.395	1	
	PSI	0.598*	0.666*	0.300	−0.983**	1

注：*表示在 0.05 水平（双侧）上显著相关，**表示在 0.01 水平（双侧）上显著相关。

附饱和度的影响较大，DPS 与 Al_{ox} 和 Fe_{ox} 分别表现出显著负相关性和极显著负相关性，说明铝和铁含量的增加会使沉积物中有更多空余的吸附磷的点位，即降低了磷的吸附饱和度。

（四）表层沉积物磷释放风险评估

从表 5-13 可以看出，2016 年 10 月表层沉积物磷释放风险指数（ERI）的变化范围为 11.59%～34.18%，其中只有 RA4 和 RA11 为高度风险区域；2017 年 5 月表层沉积物磷释放风险指数（ERI）的变化范围为 12.86%～32.34%，其中 RA5 和 RA12 为高度风险区域。结合图 5-23 来看，两次调查结果的 ERI 平面分布基本均呈现出海州湾内高于海州湾外的趋势，而且最高值基本上均出现在调查海域的中心区域；从时间上看，秋季的 ERI 要高于夏季，说明秋季的水体环境更有利于沉积物中磷的释放。两次调查的结果显示，海州湾大部分区域表层沉积物的磷释放风险为中度风险，高度风险区域较少，且超出标准值较少，说明该海域的富营养化程度低，但仍存在着诱发富营养化现象的可能性；同时也表明日后应采取措施来降低海州湾区域的 ERI，如在海底人工种植适量水生植物，以此来提高沉积物对磷的缓冲效果，降低磷的吸附饱和度。

表 5-13　表层沉积物磷释放风险指数评价

时间	站点	RA3	RA2	RA6	RA1	RA7	RA5	RA4	RA8	RA9	RA10	CA1	CA2
2016 10 月	ERI（%）	19.93	23.88	33.81	24.75	23.95	34.18	14.11	13.63	14.13	12.44	23.31	11.59
	风险评价	中度	较高	高度	较高	较高	高度	中度	中度	中度	中度	较高	中度
时间	站点	RA5	RA2	RA1	RA3	RA6	RA7	RA8	RA4	CA1	CA2	CA4	CA3
2017 5 月	ERI（%）	20.78	22.99	27.99	16.30	32.34	22.13	17.12	24.75	12.86	13.68	13.65	18.68
	风险评价	较高	较高	高度	中度	高度	较高	中度	较高	中度	中度	中度	中度

注：ERI<10% 为轻度风险；10%<ERI<20% 为中度风险；20%<ERI<25% 为较高风险；ERI>25% 为高度风险。

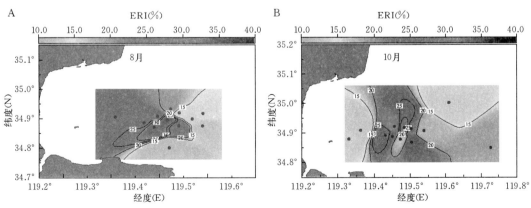

图 5-23　2016 年和 2017 年两次调查中 ERI 的平面分布
A. 2016 年 ERI 调查结果　B. 2017 年 ERI 调查结果

六、表层沉积物对磷的吸附-解吸动力学

（一）沉积物对磷的吸附动力学特征

图 5-24 所示为海州湾表层沉积物对磷的吸附动力学过程。随着反应时间的增加，磷的吸附量逐渐增加直至趋于平衡，平衡吸附量约为 57 μg/g。该平衡吸附量小于蒋增杰等（2008）研究的桑沟湾沉积物对磷的平衡吸附量（161 μg/g）以及徐明德等（2006）研究的长江口沉积物对磷的平衡吸附量（170 μg/g）。因此初步推断海州湾沉积物对磷的吸附量较小。沉积物对磷的吸附过程分为快吸附与慢吸附两个过程，为了更深入地研究海州湾沉积物对磷的吸附动力学过程，引进吸附速率这一概念。吸附速率是指单位时间内单位质量的沉积物对磷的吸附量。如表 5-14 所示，海州湾沉积物对磷的吸附速率在 $-0.6\sim$ 34.46 μg/(g·h)，最大值出现在 0~0.5 h，其次是 0.5~1 h，两个时间段的平均吸附速率分别为 34.46 μg/(g·h) 和 32.20 μg/(g·h)，是其他时间段的数倍。因此 0~1 h 是磷的快吸附过程，之后进入慢吸附过程，直到 6 h 后基本达到磷的吸附动力学平衡状态。

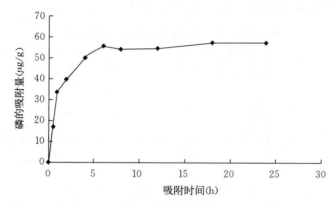

图 5-24 海州湾沉积物对磷的吸附动力学曲线

表 5-14 不同时间段海州湾沉积物对磷的吸附速率

取样时间段（h）	0~0.5	0.5~1	1~2	2~4	4~6	6~8	8~12	12~18	18~24
吸附速率 [μg/(g·h)]	34.46	32.20	6.17	5.27	2.74	−0.60	0.05	0.50	−0.04

为定量地描述海州湾沉积物对磷的吸附动力学过程，可以用吸附动力学模型对吸附过程进行拟合。常见的吸附动力学模型有以下 5 种。

一级反应动力学模型：$\ln Q = B + kt$

二级反应动力学模型：$1/Q = a + b/t$

抛物线扩散模型：$Q = a + kt^{1/2}$

双常数速率模型：$\ln Q = a + b\ln t$

修正的 Elovich 模型：$Q = a + b\ln t$

式中，Q 为 t 时刻沉积物对磷的吸附量（$\mu g/g$）；t 为吸附时间（h）；a，b，k 和 B 均为吸附常数。

表 5-15 是海州湾表层沉积物对磷的吸附动力学拟合参数，从表中 R^2 的值可以得出各吸附动力学模型拟合程度的大小排序为：二级反应动力学模型＞修正的 Elovich 模型＞双常数速率模型＞抛物线扩散模型＞一级反应动力学模型。因此，用二级反应动力学模型来描述海州湾表层沉积物对磷的吸附动力学过程最佳，其回归方程为 $1/Q=0.015+0.02/t$（$R^2=0.970$）。

表 5-15　海州湾表层沉积物对磷的吸附动力学拟合参数

模型	B	k	a	b	R^2
$\ln Q=B+kt$	3.524	0.030			0.398
$1/Q=a+b/t$			0.015	0.02	0.970
$Q=a+kt^{1/2}$		10.64	17.45		0.732
$\ln Q=a+b\ln t$			3.366	0.271	0.804
$Q=a+b\ln t$			31.33	9.947	0.890

（二）沉积物对磷的等温吸附曲线

如图 5-25 所示，在初始磷浓度低时，海州湾表层沉积物对磷的吸附量与磷的初始浓度呈较好的线性关系，并且等温曲线不通过原点，在磷的初始浓度小于 0.5 mg/L 时，沉积物对磷的吸附量均表现为负值，这说明在磷的初始浓度较低时，海州湾表层沉积物会释放磷酸盐。

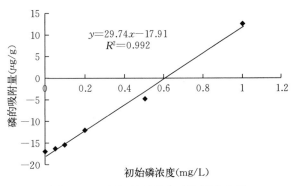

图 5-25　低初始磷浓度时海州湾表层沉积物对磷的等温吸附曲线

这一过程可采用线性吸附模型（$Q=mCe-NAP$）对其进行拟合。式中，Q 为沉积物对磷的吸附量（$\mu g/g$）。m（L/kg）是常数，也是斜率，可用来表示沉积物对磷的吸附速率，m 越大，随着磷的初始浓度增加其吸附量增加越快。Ce 是吸附平衡质量浓度（mg/L），指在该浓度下表层沉积物对磷既不发生吸附现象也不发生解吸现象，其吸附量为 0。根据吸附-解吸平衡质量浓度 EPC_0 与上覆水体磷酸盐的质量浓度相比较，就可以得出海州湾表层沉积物对磷是充当"源"还是"汇"的角色（当吸附-解吸平衡质量浓度 EPC_0 大于上覆水体磷酸盐的质量浓度时，沉积物释放磷；相反当吸附-解吸平衡质量浓度 EPC_0 小于上覆水体磷酸盐的质量浓度时，沉积物吸附磷）。NAP 为本底吸附态磷（$\mu g/g$）。

拟合后的回归方程为：$Q=29.74C_e-17.91$（$R^2=0.992$）。由方程可以得出沉积物对磷的吸附速率为 29.74 L/kg，本底吸附态磷（NAP）为 17.91 $\mu g/g$，海州湾表层沉积物对磷的吸附-解吸平衡质量浓度 EPC_0 为 0.602 2 mg/L。经过测算，海州湾上覆水的浓度范围在 0.007 6～0.031 9 mg/L，均小于吸附-解吸平衡质量浓度 EPC_0，因此海州湾表层沉积物向水体释放磷酸盐，充当"源"的角色。

初始磷浓度高时，海州湾表层沉积物对磷的等温吸附曲线如图 5-26 所示。常用于模拟沉积物对磷等温吸附过程的模型有：Freundlich 模型（$Q=KC^b$）和 Langmuir 模型 $[Q=KQ_{max}C/(1+KC)]$。分别对这两个方程进行变形，将其转化为如下一元线性回归方程的形式。

Freundlich 模型：$lgQ=blgC+lgK$

Langmuir 模型：$1/Q=(1/KQ_{max})(1/C)+1/Q_{max}$

式中，C 为磷的初始浓度（mg/L）；Q 为 C 浓度下对应的磷的吸附量（$\mu g/g$）；Q_{max} 为沉积物对磷的最大吸附容量（$\mu g/g$）；K 为吸附系数（L/kg）；b 为吸附常数。

如表 5-16 所示，根据 R^2 的大小得出用 Langmuir 模型可以更好地表示海州湾表层沉积物对磷的等温吸附过程。并且沉积物对磷的最大吸附容量 Q_{max} 为 200 $\mu g/g$，吸附系数 K 为 12.20 L/kg。

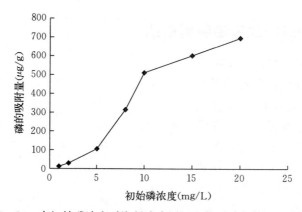

图 5-26　高初始磷浓度时海州湾表层沉积物对磷的等温吸附曲线

表 5-16　海州湾表层沉积物对磷的吸附热力学拟合参数

Freundlich 模型			Langmuir 模型		
b	K (L/kg)	R^2	Q_{max} ($\mu g/g$)	K (L/kg)	R^2
1.43	12.88	0.978	200	12.20	0.991

（三）沉积物对磷的解吸动力学特征

表层沉积物磷的解吸是一个复杂的动力学过程，一般由快反应与慢反应两部分组成，在开始阶段快反应与慢反应同时进行，磷的解吸量迅速增加，之后通常只有慢反应，磷的解吸量增加缓慢，并达到平衡。通过实验室模拟海州湾表层沉积物对磷的解吸动力学过程（图 5-27），得出在 0～0.5 h 时间段是快解吸过程，解吸量迅速达到 10.32 $\mu g/g$，之后的 0.5～8 h 是慢反应过程，约 12 h 达到解吸平衡，平衡解吸量为 17.25 $\mu g/g$，高于长江口沉积物对磷的解吸量（2.5～4.5 $\mu g/g$）。

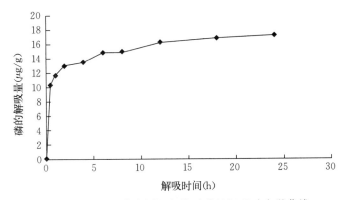

图 5 - 27　海州湾表层沉积物对磷的解吸动力学曲线

（四）环境因素对沉积物磷解吸的影响

1. 盐度对沉积物磷解吸的影响

图 5 - 28 反映了不同盐度对海州湾表层沉积物磷解吸的影响。从图 5 - 28 可以看出，当盐度为 20、25、30、35 时，沉积物对磷的解吸量分别为 16.57、17.25、17.25、21.35 $\mu g/g$。随着盐度的增大，沉积物对磷的解吸量整体上呈现增加的趋势，和安敏（2007）、徐明德（2006）的研究结果一致。这说明随着盐度的增大，离子强度增加，水体中其他阴离子如 OH^-、Cl^-、SO_4^{2-} 以及 Br^- 等对沉积物表面的吸附位和离子交换位的竞争能力大于磷酸根离子，从而使得沉积物对磷的解吸量增加。

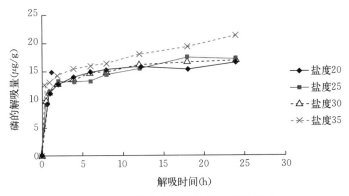

图 5 - 28　盐度对沉积物磷解吸的影响

2. 温度对沉积物磷解吸的影响

图 5 - 29 反映了不同温度对海州湾表层沉积物磷解吸的影响。从图 5 - 29 可以看出，当温度为 15、25、35 ℃时，沉积物对磷的解吸量分别为 17.04、17.25、20.26 $\mu g/g$。随着温度的增大，沉积物对磷的解吸量整体上呈现增加的趋势。因此可以初步推断夏季海州湾表层沉积物对磷的释放量高于冬季。

温度升高造成磷的解吸量也随之增加的原因可能有以下几种：①温度对沉积物磷解吸

的影响主要是通过影响溶解氧的含量而实现的，温度升高，沉积物中微生物活动增强，耗氧增多，使得沉积物表面处于厌氧环境下，Fe^{3+}被还原成Fe^{2+}促进了沉积物中铁结合态磷的释放。厌氧条件下磷的解吸量增加也有可能与有机质的矿化加强有关。②温度升高会加速有机物的矿化速度，使得沉积物中的有机磷向无机磷转化，钙结合态磷的溶解将这些难溶或者不溶的磷形态转化为可溶性磷，从而增加了磷的解吸量。海州湾沉积物中有机磷以及钙结合态磷的含量占总磷含量的比例较高，约占总磷的 50%。因此，在温度较高时会促进有机磷和钙结合态磷的释放。

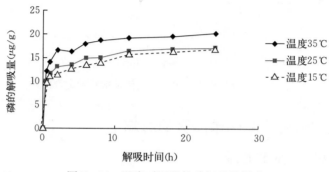

图 5-29　温度对沉积物磷解吸的影响

3. 扰动对沉积物磷解吸的影响

扰动是影响沉积物-水界面反应的主要物理因素，特别是近海区域风浪、水流较大，因此风浪、水流的扰动作用对沉积物释放磷的影响也较大。张存勇（2012）对海州湾海域潮流特征进行了研究，从中可以得出海州湾的潮流为往复流，并且流速最大可以达到 $0.49\sim0.83~\mathrm{m/s}$。本试验用调节振荡器的振荡速度来模拟扰动对沉积物磷解吸的影响（图 5-30），当振荡速度分别为 20、100、180、250 r/min 时，沉积物对磷的解吸量分别为 17.10、17.19、17.25、20.25 μg/g。其中在振荡速度为 100 r/min 和 180 r/min 的条件下，磷的解吸动力学曲线几乎重合，说明当振荡速度在此范围时，扰动对沉积物磷的解吸影响不大，但整体来看，随着振荡速度的增大，沉积物对磷的解吸量呈现逐渐增加的趋势。究其原因是扰动强度的增大会造成沉积物中固体颗粒物的再悬浮，从而带动吸附在颗粒物上的磷进入上覆水体，进而导致磷的解吸量增加。

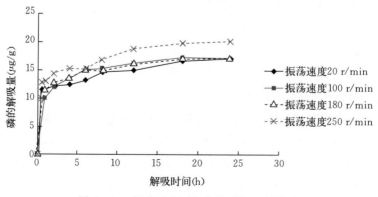

图 5-30　振荡速度对沉积物磷解吸的影响

4. 粒径对沉积物磷解吸的影响

图 5-31 所示为不同粒径对沉积物磷解吸的影响。沉积物粒径<0.032 mm 时，磷的解吸量最大，为 24.47 μg/g。磷的解吸量按照沉积物粒径大小排序依次是 0.032～0.063 mm＞0.063～0.125 mm＞0.125～0.150 mm，整体上呈现粒径越小，沉积物对磷的解吸量越大的趋势。这是因为粒径越小，沉积物的比表面积就越大，使得其接触沉积物-水界面的机会增多，从而促进沉积物对磷的解吸。

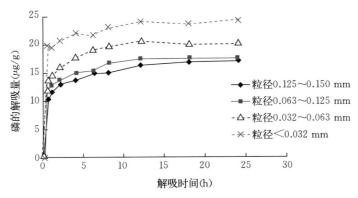

图 5-31　粒径对沉积物磷解吸的影响

5. pH 对沉积物磷解吸的影响

pH 是影响沉积物-水界面磷解吸特征的重要因素之一，图 5-32 为不同 pH 对海州湾表层沉积物磷解吸的影响。当 pH 为 12 时，沉积物对磷的解吸量最大，为 25.30 μg/g；其次是 pH 为 2、5、10 时，吸附量分别为 19.86、19.86、18.22 μg/g；当 pH 为 7 时，沉积物对磷的解吸量最小，为 17.25 μg/g。pH 对沉积物磷解吸的影响主要体现在其对 Fe、Al 和 Ca 等元素与磷的结合状态的影响。在碱性条件下，水体中的 OH^- 与被沉积物中的 Fe、Al 等束缚的磷酸根离子产生剧烈的竞争作用，OH^- 比磷酸根离子更容易与 Fe、Al 离子生成稳定的配合物——氢氧化物，使得沉积物中的铁铝结合态磷通过离子交换作用释放出来。在酸性条件下，钙结合态磷易溶解，使沉积物对磷的解吸量增加，虽然海州

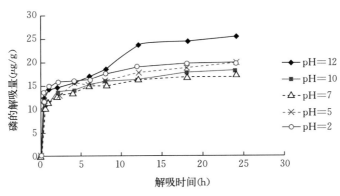

图 5-32　pH 对沉积物磷解吸的影响

湾表层沉积物中钙结合态磷含量（74.68 $\mu g/g$）大于铁铝结合态磷的含量（11.36 $\mu g/g$），但是钙结合态磷较稳定，故其虽溶解但解吸量仍小于碱性条件下的解吸量。在中性条件下，磷主要以 HPO_4^{2-} 和 $H_2PO_4^-$ 的形态存在，容易与沉积物中的金属元素结合而被吸附，使其解吸量减小。

七、小结

本章对夏、秋两季海州湾表层沉积物磷的形态、环境意义以及吸附-解吸动力学进行了探讨，并得出以下结论：

（1）夏、秋两季海州湾海洋牧场海域表层沉积物的粒径分布主要集中在 $2\sim200~\mu m$ 的范围内，以细砂以及粉砂沉积物类型为主，而黏粒类型的沉积物（粒径<2 μm）含量较少，几乎不含粒径为 $200\sim2~000~\mu m$ 的粗砂；沉积物中有机碳含量为 $10.74\sim15.11~g/kg$；上覆水体中的磷酸盐含量以及叶绿素 a 的含量分别为 $0.007~6\sim0.031~9~mg/L$、$1.16\sim3.16~mg/L$。

（2）海州湾海洋牧场海域表层沉积物中总磷的含量为 $352.38\sim475.15~\mu g/g$，把该范围与其他区域进行比较，得出海州湾总磷含量水平在近海范围内处于中等含量水平，且夏季总磷的含量高于秋季。从平面分布来看，总磷含量整体上呈现出从近岸向远岸逐渐减少的趋势。

（3）使用连续提取法分别将夏、秋两季沉积物磷的形态进行分离提取，得出夏季和秋季沉积物中各形态磷所占比例的排序相同，无机磷的含量均最大，平均占总磷的 66.93%（夏季）和 56.27%（秋季）。各无机磷形态含量的大小依次为：残留无机态磷>钙结合态磷>铁铝结合态磷>可交换态磷；无机磷、可交换态磷、钙结合态磷以及残留无机态磷的含量均呈现夏季（8月）>秋季（10月），而铁铝结合态磷和有机磷含量则表现出秋季（10月）>夏季（8月）。

（4）海州湾表层沉积物粒径分布呈现从近岸向远岸逐渐增大的趋势，这与大部分形态的磷（可交换态磷、铁铝结合态磷、钙结合态磷）的平面分布特点相一致。这三种形态磷的平面分布除与粒径相关外，还受陆源输入的影响。而无机磷与残留无机态磷的平面分布较为相似，平面分布均呈现较大的差异性，无规律可循，这是沉积物来源、沉积环境、矿物组成、气候条件以及人为活动等多种因素共同影响的结果。有机磷的平面分布，夏季（8月）呈现从近岸向远岸逐渐增大的趋势，这是由陆源输入以及生物活动造成；而秋季（10月）有机磷的含量在 RA1 站点出现较大值，而其他站点含量相当，这是由有机质的积累造成。

（5）柱状沉积物分析发现 TP 和 IP 的含量呈现随深度增加而增长的趋势，且两者之间存在良好的一致性；Fe-P、ACa-P 和 OP 的含量也呈现随深度增加而轻微增长的趋势；而 DAP 的含量则表现出随深度增加而递减的趋势。在垂直分布中各形态磷的含量依次为 TP>IP>DAP>ACa-P>OP>Fe-P。

（6）将 Fe-P 和 OP 作为 BAP 来研究，发现表层沉积物中的 BAP 含量为 $0.069\sim0.143~mg/g$，平均值为 $0.092~mg/g$，在 TP 中占比为 $19.435\%\sim32.656\%$，平均值为

24.170%，平面分布特点为近岸低、远岸高；5 个柱状沉积物站点的 BAP 含量为 0.062～0.217 mg/g，在 TP 中占比为 16.112%～43.544%，RA 站点中各层沉积物 BAP/TP 值基本大于 CA 站点，说明人工鱼礁区由于生物资源增加而对磷的消耗与生物有效磷具有一定的关系；同时发现在柱状沉积物中，Fe-P、OP 和 ACa-P 的含量与较小颗粒为显著或极显著正相关，与较大颗粒为显著或极显著负相关，DAP 则主要存在于粗颗粒物中，与较大颗粒表现出极显著正相关，与较小颗粒表现出显著负相关，BAP 与粒径之间的相关性则具有相当的差异性。

（7）2016 年和 2017 年两次调查中的 Al_{ox}、Fe_{ox} 和 P_{ox} 的含量都呈现由岸及海先减小后增大的平面分布趋势，而在季节变化上，三者表现出同步变化的趋势，均为秋季高于夏季；2016 年 10 月的调查结果显示 PSI 的变化范围为 99.58～199.39 ［mgP·(100 g)$^{-1}$］·(μmol/L)$^{-1}$，平均值为 152.55 ［mgP·(100 g)$^{-1}$］·(μmol/L)$^{-1}$；2017 年 5 月的调查结果显示 PSI 的变化范围为 130.29～198.57 ［mgP·(100 g)$^{-1}$］·(μmol/L)$^{-1}$，平均值为 169.20 ［mgP·(100 g)$^{-1}$］·(μmol/L)$^{-1}$。从时间分布上看，夏季 PSI 略高于秋季，这可能与水生植物的生长情况有关；从平面分布上看，两次调查结果的分布情况大体上均表现由岸及海磷吸附指数（PSI）逐渐降低的趋势，且最小值出现在调查区域的中心站位。2016 年 10 月的调查结果显示 DPS 的变化范围为 23.118%～34.289%，平均值为 29.307%；2017 年 5 月的调查结果显示 DPS 的变化范围为 25.545%～42.135%，平均值为 33.102%。从平面分布上看，两次调查结果显示的 DPS 分布基本为离岸近的站点较小，由海州湾内向海州湾外表现为先增大后减小的趋势，在调查区域的中心站点处有最大值；从时间分布上看，夏季 DPS 要高于秋季，这可能与海底植被在夏、秋两个季节不同的生长表现有一定关系。

（8）从各指标之间的相关性分析可以看出，Al_{ox}、Fe_{ox} 和 P_{ox} 的含量之间均表现出极显著正相关性，这就说明铝、铁、磷三者之间的含量变化情况基本一致。PSI 和 DPS 的相关性为极显著负相关，在 PSI 较大时，DPS 反而较小，这也恰好与两者的平面分布趋势相反的现象相互印证。此外，PSI 与 Fe_{ox} 和 Al_{ox} 的含量呈正相关关系，而与 P_{ox} 的含量无明显相关性，说明 Fe_{ox} 和 Al_{ox} 的含量是影响海州湾表层沉积物吸附磷的主要因素；同时调查数据所显示出的 Fe_{ox} 的含量大约是 Al_{ox} 的 2 倍，说明 Fe_{ox} 才是在影响磷吸附作用过程中占据主导作用的关键因素。DPS 与 Al_{ox} 和 Fe_{ox} 的含量则分别表现出显著负相关性和极显著负相关性，说明 Al_{ox} 和 Fe_{ox} 含量的增加会降低沉积物对磷的吸附饱和度。

（9）2016 年 10 月 ERI 的变化范围为 11.59%～34.18%；2017 年 5 月 ERI 的变化范围为 12.86%～32.34%。从水平分布上看，两次调查结果的平面分布基本均呈现海州湾内高于海州湾外的趋势，而且最高值均出现在离岸较近的区域；从时间上看，秋季的 ERI 要高于夏季，说明秋季的水体环境更有利于沉积物中磷的释放。从整体上看，两次调查的研究结果大部分显示海州湾表层沉积物的磷释放风险为中度风险。

吸附解吸动力学表明：

（1）海州湾表层沉积物对磷的吸附动力学过程：在 6 h 可达到吸附平衡，并且根据吸附速率得出在 0～1 h 为快吸附反应过程；平衡吸附量为 57 μg/g，吸附量较小。

（2）在初始磷浓度低时，海州湾表层沉积物对磷的等温吸附过程可以用线性方程进行较好的拟合，拟合方程为 $Q=29.74Ce-17.91$（$R^2=0.992$），得出磷的吸附-解吸平衡质量浓度（EPC_0）为 0.602 2 mg/L，EPC_0 大于海州湾上覆水体中磷酸盐的含量，因此可以判断海州湾表层沉积物扮演着磷"源"的角色。在初始磷浓度高时，海州湾表层沉积物对磷的等温吸附过程可以用 Langmuir 模型进行较好的拟合，并且得出磷的最大吸附容量（Q_{max}）为 200 μg/g，吸附强度系数 K 为 12.20 L/kg。

（3）海州湾表层沉积物对磷的解吸动力学过程：约 12 h 达到解吸平衡，解吸量最大为 17.25 μg/g。

（4）根据模拟试验结果得出，盐度、温度以及振荡速度的增加，均有利于海州湾表层沉积物对磷的解吸；而粒径越小，沉积物对磷的解吸量越大；当 pH 处于中性条件时，海州湾表层沉积物对磷的解吸量最小，pH 处于酸性或碱性条件时，均有利于沉积物对磷的解吸。

第六章　海州湾海洋牧场营养盐交换通量研究

海洋沉积物-水界面是海洋营养物质转移、贮存和循环发生的重要交换场所，营养物质通过该界面在水体和沉积物之间迁移、转化。对水体而言，沉积物就如营养物质的贮存库，既可作为"汇"，贮存营养物质，又可作为"源"，释放营养物质到水体中。当水体有丰足的营养物质时，海洋生物生长繁殖加速，生物体的排泄物或死亡个体通过重力沉降和水体作用到达海底，再经过有机质降解使营养物质进入并贮存到沉积物中，这时沉积物就是营养物质的"汇"；而当水体中缺乏营养物质，沉积物中的营养物质通过底栖生物扰动或再悬浮作用等释放进入水体时，沉积物便作为营养物质的"源"，所以沉积物对水体中营养物质的含量和营养物质的迁移动力以及水体赤潮的发生都具有极其重要的作用。Denis 等（2003）研究了营养盐在狮子湾大陆架沉积物-水界面的交换通量，结果表明沉积物每年为当地初级生产力供给 5% 的氮需求量、7% 的磷需求量和 28% 的硅需求量。何桐等（2010）对春季大亚湾海域沉积物-水界面营养盐的交换通量进行分析，结果表明为维持大亚湾春季的初级生产力，沉积物可提供约 10% 的氮需求量、21% 的磷需求量和 98% 的硅需求量，沉积物-水界面营养盐的交换对水体中营养物质含量的影响相当大。因此，深入研究海洋沉积物-水界面营养盐的交换状况，对了解营养物质的循环动力学和水体富营养化的内在机制具有重要的意义。

一、营养盐在沉积物-水界面交换通量的研究方法

目前，研究沉积物-水界面营养盐的交换主要是测定其交换通量，测定方法主要有 4 种，分别为质量平衡估算法、沉积物间隙水含量梯度估算法、实验室培养法和现场培养测定法。第一种方法是利用营养盐在上覆水中的质量平衡进行估算，但由于很难准确掌握海洋上覆水中营养盐的传输和变化情况，并且还存在平流作用的干扰，因此该方法测量的准确度较低，在海洋中应用也比较困难，基本不使用。后面三种方法应用比较广泛，其中早期沉积物间隙水含量梯度估算法的应用较多，因为其工作时间短，所以工作量相对较小，但需要测定的参数多，结果比实际值小，误差较大，在实际应用中参考价值有限。而实验室培养法是当今国内外最常用的研究方法，其具有操作方便、测定结果更为准确的优势，但该方法也有缺点，如果采用静态培养则缺乏表层沉积物再悬浮对界面营养盐交换的影响，并且其工作强度较大，研究难度较高。现场培养测定法是研究结果最为准确的方法，但由于其研究的难度、要求和成本均较高，此法只在国外应用比较广泛，而国内还难以达到研究条件，应用较少。

（一）沉积物间隙水含量梯度估算法

沉积物间隙水含量梯度估算法是根据 Fick 第一扩散定律，由试验测定的上覆水和沉积物间隙水中的营养盐含量梯度计算得到沉积物-水界面交换通量。国外研究者采用该方法开展了一些研究，Trimmer 等（1998）应用沉积物间隙水含量梯度估算法测定了英国 GreatOuse 河口沉积物-水界面无机氮的扩散通量，结果表明沉积物是 NH_4-N 的"源"，NH_4-N 由沉积物向水体释放；而 NO_3-N 则由水体迁移到沉积物中，沉积物是 NO_3-N 的"汇"。Slomp 等（1998）对北海的研究发现，用沉积物间隙水含量梯度估算法计算 SiO_3-Si 的交换通量结果偏低，PO_4-P 的交换通量结果偏高，其原因是在沉积物-水界面会发生其他反应，使测定结果与实际偏离。Elderfield 等（1981）分别应用沉积物间隙水含量梯度估算法和实验室培养法研究了 Narragansett 湾的沉积物-水界面交换情况，结果显示如果生物扰动不强烈，那么通过沉积物间隙水扩散计算而得的通量与实测通量相差不大。研究表明，沉积物间隙水含量梯度估算法适合水体较平稳、生物扰动较小的深海海域研究。

（二）实验室培养法

实验室培养法是通过测定营养盐在上覆水中不同时间的含量变化来计算沉积物-水界面营养盐的交换通量。实验室培养法的操作方法是在研究区域现场采集海底表层未受扰动的柱状沉积物，然后在实验室控制一定的试验条件进行培养。在培养时，相应站点的沉积物上方加入同站点的底层海水，培养过程中保持培养柱中的海水均匀混合，每隔一定时间取出一定体积的海水样品，加入相同体积的原样海水以维持上覆水体积不变；同时进行某些水质参数的测定，如 DO、pH 和温度等。在试验过程中，环境条件、沉积物样品的高度、培养柱的直径和表面积、加入上覆水的体积、每次取样的时间间隔、取样的体积以及总的培养时间等都会因设计试验的不同而产生差异。这种试验方法可以最大限度地还原研究区域的现场，使得测定结果与实际较为接近，并且可以根据不同试验目的控制培养环境，适用范围非常广泛。但是，实验室培养法的测定结果会低于现场培养测定法。

（三）现场培养测定法

现场培养测定法是直接在沉积物表面放置培养箱，测定营养盐含量随时间的变化来计算交换通量。Rowe 等（1975）首次提出将 Benthic Chamber 仪器置于研究区域现场来测定上覆水营养盐在不同时间的含量变化。这种原位测定的方法有效地减少了异位测定方法造成的各种误差，在 4 种方法中，其测定结果与实际情况最接近。此方法在国外发达国家应用较多。但由于其对操作技术、工作强度、研究难度以及实验经费的要求都比较高，在我国还难以普及应用。

本试验在海州湾海洋牧场海域的一定范围内（$34°52.150'N—34°58.000'N$、$119°21.150'E—119°34.800'E$）开展，在以主潮流方向基本垂直的两个断面上分别选取人工鱼礁区 4 个站点（RA1、RA2、RA3、RA4）、对照区 2 个站点（CA1、CA2）为采样点（图 6-1）。采样时间为 2014 年 5 月（春季）、8 月（夏季）、10 月（秋季），分 3 个航次进行采样。

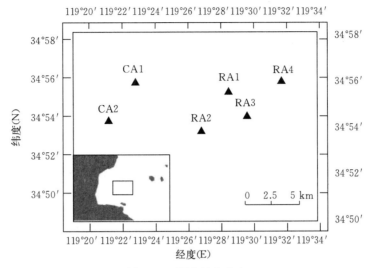

图 6-1　调查站点分布

本试验采用实验室培养法进行研究。培养试验的装置采用南海水产研究所的发明专利《一种模拟天然环境的底泥营养盐通量测定系统》中的部分装置。具体操作如下：将 PVC 管中沉积物样品移入直径约 5 cm、高约 50 cm 的有机玻璃管中，只取表层的 17 cm 厚度泥样，缓慢地在泥样上方加入 25 cm 深的上覆水，尽量避免表层沉积物搅动。将转扇螺旋桨伸入水中 4～5 cm，调节转速使水流保持在采样站点的海水流速（0.6～0.8 m/s），同时保证水体均匀混合（未大幅度搅动沉积物）。培养管置于可控温培养箱中避光培养，设置温度与站点现场温度一致。以螺旋桨转动约 0.5 min 后开始计时，分别在培养 0、2、4、8、12、24、36 h 后采集上覆水 100 mL，同时加入等体积海水。采集的水样经过滤后加入三氯甲烷固定保存，以待检测。培养试验期间每次取样时皆检测 DO 与 pH 等参数。

二、沉积物-水界面 DIN 的交换通量

（一）各站点沉积物-水界面 DIN 的交换通量变化

1. 各站点 NO_2-N 的交换通量变化

溶解态无机氮（DIN）主要有三种存在形式：NO_2-N、NO_3-N 和 NH_4-N，它们通过硝化和反硝化作用相互转化，并且这三种形态的 N 都能直接被生物吸收利用，所以研究 DIN 是以 NO_2-N、NO_3-N 和 NH_4-N 这三种形态的 N 进行分析。根据 NO_2-N、NO_3-N 和 NH_4-N 在培养试验的不同时间所测得的 NO_2-N、NO_3-N 和 NH_4-N 的含量，结合沉积物-水界面营养盐交换通量计算公式，求得 3 个月份 NO_2-N、NO_3-N 和 NH_4-N 在不同站点的交换通量，继而得出交换通量随时间变化的趋势。

如图 6-2 所示，三个季节 NO_2-N 在沉积物-水界面的交换通量初期变化很大，随着时间逐渐减少，到达一定值后开始上升，之后或逐步平稳或继续变化。培养初期硝化和反硝化作用同时进行，NO_2-N 作为两种作用的中间产物，其存在形式不稳定，含量变化较

大，所以初期交换比较剧烈。随着时间的推移，硝化和反硝化作用在各种因素的影响下，表现各不相同，使得不同季节各站点的 NO_2-N 表现各不相同。春季（5月）初期各站点 NO_2-N 的变化趋势不尽相同，RA1 和 RA3 站点的 NO_2-N 都表现为向沉积物迁移，RA1 站点交换量减小而 RA3 站点增大，RA2、RA4 和 CA1 站点最初的 NO_2-N 都表现为向水体释放，而到一定时间后都改变转移方向，由水体向沉积物迁移；后期所有站点 NO_2-N 都表现为向沉积物迁移，且变化量都逐步平稳。夏季（8月）和秋季（10月）各站点 NO_2-N 的变化趋势在各个时段有所不同，各站点 NO_2-N 的交换不断改变迁移方向，最后部分站点表现为由水体向沉积物迁移，而部分站点则表现为由沉积物向上覆水释

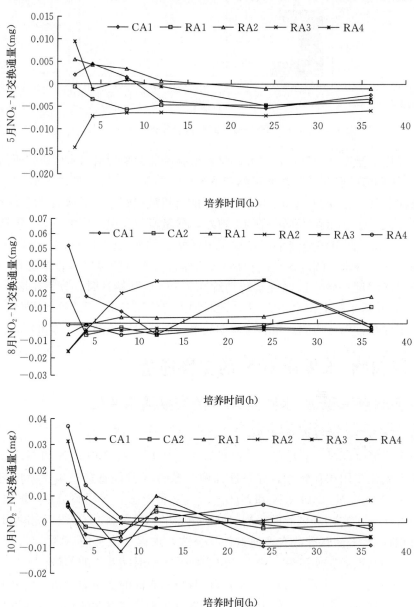

图 6-2　各站点 NO_2-N 的交换通量随培养时间的变化

放；后期 NO_2-N 的交换只有少数站点逐步平稳，大多数站点 NO_2-N 的交换通量还继续发生变化，说明夏季和秋季影响各站点硝化和反硝化作用的因素较为复杂多变，所以使得 NO_2-N 的交换通量出现较大的变化。

2. 各站点 NO_3-N 的交换通量变化

如图 6-3 所示，各站点 NO_3-N 在沉积物-水界面的交换通量变化趋势与 NO_2-N 类同，但 NO_2-N 的交换通量远小于 NO_3-N。总体来看，NO_3-N 的变化量初期变化较大，随着时间逐渐减少，到达一定值后开始上升，之后或逐步平稳或继续变化；个别站点 NO_3-N 的变化量较小，最后趋于 0，说明在这些站点反硝化作用占主体，NO_3-N 在反硝化细菌作用下被还原成 NO_2-N，再被转化为 N_2 离开沉积物-水界面，从而使 NO_3-N

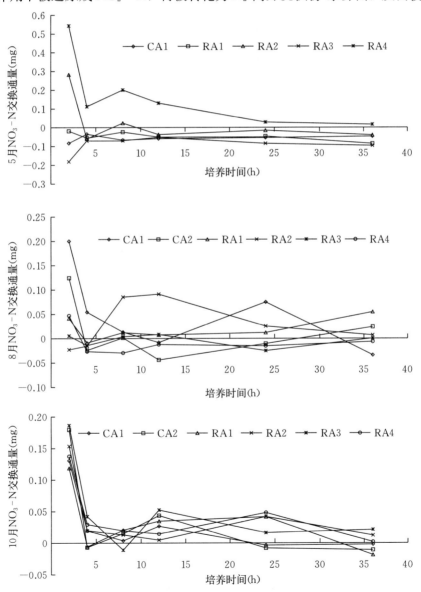

图 6-3　各站点 NO_3-N 的交换通量随培养时间的变化

在沉积物-水界面的含量逐渐下降，其交换通量也趋于 0。春季（5 月）初期各站点 $NO_3 - N$ 的变化趋势不尽相同，RA1、RA3 和 CA1 站点的 $NO_3 - N$ 都变现为向沉积物迁移，而 RA2 和 RA4 站点最初的 $NO_3 - N$ 都变现为向水体释放，除 RA1 站点的交换量先增大后减小，其余站点都表现为先减小后增大；后期 RA2 站点的 $NO_3 - N$ 改变转移方向，由水体向沉积物迁移，且除 RA4 站点一直保持向水体释放外，其余站点 $NO_3 - N$ 皆表现为向沉积物迁移，且变化量都逐步平稳。夏季（8 月）和秋季（10 月）各站点 $NO_3 - N$ 的变化趋势在各个时段有所不同，各站点 $NO_3 - N$ 的交换不断改变迁移方向，最后部分站点表现为由水体向沉积物迁移，而部分站点则表现为由沉积物向上覆水释放；后期 $NO_3 - N$ 的交换只有少数站点逐步平稳，大多数站点 $NO_3 - N$ 的交换通量还继续发生变化，说明在夏季和秋季影响各站点硝化和反硝化作用的因素比较复杂多变，所以 $NO_3 - N$ 的交换通量变化较大。

3. 各站点 $NH_4 - N$ 的交换通量变化

如图 6-4 所示，三个季节各站点 $NH_4 - N$ 在沉积物-水界面的交换通量变化趋势与 $NO_2 - N$ 和 $NO_3 - N$ 不同，其变化趋势差别较大，初期交换较为剧烈，随着时间推移，只有秋季（10 月）各站点 $NH_4 - N$ 的交换通量趋于平稳；而春季（5 月）和夏季（8 月）只有少数站点较为平稳，其余站点的交换通量仍在改变。$NH_4 - N$ 在沉积物-水界面的交换通量介于 $NO_2 - N$ 和 $NO_3 - N$ 之间，说明在 DIN 存在的三种形式中是以 $NO_3 - N$ 为主，在沉积物-水界面的交换也是以 $NO_3 - N$ 的交换为主。春季和夏季对照区 $NH_4 - N$ 在沉积物-水界面的交换尤为剧烈，春季保持向上覆水释放，$NH_4 - N$ 的交换通量先减后增，夏季多次改变迁移方向，$NH_4 - N$ 的交换通量不断发生改变，并且对照区 $NH_4 - N$ 的交换通量明显大于人工鱼礁区。秋季初期各站点 $NH_4 - N$ 的变化趋势不尽相同，后期逐步平稳，对照区 $NH_4 - N$ 在沉积物-水界面的交换弱于人工鱼礁区，人工鱼礁区 RA3 站点 $NH_4 - N$ 的交换不仅最为剧烈，而且交换通量也最大，前期变化非常大并且两次变更迁移方向，到最后交换通量才呈现平稳。春季和秋季后期所有站点 $NH_4 - N$ 都表现为由沉积物向上覆水释放，夏季前期主要表现为由水体向沉积物迁移，后期主要表现为由沉积物向上覆水释放。由于 $NH_4 - N$、$NO_2 - N$ 和 $NO_3 - N$ 之间的转化是处于动态平衡状态，影响硝化和反硝化作用的因素复杂多变，而 $NH_4 - N$ 在沉积物-水界面的含量变化较大，所以 $NH_4 - N$ 在沉积物-水界面的交换比较复杂，交换趋势多变。

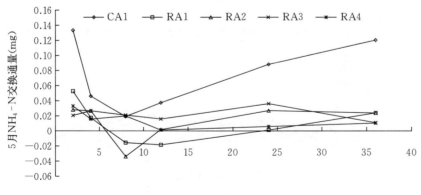

培养时间(h)

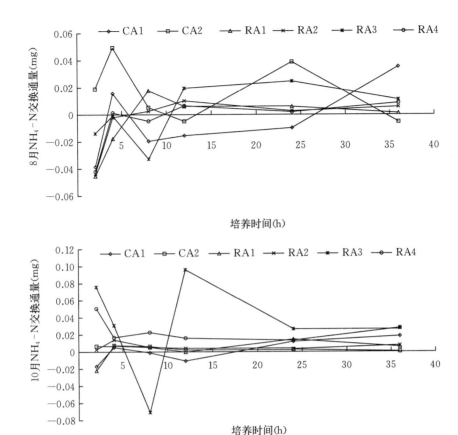

图 6-4 各站点 NH_4-N 的交换通量随培养时间的变化

（二）沉积物-水界面 DIN 的交换通量变化

由图 6-2、图 6-3 和图 6-4 可知，NO_2-N、NO_3-N 和 NH_4-N 在沉积物-水界面的交换通量随时间变化较大，相关性较差，宜采用平均值法计算它们在沉积物-水界面的交换通量，结果如表 6-1 所示，DIN 的交换通量为 NO_2-N、NO_3-N 和 NH_4-N 的总和。

表 6-1 DIN 在不同站点沉积物-水界面的交换通量 $[mmol/(m^2 \cdot d)]$

采样时间	站点	沉积物类型	NO_2-N	NO_3-N	NH_4-N	DIN
	RA1	粉砂质细砂	−0.19	−2.36	1.00	−1.55
	RA2	粉砂质细砂	0.20	3.58	0.82	4.6
2014 年 5 月 （春季）	RA3	粉砂质细砂	−0.52	−6.00	1.28	−5.24
	RA4	粉砂质细砂	0.12	14.46	1.08	15.66
	CA1	砂质粉砂	0.07	−3.47	4.23	0.83

（续）

采样时间	站点	沉积物类型	NO_2-N	NO_3-N	NH_4-N	DIN
	RA1	粉砂质细砂	-0.05	2.78	-2.62	0.11
	RA2	粉砂质细砂	0.34	2.88	-2.00	1.22
2014 年 8 月 （夏季）	RA3	粉砂质细砂	-1.81	-0.37	-0.81	-2.99
	RA4	粉砂质细砂	-0.59	-0.23	-2.00	-2.82
	CA1	砂质粉砂	4.44	13.79	-1.90	16.33
	RA1	粉砂质细砂	-0.01	7.54	-0.48	7.05
	RA2	粉砂质细砂	1.26	10.00	1.21	12.47
2014 年 10 月 （秋季）	RA3	粉砂质细砂	1.66	13.36	6.71	21.73
	RA4	粉砂质细砂	2.80	10.07	4.89	17.76
	CA1	砂质粉砂	-0.36	8.61	-0.65	7.6
5 月平均值			-0.06	1.24	1.68	2.86
8 月平均值			0.46	3.85	-0.91	3.39
10 月平均值			0.93	10.00	2.11	13.04

注：表中数据正值表明营养盐由沉积物向上覆水迁移；负值表明营养盐由上覆水向沉积物迁移。

1. NO_2-N 的交换通量季节变化

由表 6-1 可知，春季、夏季和秋季 NO_2-N 交换通量变换范围分别为 $-0.52\sim$ $0.20\ mmol/(m^2 \cdot d)$、$-1.81\sim4.44\ mmol/(m^2 \cdot d)$、$-0.36\sim2.80\ mmol/(m^2 \cdot d)$。春季最大值出现在 RA3，最小值出现在 CA1，最大值站点与其他站点的差异是 $2.60\sim7.43$ 倍，平均值为 $-0.06\ mmol/(m^2 \cdot d)$；夏季最大值出现在 CA1，最小值出现在 RA1，最大值站点与其他站点的差异是 $2.45\sim88.80$ 倍，平均值为 $0.46\ mmol/(m^2 \cdot d)$；秋季最大值出现在 RA4，最小值出现在 RA1，最大值站点与其他站点的差异是 $1.69\sim280.00$ 倍，平均值为 $0.93\ mmol/(m^2 \cdot d)$。NO_2-N 的交换通量在各站点的差异极显著（$P<0.01$），这可能是因为 NO_2-N 作为中间产物，转化情况变化较大。NO_2-N 作为 NO_3-N 和 NH_4-N 转化的中间产物，其交换通量相对 NO_3-N 和 NH_4-N 较小。NO_2-N 迁移方向与 SiO_3-Si、PO_4-P 在不同季节一致，春季由水体向沉积物迁移，夏季和秋季由沉积物向水体释放。

2. NO_3-N 的交换通量季节变化

春季 NO_3-N 的交换通量变换范围为 $-6.00\sim14.46\ mmol/(m^2 \cdot d)$，最大值出现在 RA4，最小值出现在 RA1，最大值站点与其他站点的差异是 $2.41\sim6.13$ 倍，平均值为 $1.24\ mmol/(m^2 \cdot d)$；夏季 NO_3-N 的交换通量变换范围为 $-0.37\sim13.79\ mmol/(m^2 \cdot d)$，最大值出现在 CA1，最小值出现在 RA4，最大值站点与其他站点的差异是 $3.26\sim59.96$ 倍，平均值为 $3.85\ mmol/(m^2 \cdot d)$；秋季 NO_3-N 的交换通量变换范围为 $7.54\sim13.36\ mmol/(m^2 \cdot d)$，最大值出现在 RA3，最小值出现在 RA1，最大值站点与其他站点的差异是 $1.28\sim1.77$ 倍，平均值为 $10\ mmol/(m^2 \cdot d)$。夏季对照区站点的 NO_3-N 交换通量明显高于人工鱼

礁区，不同站点的 NO_3-N 交换通量差异也表现为极显著（$P<0.01$）；而秋季各站点 NO_3-N 交换通量的差异相对夏季较小，但也呈现极显著差异（$P<0.01$）。NO_3-N 交换通量在各季节的平均值皆为正值，总体表现为由沉积物向水体释放，沉积物作为 NO_3-N 的"源"。

3. NH_4-N 的交换通量季节变化

春季、夏季和秋季 NH_4-N 交换通量变换范围分别为 $0.82\sim4.23$ mmol/($m^2\cdot d$)、$-2.62\sim3.88$ mmol/($m^2\cdot d$)、$-0.65\sim6.71$ mmol/($m^2\cdot d$)。春季最大值出现在 CA1，最小值出现在 RA2，最大值站点与其他站点的差异是 $3.3\sim5.16$ 倍，平均值为 1.68 mmol/($m^2\cdot d$)；夏季最大值出现在 CA2，最小值出现在 RA3，最大值站点与其他站点的差异是 $1.48\sim4.79$ 倍，平均值为 -0.91 mmol/($m^2\cdot d$)；秋季最大值出现在 RA3，最小值出现在 RA1，最大值站点与其他站点的差异是 $1.37\sim13.98$ 倍，平均值为 2.11 mmol/($m^2\cdot d$)。春季对照区站点的 NH_4-N 交换通量明显高于人工鱼礁区。三个季节不同站点的 NH_4-N 交换通量的差异总体上表现为极显著（$P<0.01$）。NH_4-N 交换通量在夏季由水体向沉积物迁移，沉积物成为 NH_4-N 的"汇"；春季和秋季由沉积物向水体释放，沉积物成为 NH_4-N 的"源"。

4. DIN 的交换通量季节变化

春季 DIN 的交换通量变换范围为 $-5.24\sim15.66$ mmol/($m^2\cdot d$)，最大值出现在 RA4，最小值出现在 CA1，最大值站点与其他站点的差异是 $2.99\sim18.87$ 倍，平均值为 2.86 mmol/($m^2\cdot d$)；夏季 DIN 的交换通量变换范围为 $-2.99\sim16.33$ mmol/($m^2\cdot d$)，最大值出现在 CA1，最小值出现在 RA1，最大值站点与其他站点的差异是 $1.92\sim148.45$ 倍，平均值为 3.39 mmol/($m^2\cdot d$)；秋季 DIN 的交换通量变换范围 $7.05\sim21.73$ mmol/($m^2\cdot d$)，最大值出现在 RA3，最小值出现在 RA1，最大值站点与其他站点的差异是 $1.22\sim3.08$ 倍，平均值为 13.04 mmol/($m^2\cdot d$)。夏季对照区站点的 DIN 交换通量明显高于人工鱼礁区，不同站点的 DIN 交换通量差异也表现为极显著（$P<0.01$）。DIN 为 NO_2-N、NO_3-N 和 NH_4-N 的总和，春、夏、秋三个季节总体迁移趋势为由沉积物向水体释放，沉积物成为 DIN 的"源"。

（三）沉积物-水界面 DIN 的交换通量与影响因素的关系

溶解态无机氮（DIN）在沉积物-水界面的交换形式是 NO_2-N、NO_3-N 和 NH_4-N。沉积物中氮主要以有机氮的形式存在，首先在微生物的作用下沉积物中的有机质被分解，有机氮被分解成为 NH_4-N，再由微生物经硝化作用转化为 NO_2-N，再氧化为 NO_3-N；同时 NO_3-N 可由微生物经反硝化作用转化为 NO_2-N，再转化为 N_2、NO 或 N_2O 离开界面。因此，有机质分解和硝化与反硝化过程控制着不同形态的 N 在沉积物-水界面的交换。有机质分解和硝化与反硝化过程都离不开微生物，微生物对不同形态的 N 在沉积物-水界面的交换有重要作用，并且温度和 DO 对这两个过程也有很大影响。另外，不同形态的 N 在沉积物-水界面交换还要依靠扩散，而扩散过程主要是由上覆水与间隙水的含量梯度以及温度决定。因此对影响因素与海州湾沉积物-水界面不同形态的 N 的交换通量做相关性分析，可得出不同形态的 N 在海州湾沉积物-水界面交换的主要控制过程和影响因子，进而分析各站点交换通量变化成因。

1. DIN 的交换通量与沉积物自身组成的关系

由表 6-2 可知，DIN 的交换通量与 NO_2-N（$r=0.730$，$P<0.01$）和 NO_3-N 的交换通量（$r=0.929$，$P<0.01$）呈极显著正相关，与 NH_4-N 的交换通量（$r=0.483$，$P<0.05$）呈显著正相关，与黏土、粉砂、砂含量和平均粒径以及含水率没有显著相关性；NO_2-N 的交换通量和 NO_3-N 的交换通量（$r=0.622$，$P<0.01$）呈极显著正相关。

表 6-2　DIN 的交换通量与各参数的相关系数矩阵

项目	DIN 交换通量	NO_2-N 交换通量	NO_3-N 交换通量	NH_4-N 交换通量	黏土含量	粉砂含量	砂含量	平均粒径	含水率
DIN 交换通量	1								
NO_2-N 交换通量	0.730**	1							
NO_3-N 交换通量	0.929**	0.622**	1						
NH_4-N 交换通量	0.483*	0.236	0.153	1					
黏土含量	0.139	0.092	0.090	0.167	1				
粉砂含量	0.128	0.125	0.101	0.088	0.939**	1			
砂含量	−0.132	−0.118	−0.099	−0.108	−0.964**	−0.997**			
平均粒径	0.122	0.117	0.091	0.099	0.963**	0.996**	−0.999**	1	
含水率	0.162	0.040	0.199	0.002	0.377	0.282	−0.308	0.287	1

注：**表示极显著相关（$P<0.01$），*表示显著相关（$P<0.05$），下同。

分析结果表明，DIN 在海州湾沉积物-水界面的交换主要是 NO_3-N 的交换占主导地位，因为 DIN 的交换通量与 NO_3-N 的交换通量相关性最为显著；NO_2-N 在沉积物-水界面的交换和 NO_3-N 的交换紧密相关，说明硝化和反硝化作用对不同形态的 N 在沉积物-水界面的交换起控制作用。因为黏土含量和含水率直接与溶解过程相关，而 NO_2-N、NO_3-N 和 NH_4-N 的交换通量与黏土含量、平均粒径和含水率均无显著相关性，表明溶解过程对 NO_2-N、NO_3-N 和 NH_4-N 在沉积物-水界面的交换控制作用较小。另外，黏土矿物的粒径相对较小，其比表面积较大，故吸附能力较强，但 NO_2-N、NO_3-N 和 NH_4-N 的交换通量与黏土含量、平均粒径的相关性不大，说明吸附过程对控制 NO_2-N、NO_3-N 和 NH_4-N 在沉积物-水界面的交换并不起主要作用。含水率除影响溶解过程外，其对扩散过程也有影响，含水率越大，孔隙度越大，越有利于扩散过程的进行。由分析结果可知，含水率与 DIN 交换通量的相关性相比，黏土含量和平均粒径较大，DIN 交换通量随含水率的增加而增大，不同形态的 N 中 NO_3-N 的交换通量与含水率相关性最大，表明扩散过程对 NO_3-N 的交换有一定影响。

2. DIN 的交换通量与水体环境参数的关系

由表 6-3 可知，海州湾沉积物-水界面 DIN 的交换通量与 pH（$r=0.438$，$P<0.05$）呈显著正相关，与温度和盐度有一定的负相关性，随温度和盐度的增加而减小；NO_3-N 的交换通量与 pH（$r=0.413$，$P<0.05$）呈显著正相关；NH_4-N 的交换通量与温度

($r=0.475$，$P<0.05$）呈显著负相关。DIN、NO_2-N、NO_3-N 和 NH_4-N 的交换通量与盐度有一定的相关性，但不显著，表现为盐度增大，DIN、NO_2-N、NO_3-N 和 NH_4-N 的交换通量均减小。

表 6-3　DIN 的交换通量与各参数的相关系数矩阵

项目	DIN 交换通量	NO_2-N 交换通量	NO_3-N 交换通量	NH_4-N 交换通量	温度	DO 含量	pH	盐度
DIN 交换通量	1							
NO_2-N 交换通量	0.730**	1						
NO_3-N 交换通量	0.929**	0.622**	1					
NH_4-N 交换通量	0.483*	0.236	0.153	1				
温度	−0.233	0.052	−0.114	−0.475*	1			
DO 含量	0.079	−0.059	0.051	0.154	−0.571**	1		
pH	0.438*	0.033	0.413*	0.351	−0.605**	0.559**	1	
盐度	−0.206	0.000	−0.174	−0.222	−0.136	0.026	−0.049	1

由此可知，分析结果表明在水体环境因素中，温度和 pH 对海州湾 DIN 的交换通量影响最大。对于 DIN 在沉积物-水界面的交换，扩散和有机质分解过程的主要控制因素是温度，这也验证了 DIN 的交换通量受扩散和有机质分解过程控制。温度升高，微生物活性增加，有利于有机质分解，产生更多的 NH_4-N 到间隙水中，利于 NH_4-N 释放到上覆水中，从而使 NH_4-N 的交换通量增大；同时，温度与 DO（$r=-0.571$，$P<0.01$）呈极显著负相关，温度越高 DO 越低，反硝化作用越强，从而使 NH_4-N 的交换通量越大。由以上分析可知，在温度最高的夏季，NH_4-N 的交换通量应较大，而实际情况却相反。究其原因，夏季雨量充沛，处于泄洪时期，河流携带大量营养盐进入水体，同时夏季浮游植物与浮游生物生长较弱，水体中 NH_4-N 不能很快被吸收，造成水体 NH_4-N 含量较高，所以 NH_4-N 在夏季表现由水体向沉积物迁移。

由于 NO_3-N 在沉积物-水界面的交换在不同形态 N 的交换中占主导地位，所以 DIN 的交换通量与 NO_3-N 的交换通量类同，都随 pH 升高而增大。pH 越高，NO_3-N 交换通量越大，原因是 NO_3-N 与 NH_4-N 的转化是氧化还原过程，DO 越高则硝化作用越强，故 NO_3-N 含量越大。同时 pH 与 DO（$r=0.559$，$P<0.01$）呈极显著正相关，pH 越大则 DO 越高，所以高 pH 有利于硝化作用的进行，释放更多的 NO_3-N，使 NO_3-N 在沉积物-水界面的交换通量增大；而温度与 DO（$r=-0.571$，$P<0.01$）呈极显著负相关，温度越低则 DO 越高，所以低温有利于硝化作用的进行，释放更多的 NO_3-N，使 NO_3-N 在沉积物-水界面的交换通量增大。已有研究表明，温度在 20 ℃左右、pH 在 8~8.4 时，硝化速率最快，而秋季沉积物-水界面的温度和 pH 正是在这一范围内，这也是秋季 NO_3-N 的交换通量高于夏季的原因。春季沉积物-水界面的温度与秋季较为接近，而 NO_3-N 的交换通量却在春季远低于秋季，这是由于 5 月为赤潮高发季节，水体 DO 偏低，使 NO_3-N 的交换通量降低。

根据以上分析可知，DO 含量与硝化和反硝化作用，以及 NO_3-N 和 NH_4-N 的交换通量关系密切，但数值结果却没有体现这一关系，原因可能是本试验中的 DO 含量都是通过检测上覆水体获得，而沉积物间隙水中和沉积物-水界面的 DO 含量与上覆水体的 DO 含量有一定差异，上覆水体的 DO 含量没有直接反映沉积物间隙水中和沉积物-水界面发生硝化和反硝化作用时的 DO 含量，所以在数值上，DO 与 NO_3-N 和 NH_4-N 的交换通量没有表现出显著的相关性，只能通过其他因素间接表明其相关性。

3. DIN 的交换通量与 NO_2-N、NO_3-N 和 NH_4-N 的上覆水含量，以及沉积物 TN、叶绿素 a 和 TOC 的关系

由表 6-4 可知，沉积物-水界面 DIN 的交换通量与 NO_3-N 的上覆水含量（$r=-0.616$，$P<0.01$）呈极显著负相关，与沉积物中 TN 含量（$r=0.611$，$P<0.01$）呈极显著正相关，与 NO_2-N 的上覆水含量有一定的相关性，但不显著；NO_3-N 的交换通量与沉积物中 TN 含量（$r=0.563$，$P<0.01$）呈极显著正相关，与 NO_2-N 的上覆水含量（$r=0.453$，$P<0.05$）呈显著正相关，与 NO_3-N 的上覆水含量（$r=-0.486$，$P<0.05$）呈显著负相关；NH_4-N 的交换通量与 NO_3-N 的上覆水含量（$r=-0.609$，$P<0.01$）呈极显著负相关，与 NH_4-N 的上覆水含量（$r=-0.511$，$P<0.05$）呈显著负相关，与沉积物中 TN 有一定的相关性，TN 含量越大，NH_4-N 的交换通量越大。

表 6-4 DIN 的交换通量与各参数的相关系数矩阵

项目	DIN 交换通量	NO_2-N 交换通量	NO_3-N 交换通量	NH_4-N 交换通量	NO_2-N 上覆水含量	NO_3-N 上覆水含量	NH_4-N 上覆水含量	TN 含量
DIN 交换通量	1							
NO_2-N 交换通量	0.730**	1						
NO_3-N 交换通量	0.929**	0.622**	1					
NH_4-N 交换通量	0.483*	0.236	0.153	1				
NO_2-N 上覆水含量	0.318	0.057	0.453*	-0.129	1			
NO_3-N 上覆水含量	-0.616**	-0.253	-0.486*	-0.609**	0.028	1		
NH_4-N 上覆水含量	-0.025	-0.132	0.212	-0.511**	0.837**	0.410	1	
TN 含量	0.611**	0.311	0.563**	0.378	0.562**	-0.279	0.345	1
叶绿素 a 含量	0.255	-0.296	-0.252	-0.029	-0.676**	-0.163	-0.554*	-0.476*
TOC 含量	0.021	0.126	0.002	-0.007	0.237	0.437*	0.267	0.486*

试验结果表明，DIN 的交换通量与上覆水中 NO_3-N 的含量极显著相关，DIN 的交换通量随上覆水中 NO_3-N 的含量减小而增大，说明 NO_3-N 在沉积物-水界面的交换在不同形态 N 的交换中占主导地位，同时也说明了扩散过程是控制 DIN 在海州湾沉积物-水界面交换的主要过程。

NO_3-N 的交换通量随 NO_2-N 的上覆水含量的增加而增大。如图 6-5 所示，在 NO_2-N 的上覆水含量较大的站点，NO_3-N 的交换通量也较大，体现出了硝化过程对 NO_3-N 的交换通量的控制作用。这是因为上覆水中 NO_2-N 的含量较大时，表明硝化作用较强，使 NO_3-N 的交换通量增大。NO_3-N 的交换通量随 NO_3-N 的上覆水含量的增加而减少，表明含量梯度对 NO_3-N 的交换通量有一定影响，也说明扩散过程对 NO_3-N

的交换具有控制作用，即上覆水 NO_3-N 含量低，则 NO_3-N 容易从沉积物扩散到上覆水中，而 NO_3-N 含量高，则 NO_3-N 向沉积物迁移。从上覆水中 NO_3-N 含量的分布情况可以很好地解释各站点 NO_3-N 的交换通量的变化成因（图 6-6）。由图 6-6 可知，春季上覆水中 NO_3-N 的含量在 RA1 和 RA3 较高，所以 NO_3-N 由水体向沉积物迁移，而 NO_3-N 的含量在 RA2 和 RA4 较低，所以 NO_3-N 由沉积物向上覆水释放。由于 RA4 站点 NO_3-N 的含量最低，加大了 NO_3-N 向上覆水释放，所以在 RA4 站点 NO_3-N 的交换通量最大。夏季和秋季与春季一样，在上覆水中 NO_3-N 的含量较大的站点，NO_3-N 的交换通量相对较小；而在上覆水中 NO_3-N 的含量较小的站点，NO_3-N 的交换通量则相对较大。

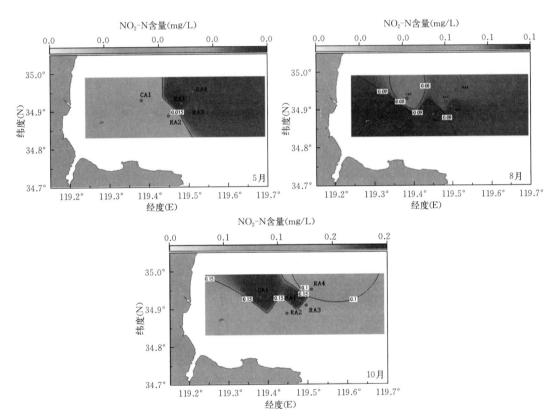

图 6-5　上覆水 NO_2-N 含量 5 月、8 月和 10 月等值线图

NH_4-N 的交换通量与 NO_3-N 的上覆水含量呈极显著相关，NH_4-N 的交换通量随 NO_3-N 的上覆水含量的增加而减少，这体现了硝化过程对 NH_4-N 在沉积物-水界面交换的控制作用。NO_3-N 的上覆水含量较大时，说明硝化作用较强，这时 NH_4-N 转化为 NO_3-N，减少了 NH_4-N 的含量，进而减少了 NH_4-N 在沉积物-水界面的交换，所以 NH_4-N 的交换通量减小。NH_4-N 的交换通量与 NH_4-N 的上覆水含量呈显著负相关，显示出含量梯度对 NH_4-N 的交换通量的影响，也说明了扩散过程对 NH_4-N 的交换的控制。上覆水中 NH_4-N 的含量低，则 NH_4-N 容易从沉积物扩散到上覆水中；而 NH_4-N 的上覆水含量高，则 NH_4-N 向沉积物迁移。从上覆水中 NH_4-N 的含量分布情况可以

很好地解释各站点 NH_4-N 的交换通量的变化成因（图 6-7）。由图 6-7 可知，春季上覆水中 NH_4-N 的含量在 CA1 较低，所以在 CA1 站点 NH_4-N 的交换通量最大；夏季各站点 NH_4-N 的上覆水含量普遍较大，所以总体表现为由水体向沉积物迁移；秋季 RA3 和 RA4 站点 NH_4-N 的上覆水含量较低，所以在 RA3 和 RA4 站点 NH_4-N 的交换通量相对较大。

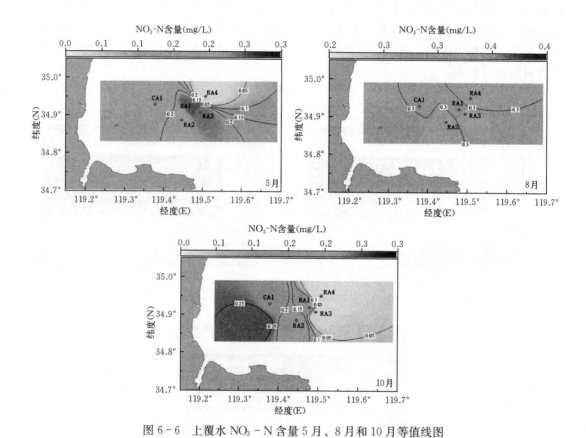

图 6-6　上覆水 NO_3-N 含量 5 月、8 月和 10 月等值线图

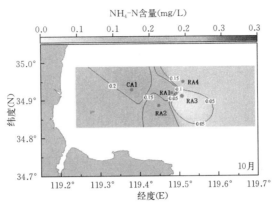

图 6-7　上覆水 $NH_4 - N$ 含量 5 月、8 月和 10 月等值线图

DIN 的交换通量和 $NO_3 - N$ 的交换通量皆与沉积物 TN 含量呈极显著相关，DIN 和 $NO_3 - N$ 的交换通量随 TN 含量的增加而增大（图 6-8）。沉积物中 N 主要以有机氮为主，TN 含量高，说明沉积物中含 N 有机质含量较高，在微生物作用下可分解为 $NH_4 - N$，再由亚硝化细菌作用经硝化过程将 $NH_4 - N$ 转化为 $NO_2 - N$ 和 $NO_3 - N$，增加了间隙水中 $NO_3 - N$ 的含量，使沉积物可释放更多的 $NO_3 - N$，这表明有机质分解和硝化作用对不同形态的 N 的交换起主要控制作用。

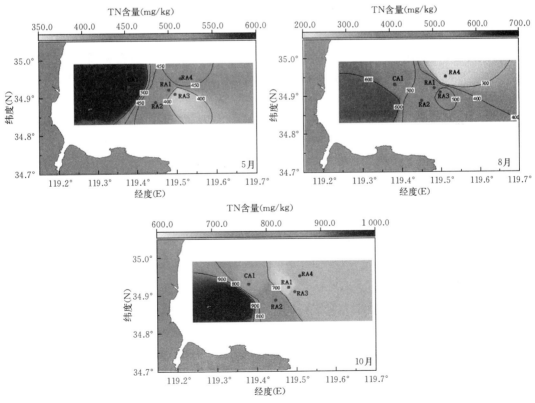

图 6-8　TN 含量 5 月、8 月和 10 月等值线图

N 是浮游植物生长即叶绿素生产的必需元素，水体中不同形态 N 的含量和沉积物中 N 的含量都与叶绿素含量密切相关；分析结果证明，叶绿素含量与 NO_2-N 的上覆水含量（$r=-0.676$，$P<0.01$）呈极显著负相关，与 NH_4-N 的上覆水含量（$r=-0.554$，$P<0.05$）和沉积物中 TN 含量（$r=-0.476$，$P<0.05$）呈显著负相关。叶绿素含量越高，表示从水体中吸收的 N 越多。同时，不同形态的 N 在沉积物-水界面的交换对其在水体中的含量有重要影响，进而影响植物能吸收到的 N 的量，最终影响叶绿素的含量；反之植物吸收 N，使水体中各形态 N 的含量发生变化，造成沉积物-水界面含量梯度变化，进而影响各形态 N 的交换通量。水体中各形态 N 的含量是扩散过程的关键影响因子，所以总的来看扩散过程对各形态 N 的交换有重要的控制作用。

由分析结果可知，沉积物中 TOC 含量与 TN 含量（$r=0.486$，$P<0.05$）呈显著正相关，TOC 含量越高，TN 含量也越多。沉积物中 TOC 含量高，说明沉积物中含 N 有机质含量高，即能被微生物分解的含 N 有机质含量也较高，可分解出更多的 NH_4-N，再由亚硝化细菌作用经硝化过程将 NH_4-N 转化为 NO_2-N 和 NO_3-N，增加了间隙水中 NO_3-N 的含量，沉积物可释放更多的 NO_3-N 到上覆水中，从而使上覆水体中 NO_3-N 的含量增大。分析结果也表明，沉积物中 TOC 含量与上覆水体中 NO_3-N 的含量（$r=0.437$，$P<0.05$）呈显著正相关，TOC 含量越高，上覆水体中 NO_3-N 的含量越大，表明有机质分解和硝化作用对 NO_3-N 在沉积物-水界面的交换有重要作用。夏季 DO 含量较低，对 NO_3-N 在沉积物-水界面的交换影响相对较小，使对照区 TOC 含量高于人工鱼礁区，所以分解转化出的 NO_3-N 较多，这就是夏季对照区 NO_3-N 的交换通量高于人工鱼礁区的原因之一。另外，春季 NH_4-N 的交换通量在对照区高于人工鱼礁区，其原因也可能是沉积物中 TOC 含量在对照区高于人工鱼礁区。因为有机质分解是耗氧过程，会使沉积物-水界面的 DO 含量降低，导致硝化作用较弱而反硝化作用较强，NH_4-N 不易转化为 NO_3-N，使 NH_4-N 在间隙水中的含量增加，加大了 NH_4-N 向水体释放的量，所以春季 NH_4-N 的交换通量在对照区高于人工鱼礁区。以上分析表明，有机质分解和硝化作用是海州湾沉积物-水界面不同形态 N 交换的主要控制过程之一。

综上所述，DIN 在沉积物-水界面的交换主要受硝化和反硝化作用、有机质分解和扩散过程控制；温度、DO 和 pH 是控制 DIN 在沉积物-水界面交换的主要因子。

（四）沉积物-水界面 DIN 的交换通量与其他近岸海区比较

通过计算春、夏、秋三个季节海州湾 NO_3-N 与 NH_4-N 在沉积物-水界面的平均交换通量，并与国内外近岸海区及部分典型海湾进行比较（表 6-5），结果表明，海州湾 NO_3-N 在沉积物-水界面的交换通量处于较高水平，NH_4-N 的交换通量处于较低水平，但多数海区营养盐在沉积物-水界面交换的作用中 NH_4-N 占较重要位置。从表 6-5 可以看出，国外海湾 NH_4-N 与 NO_3-N 的交换通量普遍高于国内海湾，其原因可能是研究计算的方法不同以及海区地势差异。国外海湾 NH_4-N 与 NO_3-N 在 DIN 中的占比为 NH_4-N 较高，DIN 主要以 NH_4-N 的形态存在，东海与渤海的 NH_4-N 和 NO_3-N 的交换通量也与此结果一致。本研究中海州湾 DIN 主要以 NO_3-N 的形态存在，这与胶州湾、莱州湾的研究结果一致，其原因可能是胶州湾和莱州湾渔场养殖的类型与海州湾类同。

表 6-5 海州湾沉积物-水界面 DIN 交换通量与其他近岸海区比较

交换通量 [mmol/(m² · d)]	NO₃ - N	NH₄ - N
渤海	−0.026	3.53
东海	−1.4~3.2	−2.6~3.4
莱州湾	0.038~3.65	0.96~2.52
英国 Narragansett 湾		1.8~12
澳大利亚 Bowling Creen 湾	−0.008 5~0.18	−0.16~0.76
胶州湾	−2.0~2.8	−0.5~1.6
Chesapeake 湾		10.2
亚得里亚海 Trieste 湾		−0.20~0.80
西班牙 Cadiz 湾		6.2~36.6
旧金山湾		2.5
海州湾	5.03	0.96

（五）沉积物-水界面 DIN 的交换通量对水体初级生产力的贡献

海州湾海洋牧场面积大约有 134.5 km²，根据试验计算所得海州湾溶解态无机氮（DIN）在沉积物-水界面的交换通量，可以估算出整个海州湾海洋牧场区沉积物-水界面 DIN 的交换通量，结果如表 6-6 所示。

表 6-6 海州湾 DIN 的交换通量 [mmol/(m² · d)]

时间	NO₂ - N	NO₃ - N	NH₄ - N	DIN
春季	−8.61×10⁶	1.67×10⁸	2.26×10⁸	3.85×10⁸
夏季	6.12×10⁷	5.17×10⁸	−1.22×10⁸	4.56×10⁸
秋季	1.25×10⁸	1.34×10⁹	2.84×10⁸	1.75×10⁹
平均	5.92×10⁷	6.76×10⁸	1.29×10⁸	8.65×10⁸

海州湾海洋牧场平均初级生产力为 410.65 mg C/(m² · d)，根据 Redfield 比值（C：N＝106：16），即海洋浮游植物从海水摄取 N 的比例，估算出海洋浮游植物从水体中摄取以维持初级生产力的 N 的量为 6.95×10⁸ mmol/(m² · d)。由此可知，春季沉积物-水界面营养盐的交换可为海州湾提供 55％的 DIN；夏季水体初级生产力需求的 DIN，沉积物可提供 66％；秋季 DIN 的营养供给可全由沉积物提供。计算三个季节 DIN 交换通量的平均值，可知海州湾沉积物-水界面营养盐交换可为水体初级生产力提供 124％的 DIN 的营养物质供给。总体来看，沉积物-水界面 DIN 的交换作用对海州湾水体初级生产力的营养盐补充和供给具有重要作用。

三、沉积物-水界面 PO₄ - P 的交换通量

（一）各站点沉积物-水界面 PO₄ - P 的交换通量变化

根据营养盐在沉积物-水界面的培养试验所测得的不同时间的 PO₄ - P 含量，结合沉

积物-水界面营养盐交换通量计算公式，求得三个季节（5月、8月和10月）$PO_4 - P$在不同站点的交换通量，继而得出交换通量随时间变化的趋势（图6-9）。总体来看，三个季节$PO_4 - P$在沉积物-水界面的交换通量初期变化很大，后期逐步平稳，春季（5月）各站点变化趋势不尽相同，而夏季（8月）和秋季（10月）各站点变化趋势相近。培养初期由于沉积物-水界面$PO_4 - P$的含量差较大，所以扩散动力比较足，造成交换过程较为剧烈；后期沉积物-水界面含量梯度趋于平衡，交换通量趋于稳定，但每次取样加入新的底层海

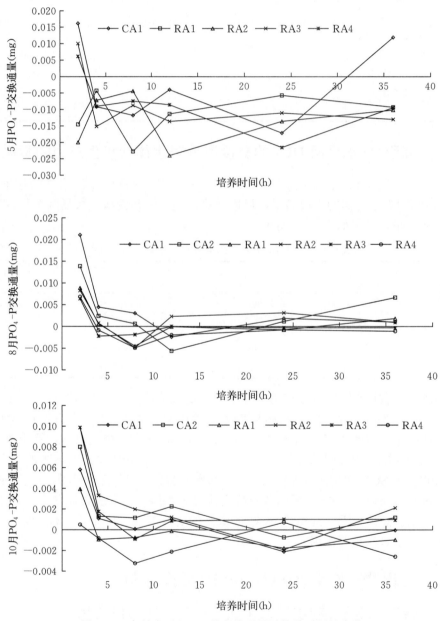

图6-9　各站点$PO_4 - P$的交换通量随培养时间的变化

水后，会对上覆水中 PO_4-P 含量和微生物的量有一定影响，所以交换通量会有一定的变化。对照区 PO_4-P 在沉积物-水界面的交换过程总体比人工鱼礁区更为剧烈，对照区 PO_4-P 的交换通量趋于平稳的时间也晚于人工鱼礁区，并且 PO_4-P 在对照区的交换通量基本都大于人工鱼礁区。春季只有对照区 PO_4-P 的交换在最后改变了方向，由原本向沉积物迁移变为向上覆水释放。RA3 站点 PO_4-P 的交换通量在三个季节皆早于其他站点到达平衡，12 h 后交换通量便趋于平稳，而其他站点还表现出不同程度的波动。秋季 RA4 站点 PO_4-P 的交换不同于同期的其他站点，总体表现为由水体向沉积物迁移。

（二）沉积物-水界面 PO_4-P 的交换通量变化

由图 6-9 可知，PO_4-P 在沉积物-水界面的交换通量随时间变化较大，相关性较差，宜采用平均值法计算 PO_4-P 在沉积物-水界面的交换通量，结果如表 6-7 所示。由表 6-7 可知，春季 PO_4-P 的交换通量变换范围为 $-0.59\sim-0.02$ mmol/$(m^2 \cdot d)$，最大值出现在 RA2，最小值出现在 CA1，最大值站点与其他站点的差异是 $1.18\sim29.5$ 倍，平均值为 -0.32 mmol/$(m^2 \cdot d)$。夏季 PO_4-P 的交换通量变换范围为 $0.09\sim1.02$ mmol/$(m^2 \cdot d)$，最大值出现在 CA1，最小值出现在 RA4，最大值站点与其他站点的差异是 $1.73\sim11.33$ 倍，平均值为 0.41 mmol/$(m^2 \cdot d)$。秋季 PO_4-P 的交换通量变换范围为 $-0.13\sim0.58$ mmol/$(m^2 \cdot d)$，最大值出现在 RA2，最小值出现在 RA1，最大值站点与其他站点的差异是 $1.23\sim4.46$ 倍，平均值为 0.32 mmol/$(m^2 \cdot d)$。与 SiO_3-Si 类似，夏季对照区站点的 PO_4-P 交换通量明显高于人工鱼礁区。由分析可得，各个站点的 PO_4-P 交换通量差异性极显著（$P<0.01$）。总体上 PO_4-P 在沉积物-水界面的交换通量与 SiO_3-Si 类似，春季表现为由水体向沉积物迁移，夏季和秋季由沉积物向水体释放。因此，沉积物在春季呈现为 PO_4-P 的"汇"，夏季和秋季呈现为 PO_4-P 的"源"。

表 6-7 PO_4-P 在不同站点沉积物-水界面的交换通量

站点	平均粒径（μm）	沉积物类型	不同时间交换通量 [mmol/$(m^2 \cdot d)$]		
			春季（5月）	夏季（8月）	秋季（10月）
RA1	5.42	粉砂质细砂	-0.50	0.29	0.08
RA2	5.33	粉砂质细砂	-0.59	0.33	0.58
RA3	5.32	粉砂质细砂	-0.26	0.12	0.46
RA4	5.09	粉砂质细砂	-0.21	0.09	-0.13
CA1	6.05	砂质粉砂	-0.02	1.02	0.47
CA2	6.47	砂质粉砂		0.59	0.43
平均			-0.32	0.41	0.32

注：表中数值正值表明营养盐由沉积物向上覆水释放；负值表明营养盐由上覆水向沉积物迁移。

（三）沉积物-水界面 PO_4-P 的交换通量与影响因素的关系

沉积物-水界面 PO_4-P 的交换通量主要由吸附-解吸、有机质分解和间隙水分子扩散控制，受到 P 在沉积物中存在形态、氧化还原环境以及有机质、Fe、Mn、细粒级沉积物含量的影响。PO_4-P 的吸附-解吸过程主要通过黏土为主的细粒级沉积物和沉积物中 Fe 氧化物对 PO_4-P 的吸附，降低 PO_4-P 在间隙水中的含量，从而减少 PO_4-P 向上覆水释放。Fe 氧化物的含量直接与 DO 含量相关，DO 越高，Fe 氧化物越多，对 PO_4-P 的吸附越大，PO_4-P 的交换通量越小；同时微生物一般表现为高 DO 含量的氧化环境吸收 PO_4-P，低 DO 含量的还原环境释放 PO_4-P，所以还原环境中 PO_4-P 的交换通量会更大。有机质分解过程主要受温度和有机质含量控制，温度适宜，微生物活性较好，有助于微生物分解有机质释放更多的 PO_4-Px。PO_4-P 的扩散过程主要是由上覆水与间隙水的含量梯度以及温度决定。因此对影响因素与海州湾沉积物-水界面 PO_4-P 的交换通量做相关性分析，可得出 PO_4-P 在海州湾沉积物-水界面交换的主要控制过程和影响因子，进而分析各站点 PO_4-P 交换通量的变化成因。

1. 沉积物-水界面 PO_4-P 的交换通量与沉积物自身组成的关系

由表 6-8 可知，PO_4-P 的交换通量与黏土含量（$r=0.485$，$P<0.05$）、粉砂含量（$r=0.520$，$P<0.05$）、平均粒径（$r=0.519$，$P<0.05$）呈显著正相关，与砂含量（$r=-0.518$，$P<0.05$）呈显著负相关；而 PO_4-P 的交换通量与含水率有一定的相关性，但并不显著，含水率越高，PO_4-P 的交换通量越大。

结果说明，在沉积物为黏土粉砂类型的海域 PO_4-P 的交换通量较高，在砂质类型沉积物的海域 PO_4-P 的交换通量较低，而黏土粉砂类型沉积物含较多的黏土矿物质，说明黏土含量越高，PO_4-P 的交换通量越高。一般来说，黏土含量高，说明沉积物对 PO_4-P 的吸附强，PO_4-P 的交换通量应表现为向沉积物迁移快，向上覆水释放减少；而实际情况却是在黏土含量高的对照区 PO_4-P 向沉积物迁移少于黏土含量低的人工鱼礁区，对照区 PO_4-P 向上覆水释放速率反而大于人工鱼礁区。Hall 等（1996）在研究北海东北部的 Skagerrak 海湾 PO_4-P 在沉积物-水界面的交换时，其结果与本研究一致，也是 PO_4-P 向上覆水释放速率随沉积物的黏土含量增多而增大。同时，本研究还发现，粒径越小 PO_4-P 的交换通量越大。这些结果可能是由于在黏土含量高、粒径小的情况下，其他影响因素对 PO_4-P 交换造成的影响大于吸附作用对 PO_4-P 交换的影响。

表 6-8 PO_4-P 的交换通量与各参数的相关系数矩阵

项目	PO_4-P 交换通量	黏土含量	粉砂含量	砂含量	平均粒径	含水率
PO_4-P 交换通量	1					
黏土含量	0.485*	1				
粉砂含量	0.520*	0.939**	1			
砂含量	−0.518*	−0.964**	−0.997**	1		
平均粒径	0.519*	0.963**	0.996**	−0.999**	1	
含水率	0.229	0.377	0.282	−0.308	0.287	1

注：**表示极显著相关（$P<0.01$），*表示显著相关（$P<0.05$），下同。

2. 沉积物-水界面 PO_4-P 的交换通量与水体环境参数的关系

由表 6-9 可知，海州湾沉积物-水界面 PO_4-P 的交换通量与温度（$r=0.518$，$P<$

0.05）呈显著正相关；与 DO 含量和盐度有一定的负相关性，PO_4-P 的交换通量随 DO 含量和盐度的增加而减小；PO_4-P 的交换通量与 pH 的相关性较差。

由此可知，在环境因素中，温度对 PO_4-P 的交换通量影响最大，温度越高，PO_4-P 的交换通量随之增大。沉积物吸附 PO_4-P 的过程一般是放热过程，温度越高吸附作用越弱，有利于 PO_4-P 向上覆水释放，所以 PO_4-P 的交换通量随之增大，说明 PO_4-P 在界面的交换受吸附过程控制。同时，对于 PO_4-P 在沉积物-水界面的交换，扩散和有机质分解过程的主要控制因素是温度，这也验证了 PO_4-P 的交换通量受扩散和有机质分解过程的控制。温度升高，加快了扩散过程，所以夏季 PO_4-P 的交换通量较大；同样，夏季温度更适宜微生物生长，微生物活性较大促进有机质分解，使 PO_4-P 在间隙水中的含量增大，加快 PO_4-P 释放到上覆水中，从而使 PO_4-P 的交换通量增大。另外，观察到 RA2 和 RA3 有别于其他站点，其在秋季温度低于夏季的情况下 PO_4-P 的交换通量在秋季大于夏季，说明还有其他因素共同影响 PO_4-P 的交换通量。

表 6-9　PO_4-P 的交换通量与各参数的相关系数矩阵

项目	PO_4-P 交换通量	温度	DO 含量	pH	盐度
PO_4-P 交换通量	1				
温度	0.518*	1			
DO 含量	−0.127	−0.571**	1		
pH	0.032	−0.605**	0.559**	1	
盐度	−0.293	−0.136	0.026	−0.049	1

DO 含量与 PO_4-P 的交换通量有一定的负相关性，DO 含量对 PO_4-P 的交换通量的影响表现为，DO 含量越高，PO_4-P 的交换通量越小，其原因是高 DO 含量的环境会增强 Fe 氧化物对 PO_4-P 的吸附，降低界面 PO_4-P 的含量，减少 PO_4-P 向上覆水释放，进而使 PO_4-P 的交换通量减小。夏季对照区 PO_4-P 的交换通量远高于人工鱼礁区，而秋季对照区 PO_4-P 的交换通量却没有此表现的原因是：夏季对照区 DO 含量较低，处于还原环境，降低了 Fe 氧化物的吸附作用，促使 PO_4-P 释放，加快了 PO_4-P 的交换通量；而在秋季，对照区 DO 含量较大，增强了 Fe 氧化物的吸附作用，削弱了 PO_4-P 释放到上覆水中，所以部分人工鱼礁区站点 PO_4-P 的交换通量在秋季大于对照区。这就说明 PO_4-P 在海州湾沉积物-水界面的交换也受吸附过程控制。

3. 沉积物-水界面 PO_4-P 的交换通量与 PO_4-P 的上覆水含量、叶绿素 a、TOC 和沉积物 TP 的关系

如表 6-10 所示，PO_4-P 的交换通量与上覆水中 PO_4-P 的含量（$r=-0.894$，$P<0.01$）和叶绿素含量（$r=-0.689$，$P<0.01$）呈极显著负相关；与 TOC 含量（$r=0.514$，$P<0.05$）呈显著正相关；与沉积物中 TP 含量有一定的相关性，TP 含量越大，PO_4-P 的交换通量越大。

结果表明，PO_4-P 的交换通量与上覆水中 PO_4-P 的含量极显著相关，PO_4-P 的交换通量随上覆水中 PO_4-P 含量的减小而增大，说明上覆水中 PO_4-P 的含量低，PO_4-P 更易从沉积物扩散到上覆水中，而上覆水中 PO_4-P 的含量高，PO_4-P 则向沉积物迁移，同时也说明扩散过程是控制 PO_4 - P 在海州湾沉积物-水界面交换的主要过程。图 6 - 10 所示为 PO_4 - P 的上覆水含量在各季节、各站点的分布情况。可以很好地解释各站点 PO_4 - P 的交换通量变化成因。由图 6 - 10 可知，春季上覆水中 PO_4 - P 的含量远高于夏季和秋季，所以 PO_4 - P 由水体向沉积物迁移；同时人工鱼礁区上覆水中 PO_4 - P 的含量远高于对照区，所以人工鱼礁区 PO_4 - P 比对照区向沉积物迁移更快、更多，导致人工鱼礁区 PO_4 - P 的交换通量高于对照区。夏季和秋季由于上覆水中 PO_4 - P 的含量较低，PO_4 - P 总体表现为由沉积物向水体释放，并且上覆水中 PO_4 - P 的含量越低的站点，PO_4 - P 越易从沉积物扩散至上覆水中，同时 PO_4 - P 的交换通量越大；而秋季 RA4 站点上覆水中 PO_4 - P 的含量高于其他站点，甚至 PO_4 - P 的转移方向改为由水体向沉积物迁移。

表 6 - 10　PO_4 - P 的交换通量与各参数的相关系数矩阵

项目	PO_4 - P 交换通量	PO_4 - P 上覆水含量	叶绿素 a 含量	TOC 含量	TP 含量
PO_4 - P 交换通量	1				
PO_4 - P 上覆水含量	−0.894**	1			
叶绿素 a 含量	−0.689**	0.762**	1		
TOC 含量	0.514*	−0.439*	−0.367	1	
TP 含量	0.291	−0.409	−0.369	0.248	1

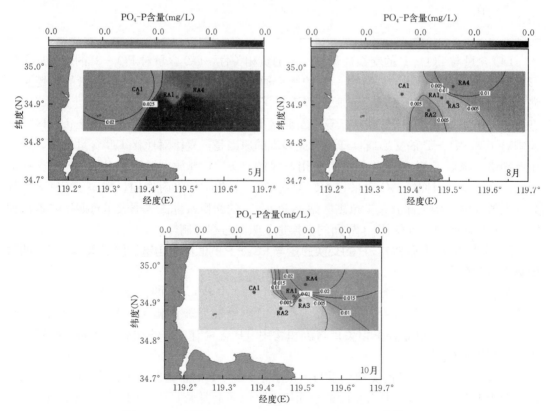

图 6 - 10　上覆水 PO_4 - P 含量 5 月、8 月和 10 月等值线图

磷是浮游植物生长即叶绿素生产的必需元素，水体中 PO_4-P 的含量与叶绿素含量密切相关。由分析结果可知，上覆水中 PO_4-P 的含量与叶绿素含量（$r=0.762$，$P<0.01$）呈极显著正相关，上覆水中 PO_4-P 的含量越高，叶绿素含量越大。同时，PO_4-P 在沉积物-水界面的交换对水体中 PO_4-P 的含量有重要影响，进而影响植物能吸收到的 PO_4-P 的量，从而影响叶绿素的含量；反之植物吸收 PO_4-P，使水体 PO_4-P 的含量发生变化，造成沉积物-水界面含量梯度变化，进而影响 PO_4-P 的交换通量。此外，PO_4-P 的交换通量与叶绿素有极显著的相关性，表现为 PO_4-P 的交换通量随叶绿素含量的增大而减小。叶绿素含量增大，说明水体中有丰富的 PO_4-P，即上覆水中 PO_4-P 的含量较大，当上覆水中 PO_4-P 的含量较大时，PO_4-P 向水体释放会减少，所以 PO_4-P 的交换通量减小。上覆水中 PO_4-P 的含量是扩散过程的关键影响因子，所以总的来看扩散过程对 PO_4-P 的交换有重要的控制作用。

PO_4-P 的交换通量与沉积物中 TOC 含量呈显著正相关，PO_4-P 的交换通量随 TOC 含量的增加而增大。沉积物中 TOC 含量高，说明沉积物有机质含量高，PO_4-P 的交换通量较大。其原因是沉积物有机质含量高，可以分解出更多的 PO_4-P 到间隙水中，增大了间隙水中 PO_4-P 的含量，而间隙水中 PO_4-P 的含量与上覆水中 PO_4-P 的含量梯度增大，使 PO_4-P 更易向上覆水扩散，导致 PO_4-P 的交换通量增大；另外，有机质分解是耗氧过程，会使沉积物-水界面 DO 含量降低，成为还原环境，减少了 Fe 氧化物对 PO_4-P 的吸附作用，使 PO_4-P 易于释放进入上覆水，从而使 PO_4-P 的交换通量增大。从 TOC 含量分布看，对照区高于人工鱼礁区，说明对照区有机质含量高于人工鱼礁区，也就是对照区间隙水中 PO_4-P 的含量高于人工鱼礁区，而间隙水中 PO_4-P 的含量高，则 PO_4-P 更易向水体释放而不易向沉积物转移。这就是春季对照区 PO_4-P 向沉积物迁移的速率小于人工鱼礁区，而夏季对照区 PO_4-P 向水体释放的速率高于人工鱼礁区的原因之一。另外，RA4 站点 TOC 含量比其他站点低，使得可分解的有机质少于其他站点，造成间隙水中 PO_4-P 的含量低于其他站点，这就可以解释秋季 RA4 站点 PO_4-P 由水体向沉积物迁移的原因是间隙水中 PO_4-P 的含量较低而上覆水中 PO_4-P 的含量较高。综上所述，有机质分解是海州湾沉积物-水界面 PO_4-P 交换的主要控制过程之一。

PO_4-P 的交换通量与沉积物中 TP 含量的相关性不显著，但沉积物中 TP 含量对 PO_4-P 在沉积物-水界面的交换有一定的影响。TP 含量高，说明沉积物中可释放的 PO_4-P 的量较多。如图 6-11 所示，春季各站点 TP 含量从高向低的分布与各站点 PO_4-P 向沉积物迁移的速率从小到大相对应，原因是沉积物中 TP 含量高，可分解到间隙水中的 P 含量较多，那么间隙水中 PO_4-P 含量高，水体中的 PO_4-P 不易向沉积物扩散，所以春季 TP 含量高的站点反而 PO_4-P 的交换通量较小。另外，结合图 6-10 与图 6-11 可知，沉积物含 P 的量与上覆水体中 PO_4-P 的含量分布呈负相关，沉积物中含 P 高的站点，其水体中 PO_4-P 的含量相应减少；而沉积物中含 P 低的站点，其水体中 PO_4-P 的含量相应增多。这说明沉积物中 TP 含量会对沉积物-水界面含量梯度产生影响，沉积物中 TP 含量对扩散过程有控制作用，从而对 PO_4-P 的交换通量产生影响。

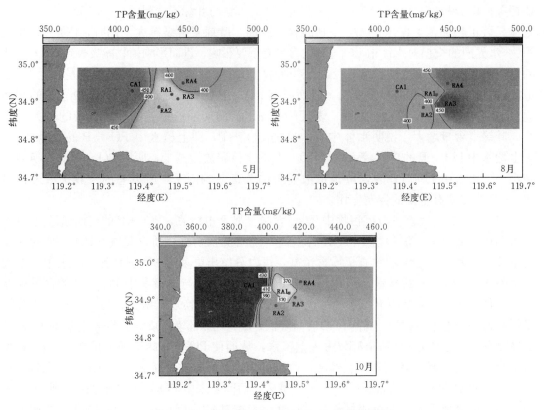

图 6-11　TP 含量 5 月、8 月和 10 月等值线图

综上所述，PO_4-P 在沉积物-水界面的交换主要受扩散、有机质分解和吸附过程控制；温度是控制 PO_4-P 在沉积物-水界面交换的主要因子。

（四）沉积物-水界面 PO_4-P 的交换通量与其他近岸海区比较

通过计算春、夏、秋三个季节海州湾 PO_4-P 在沉积物-水界面的平均交换通量，并将其与国内外近岸海区及部分典型海湾之间进行比较（表 6-11），结果表明，海州湾 PO_4-P 在沉积物-水界面的交换通量在这些区域中处于中等水平。造成研究结果差异的原因是海域环境的差异和研究方法的不同。

表 6-11　海州湾沉积物-水界面 PO_4-P 交换通量与其他近岸海区比较

海区	PO_4-P 交换通量 $[mmol/(m^2 \cdot d)]$
渤海	−0.009
大亚湾	0.027～0.11
英国 Narragansett 湾	0.1～5.6
胶州湾	−0.04～0.39

（续）

海区	$PO_4 - P$ 交换通量 $[mmol/(m^2 \cdot d)]$
Chesapeake 湾	0.88
旧金山湾	0.2
海州湾	0.14

（五）沉积物-水界面 $PO_4 - P$ 的交换通量对水体初级生产力的贡献

海州湾海洋牧场面积大约有 134.5 km^2，根据试验计算所得 $PO_4 - P$ 在海州湾各站点沉积物-水界面的交换通量，可以估算出整个海州湾海洋牧场沉积物-水界面 $PO_4 - P$ 的交换通量，分别是春季$-4.25 \times 10^7 \text{ mmol}/(m^2 \cdot d)$，夏季 $5.47 \times 10^7 \text{ mmol}/(m^2 \cdot d)$ 和秋季 $4.24 \times 10^7 \text{ mmol}/(m^2 \cdot d)$，平均为 $1.82 \times 10^7 \text{ mmol}/(m^2 \cdot d)$。

海州湾海洋牧场平均初级生产力为 $410.65 \text{ mg C}/(m^2 \cdot d)$，根据 Redfield 比值（C：P＝106：1），即海洋浮游植物从海水摄取 $PO_4 - P$ 的比例，估算出海洋浮游植物从水体中摄取以维持初级生产力的 $PO_4 - P$ 的量为 $4.34 \times 10^7 \text{ mmol}/(m^2 \cdot d)$。由此可知，春季沉积物是 $PO_4 - P$ 的"汇"，不提供 $PO_4 - P$；夏季沉积物可为海州湾水体初级生产力提供 126％的 $PO_4 - P$ 供给；秋季沉积物-水界面 $PO_4 - P$ 的交换可提供 98％的 $PO_4 - P$ 供给。这说明夏季和秋季沉积物-水界面 $PO_4 - P$ 的交换是水体初级生产力所需 $PO_4 - P$ 的主要来源。将三个季节 $PO_4 - P$ 的交换通量平均计算，则 $PO_4 - P$ 在海州湾沉积物-水界面的交换为水体初级生产力提供 42％的 $PO_4 - P$ 供给。总体来看，沉积物-水界面 $PO_4 - P$ 的交换作用对海州湾水体初级生产力的营养盐补充和供给具有重要作用。

四、沉积物-水界面 $SiO_3 - Si$ 的交换通量

（一）各站点沉积物-水界面 $SiO_3 - Si$ 的交换通量变化

根据营养盐在沉积物-水界面的培养试验在不同时间所测得的 $SiO_3 - Si$ 的含量，结合沉积物-水界面营养盐交换通量计算公式，得到春、夏、秋三个季节 $SiO_3 - Si$ 在不同站点的交换通量，继而得出交换通量随时间变化的趋势（图 6 - 12）。总体来看，三个季节 $SiO_3 - Si$ 在沉积物-水界面的交换通量初期变化很大，后期逐步平稳，春季（5月）各站点变化趋势不尽相同，而夏季（8月）和秋季（10月）各站点变化趋势相近。培养试验初期由于沉积物-水界面 $SiO_3 - Si$ 的含量差较大，所以扩散动力比较足，造成交换过程较为剧烈；后期界面含量梯度趋于平衡，交换通量大小趋于稳定，但每次取样加入新的底层海水后，会对上覆水中 $SiO_3 - Si$ 的含量和微生物的量有一定影响，所以交换通量会有一定的变化。对照区 $SiO_3 - Si$ 在沉积物-水界面的交换过程总体比人工鱼礁区更为剧烈，对照区 $SiO_3 - Si$ 的交换通量趋于平稳的时间也晚于人工鱼礁区，并且 $SiO_3 - Si$ 在对照区的交换通量基本都大于人工鱼礁区。春季对照区 $SiO_3 - Si$ 的交换随着时间的增加在试验后期交换趋势发生变化，由原本向沉积物迁移变为向上覆水释放。

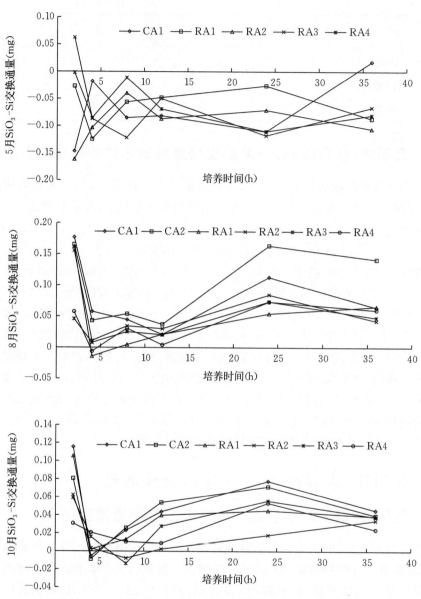

图 6-12　各站点 SiO_3-Si 的交换通量随培养时间的变化

（二）沉积物-水界面 SiO_3-Si 的交换通量变化

由图 6-12 可知，SiO_3-Si 在沉积物-水界面的交换通量随时间变化较大，相关性较差，宜采用平均值法计算 SiO_3-Si 在沉积物-水界面的交换通量，结果如表 6-12 所示。由表 6-12 可知，春季、夏季和秋季 SiO_3-Si 的交换通量变换范围分别为 -5.12~ -2.01 mmol/(m^2·d)、3.91~13.11 mmol/(m^2·d) 和 3.09~7.06 mmol/(m^2·d)。春季最大值出现在 RA2，最小值出现在 RA3，最大值站点与其他站点的差异是 1.36~2.55 倍，平均值为 -3.27 mmol/(m^2·d)；夏季最大值出现在 CA1，最小值出现在 RA4，最大值站点与其他站点的差异是 $1.35 \sim 3.27$ 倍，平均值为 8.53 mmol/($m^2 \cdot d$)；秋季最大值出现在 CA1，最小值出现在 RA2，最大值站点与其他站点的差异是 $1.11 \sim 2.28$ 倍，平均值为 4.92 mmol/($m^2 \cdot d$)。总体上，各站点同时间 $SiO_3 - Si$ 的交换通量差异极显著（$P < 0.01$），对照区站点 $SiO_3 - Si$ 的交换通量普遍高于人工鱼礁区。另外，春季 $SiO_3 - Si$ 在沉积物-水界面的交换通量皆为负值，表明春季 $SiO_3 - Si$ 是由水体向沉积物迁移；而夏季和秋季交换通量皆为正值，说明 $SiO_3 - Si$ 是由沉积物向水体释放。因此，沉积物在春季是 $SiO_3 - Si$ 的"汇"，而在夏季和秋季则是 $SiO_3 - Si$ 的"源"。

表 6 - 12　$SiO_3 - Si$ 在不同站点沉积物-水界面的交换通量

站点	平均粒径（μm）	沉积物类型	不同时间交换通量 [mmol/($m^2 \cdot d$)]		
			5 月	8 月	10 月
RA1	5.42	粉砂质细砂	−3.18	7.78	6.38
RA2	5.33	粉砂质细砂	−5.12	9.45	3.09
RA3	5.32	粉砂质细砂	−2.01	4.15	4.20
RA4	5.09	粉砂质细砂	−2.28	3.91	3.20
CA1	6.05	砂质粉砂	−3.77	12.77	7.06
CA2	6.47	砂质粉砂		13.11	5.61
平均			−3.27	8.53	4.92

注：表中数值正值表明营养盐由沉积物向上覆水迁移；负值表明营养盐由上覆水向沉积物迁移。

（三）沉积物-水界面 $SiO_3 - Si$ 的交换通量与影响因素的关系

沉积物-水界面 $SiO_3 - Si$ 的交换通量可由吸附-解吸、沉淀（矿化）-溶解和间隙水分子扩散过程控制，一般以后两个过程为主。$SiO_3 - Si$ 的吸附-解吸一般在沉积物与间隙水中发生，此过程受沉积物含水率、间隙水中 $SiO_3 - Si$ 的含量和 DO 含量的影响。$SiO_3 - Si$ 的沉淀（矿化）-溶解过程主要由沉积物中含硅矿物含量、自身物化性质和含水率决定。沉积物中含硅矿物主要有石英、长石和黏土矿物等形式，其中石英和长石的溶解度较低，一般难以参与 $SiO_3 - Si$ 在沉积物-水界面的交换，而黏土矿物（如伊利石）晶格上的 Si 原子易于被其他阳离子取代而易溶于水，所以影响沉积物-水界面 $SiO_3 - Si$ 交换通量的含硅矿物主要以黏土矿物为主。$SiO_3 - Si$ 的扩散过程主要由上覆水与间隙水的含量梯度以及温度决定。对影响因素与海州湾沉积物-水界面 $SiO_3 - Si$ 的交换通量做相关性分析，可得出 $SiO_3 - Si$ 在海州湾沉积物-水界面交换的主要控制过程和影响因子，进而分析各站点 $SiO_3 - Si$ 的交换通量的变化成因。

1. 沉积物-水界面 $SiO_3 - Si$ 的交换通量与沉积物自身组成的关系

由表 6 - 13 可知，$SiO_3 - Si$ 的交换通量与黏土含量（$r = 0.415$，$P < 0.05$）、粉砂含量（$r = 0.431$，$P < 0.05$）、平均粒径（$r = 0.430$，$P < 0.05$）呈显著正相关，与砂含量（$r = −0.432$，$P < 0.05$）呈显著负相关；而 $SiO_3 - Si$ 的交换通量与含水率有一定的相关性，含水率越高，$SiO_3 - Si$ 的交换通量越大，但相关性并不显著。

结果说明，在沉积物为黏土粉砂类型的海域，$SiO_3 - Si$ 的交换通量较高，在砂质类型沉积物的海域其交换通量较低。而黏土粉砂型沉积物含较多 SiO_3-Si 的黏土矿物质，说明黏土含量越高，SiO_3-Si 的交换通量越高，所以 SiO_3-Si 在沉积物-水界面的交换通量受溶解-沉淀过程控制。另外，因为平均粒径的计算结果是以 Φ 制表示，数值越大表示粒径越小，而 SiO_3-Si 的交换通量与平均粒径呈显著正相关，那么粒径越小则 SiO_3-Si 的交换通量越大，这也是 SiO_3-Si 在沉积物-水界面的交换通量受溶解-沉淀过程控制的体现，因为粒径越小，颗粒表面积越大，离子更容易发生交换，使 SiO_3-Si 更容易溶解。

从表 6-13 还可知，平均粒径与黏土含量（$r=0.963$，$P<0.01$）、粉砂含量（$r=0.996$，$P<0.01$）呈极显著正相关，与砂含量（$r=-0.999$，$P<0.01$）呈极显著负相关，说明沉积物粒径越小，黏土含量越高。这也很好地解释了对照区 SiO_3-Si 的交换通量普遍高于人工鱼礁区的原因是由于对照区的平均粒径小于人工鱼礁区，使对照区黏土含量高于鱼礁区；另外，粒径分布从近岸到远岸越来越大，RA1 与 RA2 断面的平均粒径小于 RA3 与 RA4，所以 RA1 与 RA2 断面的沉积物黏土含量也高于 RA3 与 RA4，使得 RA1 与 RA2 站点 SiO_3-Si 的交换通量大于 RA3 与 RA4。通过以上分析，证明 SiO_3-Si 在沉积物-水界面的交换受溶解-沉淀过程控制。

表 6-13　SiO_3-Si 的交换通量与各参数的相关系数矩阵

项　目	SiO_3-Si 交换通量	黏土含量	粉砂含量	砂含量	平均粒径	含水率
SiO_3-Si 交换通量	1					
黏土含量	0.415*	1				
粉砂含量	0.431*	0.939**	1			
砂含量	-0.432*	-0.964**	-0.997**	1		
平均粒径	0.430*	0.963**	0.996**	-0.999**	1	
含水率	0.285	0.376	0.280	-0.306	0.285	1

注：**表示极显著相关（$P<0.01$），*表示显著相关（$P<0.05$），下同。

2. 沉积物-水界面 SiO_3-Si 的交换通量与水体环境参数的关系

由表 6-14 可知，海州湾沉积物-水界面 SiO_3-Si 的交换通量与温度（$r=0.710$，$P<0.01$）呈极显著正相关；与 DO 含量（$r=-0.420$，$P<0.05$）呈显著负相关；与 pH 的相关性较差；与盐度有一定的负相关性，说明盐度对 SiO_3-Si 的交换通量有一定的影响，盐度值越大，SiO_3-Si 的交换通量越小，这是由于水体中离子的增多与 SiO_3-Si 形成竞争，减少了 SiO_3-Si 的交换反应，使得 SiO_3-Si 在界面的交换通量减小。

由此可知，在环境因素中，温度对 SiO_3-Si 的交换通量影响最大，温度越高，SiO_3-Si 的交换通量随之增大。沉积物-水界面的扩散和溶解过程的主要控制因素是温度，说明 SiO_3-Si 的交换通量受扩散和溶解过程控制。另外，SiO_3-Si 的交换通量与 DO 含量也有显著的相关性，DO 含量对 SiO_3-Si 的交换通量的影响表现为 DO 含量越高，SiO_3-Si 的交换通量越小，其原因是高 DO 含量的环境会增加氧化物对 SiO_3-Si 的吸附，降低沉积物-水界面 SiO_3-Si 的含量，减少 SiO_3-Si 的交换，进而使 SiO_3-Si 的交换通量变小，同时也说明 SiO_3-Si 在沉积物-水界面的交换受吸附过程控制。

表 6-14　SiO_3-Si 的交换通量与各参数的相关系数矩阵

项目	SiO_3-Si 交换通量	温度	DO 含量	pH	盐度
SiO_3-Si 交换通量	1				
温度	0.710**	1			
DO 含量	−0.420*	−0.571**	1		
pH	−0.075	−0.605**	0.559**	1	
盐度	−0.361	−0.136	0.026	−0.049	1

分析数据表明，SiO_3-Si 的交换通量与 pH 的相关性较差，但是 pH 与温度（$r=-0.605$，$P<0.01$）呈极显著负相关，与 DO 含量（$r=0.559$，$P<0.01$）呈极显著正相关，说明 pH 可以通过温度与 DO 含量间接影响 SiO_3-Si 的交换通量。从相关系数可知，pH 越低时，温度越高，DO 含量越低，会使 SiO_3-Si 的交换通量增大，这与 pH 和 SiO_3-Si 的交换通量的相关系数为负值相符合。但这一结果却与以往的研究结论相悖，在控制 pH 为单因子变化时，高 pH 会加快 SiO_3-Si 的交换通量，所以在本研究中 pH 由于温度与 DO 含量的控制，使其对 SiO_3-Si 的交换通量的影响不大。而温度与 DO 含量（$r=-0.571$，$P<0.01$）呈极显著负相关，说明温度也控制着 DO 含量，这也证明了温度对 SiO_3-Si 的交换通量的影响是最强的。

综合以上分析，可知 SiO_3-Si 的交换通量总体上在夏季最大、秋季次之、春季相对最小的原因是夏季温度高于秋季，而春季温度最低。此外，通过对比夏季和秋季 SiO_3-Si 的交换通量，发现这两个季度 SiO_3-Si 的交换通量在对照区的差值比在人工鱼礁区大，说明除温度外，还有其他因素影响 SiO_3-Si 的交换通量。试验发现对照区站点沉积物中有底栖生物存在，同时由海州湾海洋牧场底栖生物调查报告显示，对照区底栖生物的生物量和生物密度皆高于人工鱼礁区，说明对照区的生物扰动高于人工鱼礁区，这就是对照区 SiO_3-Si 的交换比人工鱼礁区更剧烈，交换通量更大的原因之一。

3. 沉积物-水界面 SiO_3-Si 的交换通量与 SiO_3-Si 的上覆水含量、叶绿素和 TOC 的关系

由表 6-15 可知，SiO_3-Si 的交换通量与叶绿素含量（$r=-0.661$，$P<0.01$）呈极显著负相关；与 SiO_3-Si 上覆水含量有一定的相关性，且 SiO_3-Si 的上覆水含量越低，SiO_3-Si 的交换通量越大；与 TOC 含量也有一定的相关性，SiO_3-Si 的交换通量随 TOC 含量的增加而增大。

叶绿素代表了水体初级生产力，即浮游植物的生产量，而据海州湾浮游植物组成分析可知，硅藻门占优势。硅是硅藻的必需元素，所以硅影响整个浮游植物群落结构，也影响水体赤潮的发生。SiO_3-Si 在沉积物-水界面的交换，对水体中 SiO_3-Si 的含量有重要影响，从而与叶绿素含量关系密切，硅藻吸收 SiO_3-Si，使水体中 SiO_3-Si 的含量发生变化，进而影响 SiO_3-Si 的交换通量。分析数据表明，SiO_3-Si 的交换通量与叶绿素含量有极显著的相关性，表现为 SiO_3-Si 的交换通量随叶绿素含量的增大而减小。而从理论上分析，叶绿素含量增大，说明水体中有丰富的 SiO_3-Si，那么从沉积物扩散的 SiO_3-Si 就应更多，SiO_3-Si 的交换通量则应更大，这与试验结果不符。实际上，除考虑沉积物-水界面交换的 SiO_3-Si 外，还要考虑陆源输入的 SiO_3-Si，才能解释理论与试验结果相反的原因。

表 6-15 SiO_3-Si 的交换通量与各参数的相关系数矩阵

项目	SiO_3-Si 交换通量	SiO_3-Si 上覆水含量	叶绿素含量	TOC 含量
SiO_3-Si 交换通量	1			
SiO_3-Si 上覆水含量	−0.243	1		
叶绿素含量	−0.661**	−0.148	1	
TOC 含量	0.352	−0.007	−0.367	1

由图 6-13 可知，5 月叶绿素含量远远高于 8 月和 10 月，而 SiO_3-Si 的交换通量在 5 月是由水体向沉积物迁移，8 月和 10 月由沉积物向水体释放。这说明 5 月 SiO_3-Si 有大量的陆源输入，使得水体中 SiO_3-Si 的含量较高，除硅藻生长所必需的量外，上覆水中剩余 SiO_3-Si 的含量还是高于间隙水中 SiO_3-Si 的含量，使得 SiO_3-Si 在沉积物-水界面的交换是由水体向沉积物迁移；8 月和 10 月陆源输入的 SiO_3-Si 较少，即水体中 SiO_3-Si 的含量较小，所以沉积物释放 SiO_3-Si。从图 6-13 可看出，8 月叶绿素含量高于 10 月，同时 SiO_3-Si 的交换通量变化也是同样的趋势，说明 SiO_3-Si 的交换通量随叶绿素含量的增加而增大，沉积物-水界面交换为叶绿素的生产提供了更多的 SiO_3-Si。

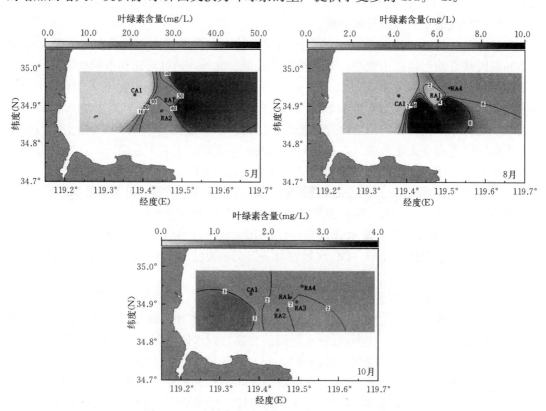

图 6-13 叶绿素含量 5 月、8 月和 10 月等值线图

另外，从图 6-13 中 5 月的等值线看出，对照区叶绿素含量低于人工鱼礁区，表明在对照区硅藻吸收 SiO_3-Si 的量小于人工鱼礁区，导致上覆水中 SiO_3-Si 的含量在对照区

大于人工鱼礁区，图 6-14 中 5 月的等值线也表现出同一结果。这是因为对照区上覆水中 SiO_3-Si 的含量更大，造成上覆水与沉积物间隙水的 SiO_3-Si 的含量梯度更大，导致 SiO_3-Si 的交换通量也更大。

在 8 月，对照区叶绿素含量低于人工鱼礁区，说明沉积物向水体释放的 SiO_3-Si 的量在对照区低于人工鱼礁区，但这与实际情况不符，表明还有其他影响因素。在人工鱼礁区，RA2 站点叶绿素含量高于其他站点，同时 SiO_3-Si 的交换通量也比其他站点大，体现出叶绿素对 SiO_3-Si 的交换的影响。此外，图 6-14 中 8 月 CA2 站点 SiO_3-Si 上覆水含量明显低于其他站点，而 SiO_3-Si 的交换通量在该站点最大，说明 SiO_3-Si 的上覆水含量小更利于 SiO_3-Si 从沉积物释放。

在 10 月，对照区叶绿素含量高于人工鱼礁区，表明沉积物向水体释放的 SiO_3-Si 的量在对照区高于人工鱼礁区，这与对照区 SiO_3-Si 的交换通量高于人工鱼礁区相吻合。另外，图 6-14 中 10 月 RA2 站点 SiO_3-Si 的上覆水含量明显高于其他站点，而 SiO_3-Si 的交换通量在该站点最小，说明 SiO_3-Si 的上覆水含量高不利于 SiO_3-Si 从沉积物释放。

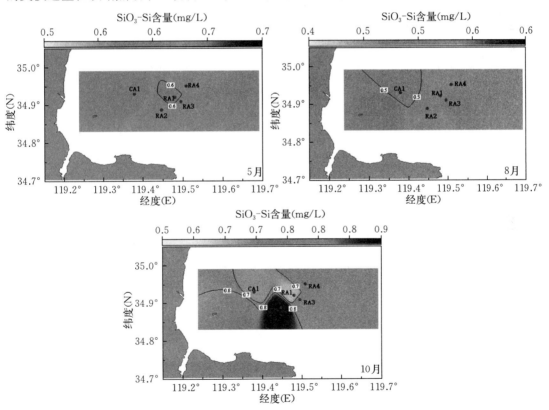

图 6-14　上覆水 SiO_3-Si 含量 5 月、8 月和 10 月等值线图

从 TOC 含量分布看，对照区高于人工鱼礁区，说明在对照区沉积物有机质含量更高，所以在对照区沉积物可分解出更多的 SiO_3-Si 到间隙水中，增大了间隙水中 SiO_3-Si 的含量，使间隙水中 SiO_3-Si 的含量与上覆水中 SiO_3-Si 的含量梯度增大，导致 SiO_3-Si 在对照区更易向上覆水扩散，SiO_3-Si 的交换通量增大，这也是对照区 SiO_3-Si 的交换

通量高于人工鱼礁区的原因之一。所以总的来看，扩散过程对 SiO_3 - Si 的交换有重要的控制作用。

综上所述，SiO_3 - Si 在沉积物-水界面的交换主要受溶解-沉淀和扩散过程控制；温度是控制 SiO_3 - Si 在沉积物-水界面交换的主要因子。

（四）沉积物-水界面 SiO_3 - Si 的交换通量与其他近岸海区比较

通过计算春、夏、秋三个季节海州湾 SiO_3 - Si 在沉积物-水界面的平均交换通量，结果与国内外近岸海区及部分典型海湾之间进行比较（表 6 - 16），结果表明，海州湾 SiO_3 - Si 在沉积物-水界面的交换通量在这些区域中处于中等水平。造成研究结果差异的原因是研究海域环境的差异和研究方法的不同。

表 6 - 16　海州湾沉积物-水界面 SiO_3 - Si 交换通量与其他近岸海区比较

海区	SiO_3 - Si 交换通量 [mmol/(m^2 · d)]
渤海	0.509
大亚湾	1.88~6.02
东海	0.13~13.2
英国 Narragansett 湾	1~12
胶州湾	0.8~5.1
Chesapeake 湾	7.8
旧金山湾	4.5
海州湾	3.39

（五）沉积物-水界面 SiO_3 - Si 的交换通量对水体初级生产力的贡献

海州湾海洋牧场面积大约有 134.5 km^2，根据试验计算所得 SiO_3 - Si 在海州湾各站点沉积物-水界面的交换通量，可以估算出整个海州湾海洋牧场区沉积物-水界面 SiO_3 - Si 的交换通量，分别是春季 -4.40×10^8 mmol/(m^2 · d)、夏季 1.15×10^9 mmol/(m^2 · d)和秋季 6.62×10^8 mmol/(m^2 · d)，平均为 4.56×10^8 mmol/(m^2 · d)。

海州湾海洋牧场平均水体初级生产力为 410.65 mg C/(m^2 · d)，根据 Redfield 比值（C∶N ＝106∶16），即海洋浮游植物从海水摄取 SiO_3 - Si 的比例，估算出海洋浮游植物从水体中摄取以维持初级生产力的 SiO_3 - Si 的量为 6.95×10^8 mmol/(m^2 · d)。由此可知，春季沉积物是 SiO_3 - Si 的"汇"，不提供 SiO_3 - Si；夏季沉积物可为海州湾水体初级生产力提供 165％的 SiO_3 - Si 供给；秋季沉积物-水界面 SiO_3 - Si 的交换可提供 95％的 SiO_3 - Si 供给。这说明夏季和秋季沉积物-水界面 SiO_3 - Si 的交换是水体初级生产力所需 SiO_3 - Si 的主要来源。将三个季节 SiO_3 - Si 的交换通量平均计算，则 SiO_3 - Si 在海州湾沉积物-水界面的交换通量的 66％为水体初级生产力提供。总体来看，沉积物-水界面 SiO_3 - Si 的交换作用对海州湾水体初级生产力的营养盐补充和供给具有重要作用。

五、基于正交试验的沉积物-水界面营养盐交换通量研究

多数学者仅就单个因素对营养盐交换的影响规律进行了研究，如董慧（2012）和 Zhen（2015）通过单因素的控制试验发现，$NH_4^+ - N$、$NO_3^- - N$ 和 $PO_4^{3-} - P$ 在贫氧环境下的交换通量要高于富氧条件下，随着温度的升高，$NH_4^+ - N$、$NO_3^- - N$ 和 $PO_4^{3-} - P$ 的交换通量增大。虽然单因素的控制试验能较为直观地得出该因素对交换通量的影响，但影响沉积物-水界面营养盐交换的因素之间并不是相互独立的，它们会共同作用于交换过程。故本试验采用统计学中的正交试验法设计实验室培养试验，从多因素（沉积物粒径、温度、DO、pH）角度，开展沉积物-水界面营养盐交换特性研究，从而为海州湾海域建立营养盐交换模型提供基本参数，也为该海域水环境修复提供理论依据。

（一）研究站点选择与样品采集

2015 年 5 月，由近及远在海州湾人工鱼礁区选取 6 个站点（RA1、RA2、RA3、RA4、RA5、RA6），在对照区选择 2 个站点（CA1、CA2）进行现场采样调查（图 6-15），在每个站点使用抓斗式采泥器采集 4 组表层沉积物。又于 2016 年 5 月从 8 个站点中选取 3 个站点（CA1、RA1、RA4）进行现场沉积物采样，选取站点按就近原则，以减小其他差异因素对试验结果的干扰。在每个站点使用柱状采泥器（内置可替换的 PVC 管）采集 27 个表层无扰动沉积物平行样（3 个站点共计 81 个样品），每根 PVC 管直径为 5 cm，长度为35 cm，且在采样时保证每根 PVC 管内的沉积物长度大于 20 cm，如若未达到 20 cm 则重新采样；然后把 PVC 管的两端用橡胶塞密封，放入加冰的便携式冷藏柜中带回实验室；同时采集 3 桶（75 L）沉积物上方的底层海水，放入冷藏柜中带回实验室。

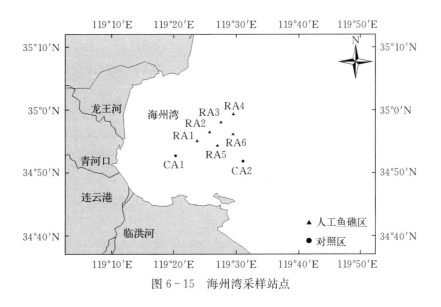

图 6-15　海州湾采样站点

（二）正交试验设计

根据 2015 年 5 月调查采样得到的结果，CA1、RA1、RA2 站点的沉积物类型分别为粉砂质黏土（TY）、黏土质粉砂（YT）、粉砂质砂（TS），平均粒径依次增大，水深分别为 12.6、14.1、14.5 m。海州湾海域全年表层水温变化在 31.00～5.70 ℃，平均温度为 17.58 ℃；底层水温在 30.00～5.62 ℃，平均温度为 17.58 ℃。表层溶解氧含量为 3.59～11.03 mg/L，平均含量为 7.33 mg/L；底层溶解氧含量为 3.29～8.67 mg/L，平均含量为 7.03 mg/L。表层 pH 为 7.45～8.96，平均值为 8.02；底层 pH 为 7.81～8.34，平均值为 8.09（"908 专项"调查数据）。从近年海州湾的相关研究来看，海州湾区域全年平均表层水温为 16.76 ℃，平均温度变化范围为 5.51～28.52 ℃；海州湾平均溶解氧含量为 6.67 mg/L，变化范围为 3.77～11.8 mg/L。受多条入海河流影响，海水的 pH 会上下波动，平均值为 8.11，pH 除受到径流、降雨、大气交换等因素的影响外，还会受到生物生长的影响，6 月和 10 月是海州湾赤潮的多发期，部分海域的 pH 会达到 8.87。结合"908 专项"调查数据与相关研究数据，采用正交试验设计研究沉积物类型（A）、温度（B）、DO（C）和 pH（D）对沉积物-水界面营养盐交换通量的影响，每个因素（A、B、C、D）设定 3 个水平，在试验中不仅考虑单个因素的影响，而且考虑因素之间的相互作用。选取 $L_{27}(3^{13})$ 正交设计表，具体试验设计见表 6-17，每组试验设置 3 个平行。

表 6-17　正交试验设计方案

编号	沉积物类型（A）	温度（B）	DO（C）	pH（D）
1			贫氧	7
2		10 ℃	自然状态	8
3			富氧	9
4			贫氧	8
5	黏土质粉砂（YT）	20 ℃	自然状态	9
6			富氧	7
7			贫氧	9
8		30 ℃	自然状态	7
9			富氧	8
10			贫氧	8
11		10 ℃	自然状态	9
12			富氧	7
13			贫氧	9
14	粉砂质砂（TS）	20 ℃	自然状态	7
15			富氧	8
16			贫氧	7
17		30 ℃	自然状态	8
18			富氧	9

（续）

编号	沉积物类型（A）	温度（B）	DO（C）	pH（D）
19			贫氧	9
20		10 ℃	自然状态	7
21			富氧	8
22	粉砂质黏土（TY）		贫氧	7
23		20 ℃	自然状态	8
24			富氧	9
25			贫氧	8
26		30 ℃	自然状态	9
27			富氧	7

注：表中"贫氧"表示向海水中充氮气，DO含量为（3±0.5）mg/L；"自然状态"表示无人工干预，DO含量为（6.5±0.5）mg/L；"富氧"表示向海水中充空气，DO含量为（10±0.5）mg/L。

（三）柱状管沉积物-水界面交换通量培养试验方法

将采集的PVC管中的沉积物样品解冻，并将其中的沉积物样品小心地推入直径为5 cm、高度为50 cm的有机玻璃培养管中，培养管中沉积物的高度约为18 cm。将采集的上覆水倒入2 L的烧杯中（上覆水的体积约为600 mL），用50%的HCl和20%的NaOH调整至所需的pH，并充分搅匀，在沉积物上方加入约25 cm的调整过pH的上覆水，加水过程中注意避免搅动表层的沉积物（图6-16）。按表6-17调整每根培养管中的pH，在需要充氮气和充氧气的培养管中放入连接气泵的起泡石，调节起泡石的高度，避免搅动表层沉积物，并把这些培养管分别放入10、20、30 ℃的避光培养箱；分别在培养0、2、4、8、12、24、36、48 h后采集上覆水50 mL，并加入等体积对应站点的海水；采集的上覆水采用0.45 μm醋酸纤维膜过滤，并加入三氯甲烷冷藏保存，以备分析。

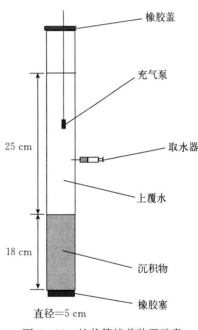

图6-16　柱状管培养装置示意

（四）各因素对沉积物-水界面营养盐交换通量的影响

营养盐的交换通量方差分析结果如表6-18所示，在影响营养盐交换通量的各因素之间存在着交互作用的影响，且这些因素对各营养盐交换通量的影响程度有所不同，影响程度的显著性差异较大。其中DO对NH_4^+-N交换通量有极显著的影响（$P<0.01$），沉积物类型、温度及沉积物类型和DO的交互作用对NH_4^+-N交换通量有显著的影响

（$P<0.05$）。通过比较表 6-18 中显著性值（P 值）的大小可以得出各个因素或交互作用对 NH_4^+-N 交换通量影响的主次关系：DO（C）＞（A×C）＞温度（B）＞沉积物类型（A）＞pH（D）＞（C×D）＞（A×D）＞（B×D）＞（B×C）＞（A×B）。通过比较因素独立作用的显著性及其主效应图（图 6-17），得出 NH_4^+-N 交换通量随沉积物类型的平均粒径增加而增大，随着 DO 的升高而减小，当温度为 20 ℃时，其交换通量最大。DO 是影响 NH_4^+-N 交换通量最显著的因素，在有氧条件下 NH_4^+ 可通过硝化作用氧化为 NO_2^-，并能被继续氧化为 NO_3^-；在缺氧条件下，NO_3^- 通过反硝化作用，NO_2^- 和 NH_4^+ 通过厌氧氨氧化逐步还原生成 N_2，或 NO_3^- 通过异化硝酸盐的还原作用还原为 NH_4^+。当水体中的 DO 含量较大时，沉积物表层（氧渗透层）处于氧化环境，硝化作用更容易发生，沉积物间隙水中的 NH_4^+-N 经过硝化细菌作用转化为 NO_3^-，导致表层沉积物间隙水中的 NH_4^+-N 含量降低。此外，沉积物中 NO_3^- 在缺氧环境下会发生异化硝酸盐还原作用，提高沉积物中 NH_4^+-N 的含量。试验中，当水体中的 DO 含量降低时，沉积物表层的氧渗透层发生异化硝酸盐还原作用，改变了原有的含量梯度，含量梯度的改变直接影响物质的交换强度，从而增大了 NH_4^+-N 的交换通量；温度对 NH_4^+-N 交换通量存在显著的影响，温度在 5～30 ℃时，每上升 10 ℃，细菌的增长速率增加 1 倍。温度对参与硝化和反硝化作用的微生物活性有显著的影响，并认为微生物参与硝化作用的适宜温度为 20～30 ℃，参与反硝化作用的适宜温度为 25 ℃左右。试验发现，在 20 ℃时 NH_4^+-N 平均交换通量达到最大值。这可能是由于 20 ℃时微生物的活性较强，沉积物间隙水中大量 NH_4^+-N 发生硝化作用，导致水体中的 NH_4^+-N 含量大于沉积物间隙水中的含量，从而发生交换作用。但是随着温度的升高，硝化作用减弱，从而减小了 NH_4^+-N 的交换通量；沉积物组成粒径较大的黏土质粉砂（YT）和粉砂质砂（TS）的 NH_4^+-N 平均交换通量比粒径较小的粉砂质黏土（TY）的 NH_4^+-N 交换通量大。沉积物的粒度大小不仅可以改变沉积物中氧气的分布，而且沉积物的粒径越大，微生物更容易接触到颗粒的表面，因而能培养更多的微生物，使得更多的微生物参与硝化作用，从而加快了 NH_4^+-N 的硝化过程。

如表 6-18 所示，沉积物类型及沉积物类型和 DO 的交互作用对 $NO_3^-+NO_2^--N$ 交换通量有极显著的影响（$P<0.01$），温度、DO、沉积物类型和温度的交互作用及沉积物类型和 pH 的交互作用对 $NO_3^-+NO_2^--N$ 的交换通量有显著的影响（$P<0.05$）。通过比较表 6-18 中显著性值的大小可以得出各个因素或交互作用对 $NO_3^-+NO_2^--N$ 交换通量影响的主次关系：沉积物类型（A）＞（A×C）＞DO（C）＞温度（B）＞（A×B）＞（A×D）＞pH（D）＞（B×D）＞（B×C）＞（C×D）。通过比较因素独立作用的显著性及其主效应图（图 6-17），得出当沉积物类型为黏土质粉砂（YT）时，$NO_3^-+NO_2^--N$ 交换通量最大，$NO_3^-+NO_2^--N$ 的交换通量随着 DO 的升高而减小，当温度为 10 ℃时，其交换通量最大。沉积物类型是影响 $NO_3^-+NO_2^--N$ 交换通量最显著的因素，沉积物组成粒径较大的黏土质粉砂（YT）和粉砂质砂（TS）的 $NO_3^-+NO_2^--N$ 平均交换通量比粒径较小的粉砂质黏土（TY）的 $NO_3^-+NO_2^--N$ 交换通量大。与 NH_4^+-N 不同的是，黏土质粉砂（YT）的 $NO_3^-+NO_2^--N$ 交换通量比粉砂质砂（TS）和粉砂质黏土（TY）高。当沉积物类型为黏土质粉砂（YT）和粉砂质砂（TS）时，NH_4^+-N 表现出较高的交换通量，大

量 $NH_4^+ - N$ 在细菌的作用下发生硝化作用转化成为 $NO_3^- - N$ 和 $NO_2^- - N$。当沉积物表层（氧渗透层）的 $NO_3^- - N$ 含量大于沉积物间隙水中 $NO_3^- - N$ 的含量时，$NO_3^- - N$ 会向沉积物间隙水扩散，在扩散过程中一部分 $NO_3^- - N$ 会发生反硝化作用，导致其交换通量的减小；DO 对 $NO_3^- + NO_2^- - N$ 的交换通量也有显著的影响，DO 的含量直接关系到水体的氧化还原环境，当水体为氧化环境时，氧渗透层的 $NH_4^+ - N$ 更容易发生硝化作用，$NO_3^- + NO_2^- - N$ 的交换通量应该比还原条件下更大。但在本试验中，$NO_3^- + NO_2^- - N$ 的交换通量随溶解氧的升高而降低，原因可能是在还原条件下，沉积物对 $NO_3^- - N$ 有较强的吸附性，从而抑制 $NO_3^- + NO_2^- - N$ 的交换，导致其交换通量减小；当温度超过 25 ℃时，硝化作用速率降低，从而导致 $NO_3^- + NO_2^- - N$ 的交换通量增大。

如表 6-18 所示，DO 对 $PO_4^{3-} - P$ 交换通量有极显著的影响（$P < 0.01$），沉积物类型、温度以及温度和 DO 的交互作用对 $PO_4^{3-} - P$ 交换通量有显著的影响（$P < 0.05$）。通过比较表 6-18 中显著性值的大小可以得出各个因素或交互作用对 $PO_4^{3-} - P$ 交换通量影响的主次关系：DO（C）>沉积物类型（A）>（B×C）>温度（B）>（A×B）>（B×D）>（A×D）>（C×D）>（A×C）>pH（D）。通过比较因素独立作用的显著性及其主效应图（图 6-17），得出 $PO_4^{3-} - P$ 交换通量随着沉积物类型的平均粒径增加而增大，随着 DO 的升高而减小，随着温度的升高而增大。DO 是影响 $PO_4^{3-} - P$ 交换通量最显著的因素，虽然 P 不会直接参与氧化还原过程，但 Fe（Ⅲ）会与 $PO_4^{3-} - P$ 形成难溶的铁结合态 P，当沉积物表层（氧渗透层）含氧量较高时，Fe（Ⅲ）会限制 $PO_4^{3-} - P$ 向水体的迁移；而当沉积物表层（氧渗透层）含氧量较低时，Fe（Ⅲ）被还原成 Fe（Ⅱ），$PO_4^{3-} - P$ 从铁结合态 P 中释放出来，从而导致 $PO_4^{3-} - P$ 的交换通量随 DO 的降低而增大。沉积物的组成对 $PO_4^{3-} - P$ 的交换通量也会产生显著的影响，水体中水生动物的排泄、浮游动植物的尸体以及外源磷沉降都会导致沉积物中有机磷含量的增大。微生物能分解有机质，促进沉积物中营养盐向水层的释放，较大的粒径可以培养更多的微生物对有机质进行分解；沉积物-水界面的吸附反应通常是一个放热过程，当温度升高时，磷酸盐会发生解吸作用，温度的升高还会提高微生物的活性，从而使 $PO_4^{3-} - P$ 的交换通量增大。

沉积物类型和温度的交互作用对 $SiO_3^{2-} - Si$ 交换通量有极显著的影响（$P < 0.01$）；温度、pH 以及沉积物类型和 DO 的交互作用对 $SiO_3^{2-} - Si$ 交换通量有显著的影响（$P < 0.05$）。通过比较表 6-18 中显著性值的大小可以得出各个因素或交互作用对 $SiO_3^{2-} - Si$ 交换通量影响的主次关系：（A×B）>（A×C）>温度（B）>pH（D）>沉积物类型（A）>（A×D）>（B×C）>DO（C）>（C×D）>（B×D）。通过比较因素独立作用的显著性及其主效应图（图 6-17），得出 $SiO_3^{2-} - Si$ 交换通量随着温度的升高而增大，随着 pH 的升高而增大。温度对 $SiO_3^{2-} - Si$ 的交换通量有显著的影响，温度会显著影响生物硅的溶解度和溶解动力学过程。有研究表明，生物硅的溶解度和温度呈线性相关，其关系为 $C_{eq} = 23.8T + 936$，式中，C_{eq} 是生物硅的溶解度，T 是反应温度，温度变化范围为 4.5~28 ℃。生物硅的大量溶解，导致溶解态硅含量上升，从而增大了 $SiO_3^{2-} - Si$ 的交换通量。虽然 pH 在海洋环境中相对稳定，但在河口地区，pH 的变化相对明显。生物硅的溶解动力在自然水体中都随 pH 的增大而升高，而较高的 pH 使硅醇键更容易断裂。研究发现，当 pH 从 6.1

上升至8.1时，二氧化硅的溶解速度上升了2倍，溶解速度的增加是导致硅酸盐交换通量增大的主要因素。

表6-18　正交设计方差分析

因素	自由度(df)	NH_4^+-N交换通量		$NO_3^-+NO_2^--N$交换通量		$PO_4^{3-}-P$交换通量		$SiO_3^{2-}-Si$交换通量	
		F值	P值	F值	P值	F值	P值	F值	P值
沉积物类型（A）	2	3.442	0.047*	7.258	0.003**	3.729	0.037*	2.926	0.071
温度（B）	2	4.008	0.030*	4.219	0.025*	3.572	0.042*	4.250	0.025*
DO（C）	2	8.251	0.002**	5.412	0.011*	7.030	0.003**	1.053	0.363
pH（D）	2	2.833	0.076	2.724	0.084	0.054	0.947	4.079	0.028*
A×B	4	0.758	0.562	3.110	0.032*	0.915	0.469	4.202	0.009**
A×C	4	3.425	0.022*	5.103	0.003**	0.410	0.780	3.891	0.013*
A×D	4	1.468	0.240	2.868	0.042*	0.551	0.670	2.369	0.078
B×C	2	1.066	0.358	0.805	0.457	3.618	0.041*	1.269	0.297
B×D	2	1.158	0.329	1.823	0.181	0.670	0.520	0.261	0.772
C×D	2	1.837	0.179	0.459	0.636	0.282	0.756	0.523	0.599

注：*表示有显著性差异（$P<0.05$），**表示有极显著性差异（$P<0.01$），×表示两个因素的交互作用。

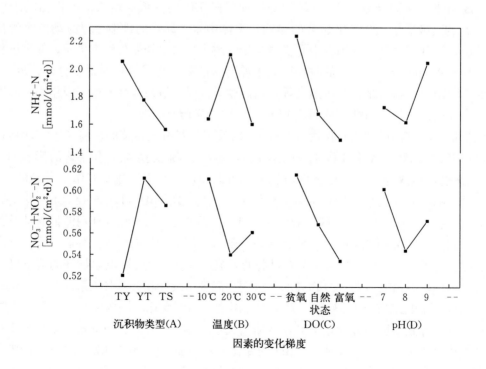

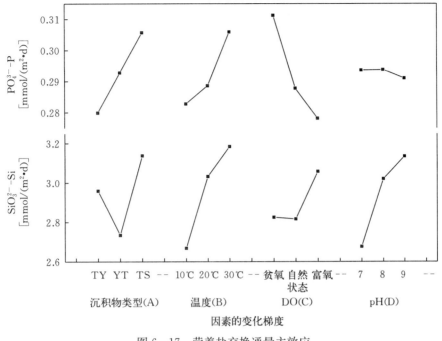

图 6-17　营养盐交换通量主效应

（五）各因素交互作用对沉积物–水界面营养盐交换通量的影响

由表 6-18 和图 6-18 可知，只有（A×C）的交互作用对 NH_4^+ - N 的交换通量产生了显著的影响，沉积物类型和 DO 在各自不同水平上都会有不同的效果。在单因素条件

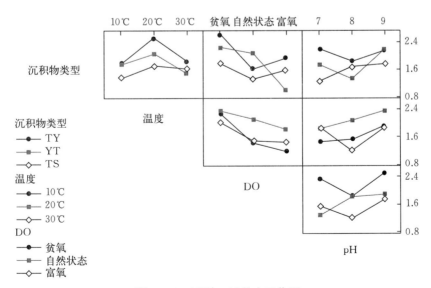

图 6-18　NH_4^+ - N 的交互作用

下，NH_4^+-N 的交换通量随沉积物组成平均粒径的增大而减小，随 DO 的增大而减小。但（A×C）存在对 NH_4^+-N 交换通量的交互作用，在平均粒径较小的沉积物类型和低 DO 水平共同作用下，NH_4^+-N 的交换通量较大，在沉积物为黏土质粉砂（YT）和 DO 为自然状态的共同作用下，NH_4^+-N 的交换通量较小。因此，在研究 NH_4^+-N 的交换通量时，需要对沉积物类型和 DO 的交互作用进行考虑。

由表 6-18 和图 6-19 可知，（A×B）、（A×C）、（A×D）的交互作用都对 NO_3^- + NO_2^--N 的交换通量产生了显著的影响。在单因素条件下，沉积物平均粒径较大时，NO_3^- + NO_2^--N 的交换通量较大；20 ℃时 NO_3^- + NO_2^--N 的交换通量最大；NO_3^- + NO_2^--N 的交换通量随 DO 的升高而降低；pH 对 NO_3^- + NO_2^--N 的交换通量并无显著的影响。但（A×B）、（A×C）、（A×D）存在对 NO_3^- + NO_2^--N 交换通量的交互作用，在平均粒径较大的沉积物类型和低温度水平共同作用下，NO_3^- + NO_2^--N 的交换通量较大；在平均粒径较小的沉积物类型和低 DO 水平共同作用下，NO_3^- + NO_2^--N 的交换通量较大；在沉积物为粉砂质砂（TS）和 pH 为 9 的共同作用下，NO_3^- + NO_2^--N 的交换通量最大。因此，在研究 NO_3^- + NO_2^--N 的交换通量时，需要对沉积物类型、DO、温度和 pH 的交互作用进行考虑。

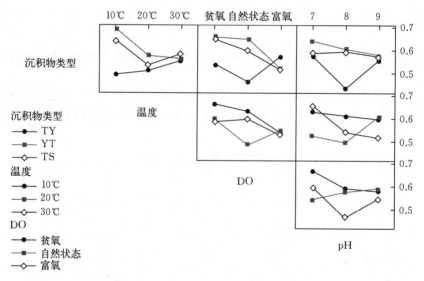

图 6-19　NO_3^- + NO_2^--N 的交互作用

由表 6-18 和图 6-20 可知，只有（B×C）的交互作用对 PO_4^{3-}-P 的交换通量产生了显著的影响。在单因素条件下，PO_4^{3-}-P 的交换通量随温度的上升而增大，随 DO 的增大而减小。但（B×C）存在对 PO_4^{3-}-P 交换通量的交互作用，在低温和低 DO 水平的共同作用下，PO_4^{3-}-P 的交换通量较小。因此，在研究 PO_4^{3-}-P 的交换通量时，需要对温度和 DO 的交互作用进行考虑。

由表 6-18 和图 6-21 可知，（A×B）和（A×C）的交互作用对 SiO_3^{2-}-Si 的交换通量产生了显著的影响。在单因素条件下，沉积物类型和 DO 并未对 SiO_3^{2-}-Si 的交换通

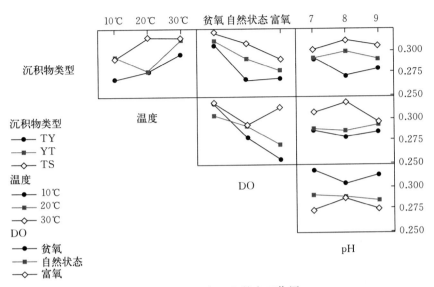

图 6-20　$PO_4^{3-}-P$ 的交互作用

量产生显著的影响，而 $SiO_3^{2-}-Si$ 的交换通量随温度的升高而增大。但（A×B）和（A×C）存在对 $SiO_3^{2-}-Si$ 交换通量的交互作用，在黏土质粉砂（YT）的沉积物类型和高温的共同作用下，$SiO_3^{2-}-Si$ 的交换通量最大；在黏土质粉砂（YT）的沉积物类型和低 DO 水平的共同作用下，$SiO_3^{2-}-Si$ 的交换通量最小。因此，在研究 $SiO_3^{2-}-Si$ 的交换通量时，需要对沉积物类型和温度的交互作用以及沉积物类型和 DO 的交互作用进行考虑。

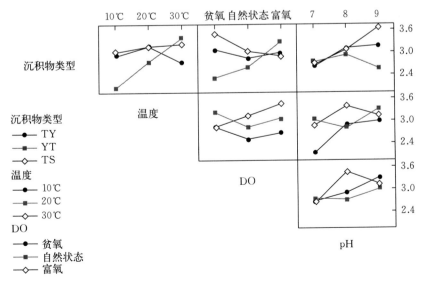

图 6-21　$SiO_3^{2-}-Si$ 的交互作用

（六）与已有研究结果的比较分析

根据往年海州湾实地采样结果，以及2014—2015年实验室培养得到的海州湾营养盐交换通量的数据［其中2014年部分交换通量数据引自高春梅等（2016）的研究］，结合海州湾理化参数进行分析，结果如表6-19所示。各项营养盐沉积物-水界面的交换通量随沉积物类型、温度、DO等的变化趋势与本试验的研究结果大致相同。DO含量较小的夏季，$NH_4^+ - N$的交换通量比春季和秋季大。秋季的水温条件更适合$NH_4^+ - N$的交换，但仍比夏季的交换通量小，其原因可能是夏季雨量充沛，处于泄洪时期，河流携带大量营养盐进入水体。粒径较小的黏土质粉砂的$NH_4^+ - N$平均交换通量也比粒径较大的粉砂质砂大；沉积物为黏土质粉砂时，$NO_3^- + NO_2^- - N$的交换通量最大。DO含量较小的夏季，$NO_3^- + NO_2^- - N$的交换通量比春季和秋季大；DO含量较小的夏季，$PO_4^{3-} - P$的交换通量比春季和秋季大，且随着沉积物粒径的增加而增大。秋季的温度更适合$PO_4^{3-} - P$的交换，但仍比春季的交换通量小，其原因可能是秋季浮游植物丰度较大，并认为硅藻沉积与沉积物中P的埋藏有密切联系，导致$PO_4^{3-} - P$的交换通量减小；$SiO_3^{2-} - Si$的交换通量随夏季温度升高而增大。

六、生物扰动作用对沉积物-水界面营养盐交换通量的影响

底栖生物可以通过各种活动（如摄食、排泄、挖穴、爬行等）改变沉积物的物理、化学特性及沉积物-水界面的生物地球化学循环过程。大型底栖动物的扰动作用和生物灌溉作用可以破坏沉积物垂直结构、改变沉积物理和化学环境，从而影响沉积物-水界面营养盐交换。例如，海白樱蛤（*Macoma balthica*）的生物扰动作用使沉积物的再悬浮率提高了4倍；紫贻贝（*Mytilus edulis*）使有机颗粒的生物沉降率最大值达到天然沉降率的40倍；底栖生物的再悬浮作用可以使水体中的可溶性硅、磷酸盐及硝酸盐含量分别增加125%、67%和66%；青蛤（*Cyclina sinensis*）的活动可以显著的提高沉积物的耗氧率和营养盐的交换通量，这些影响可能会显著提高水体初级生产力。另外，贻贝的养殖会导致有机沉积物的增加，由于生物性沉积的增加，导致微型底栖植物丰度降低。而微型底栖植物会降低沉积物-水界面营养盐的交换速率和交换通量。所以，在贻贝养殖区，由于微型底栖植物丰度的降低，底质中氨氮的释放率提高了14倍。

滤食性贝类是近岸浅海常见的底栖生物，对近岸浅海的生物地球化学循环有着重要的影响。滤食性贝类通过滤食水体中的颗粒物并重新将其排出，从而改变水体中营养物质的含量。贻贝的养殖可以降低水中20%的氮含量，并且贻贝的养殖能减少营养物质对该区域水体负荷，相比污水处理更为有效。

毛蚶（*Scapharca subcrenata*）隶属于软体动物门、双壳纲，是海州湾重要的底栖养殖种类。目前，毛蚶生物作用的研究大多数都是基于毛蚶养殖或与其他生物混合养殖的研究，关于毛蚶生物扰动对沉积物营养物质交换的研究较少。因此，本试验通过实验室培养法开展底播毛蚶养殖的生物扰动作用和养殖密度对沉积物-水界面营养物质交换影响的研究，

表 6-19　海州湾 2014—2015 年营养盐交换通量及理化参数

年份	季节	温度 (℃)	DO (mg/L)	pH	沉积物类型	$NH_4^+ - N$ 交换通量 [mmol/(m²·d)]	$NO_3^- + NO_2^- - Nm$ 交换通量 [mmol/(m²·d)]	$PO_4^{3-} - P$ 交换通量 [mmol/(m²·d)]	$SiO_3^{2-} - Si$ 交换通量 [mmol/(m²·d)]
2014 年	春季	13.6~16.6	7.12±0.38	8.12±0.09	黏土质粉砂	1.05±0.19	2.32±5.41	−0.39±0.18	−3.15±1.41
					粉砂质砂	0.23±1.42	−3.4±1.34	−0.52±0.12	−3.77±1.23
	夏季	26.3~28.3	5.67±0.41	7.81±0.11	黏土质粉砂	−2.86±0.76	3.34±1.04	0.41±0.12	6.32±2.74
					粉砂质砂	0.99±1.40	5.43±9.62	0.81±0.30	12.94±0.24
	秋季	19.3~22.5	6.34±0.53	7.95±0.08	黏土质粉砂	2.08±1.07	2.67±3.17	0.25±25	4.22±1.53
					粉砂质砂	0.17±0.23	4.44±1.68	0.45±0.02	6.34±1.03
					粉砂质黏土	1.56±0.48	1.77±0.34	0.35±0.19	3.42±1.31
2015 年	春季	13.8~16.5	7.15±0.18	7.98±0.07	黏土质粉砂	1.38±0.39	3.22±2.13	−0.43±0.11	−4.57±1.22
					粉砂质砂	0.52±0.72	−2.98±1.01	−0.61±0.17	−5.77±2.12
					粉砂质黏土	2.98±0.88	1.48±0.69	0.31±0.08	8.38±1.67
	夏季	25.9~28.4	6.03±0.37	7.84±0.15	黏土质粉砂	−2.59±1.16	2.69±0.98	0.37±0.23	7.67±1.56
					粉砂质砂	1.07±0.51	1.45±1.02	0.76±0.28	11.23±1.03

注：表中数值为正值，表示营养盐由沉积物向上覆水迁移；负值表示营养盐由上覆水向沉积物迁移。

从而揭示营养盐垂直分布和沉积物-水界面营养盐交换通量影响规律，为海州湾水体修复和建立生态模型提供依据，对理解海州湾营养物质的循环具有重要的意义。

（一）生物扰动培养试验方法

培养试验装置为直径50 cm、高40 cm的PVC圆柱（不透光），在培养柱中加入15 cm深的沉积物，在沉积物上方缓慢加入20 cm的底层海水（图6-22）。试验分为4组，分别为A0组、A5组、A10组和A20组，如表6-20所示。A0组为对照组，其中只有沉积物和底层海水；A5组为低密度生物扰动组，其中有沉积物、底层海水和5只毛蚶（25 ind/m²）；A10组为生物扰动组，生物密度与现场保持一致，其中有沉积物、底层海水和10只毛蚶（50 ind/m²）；A20组为高密度生物扰动组，其中有沉积物、底层海水和20只毛蚶（100 ind/m²）。每组设置3个平行样，培养时间为15 d，培养期间不投食，每天检测上覆水的温度、溶解氧及pH，培养期间的水质状况见表6-21。每隔24 h对上覆水进行更换，其间避免引起沉积物的再悬浮，并在更换前后分别采样50 mL，用0.45 μm醋酸纤维膜过滤，同时加入三氯甲烷冷藏保存，用于营养盐的测定。在15 d的培养期结束之后，使用间隙水采样器（rhizon soil moisture sampler）以1 cm为间隔采集沉积物中的间隙水。

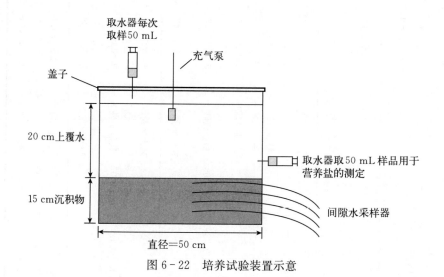

图6-22　培养试验装置示意

表6-20　培养试验分组

分组	海水	沉积物	毛蚶数量（只）
A0	○	○	0
A5	○	○	5
A10	○	○	10
A20	○	○	20

表 6 - 21　培养期间水质情况（温度、溶解氧、pH）

分组	温度（℃）	DO（mg/L）	pH
A0	18.10±0.23	8.98±0.41	8.05±0.03
A5	18.08±0.20	8.71±0.57	8.01±0.08
A10	18.11±0.18	8.72±0.69	7.98±0.06
A20	18.06±0.29	8.57±0.65	7.96±0.07

（二）样品采集及研究站点

2016 年 10 月，研究人员在海州湾毛蚶养殖区（34°49′58″N，119°17′30″E）使用 0.1 m² 改良型 Gray - Ohara 箱式采泥器采集沉积物样品；同时在采样站点采集沉积物上方的底层海水，采集的海水需用 0.45 μm 孔径的醋酸纤维膜过滤，将采集的样品和水样冷冻保存并带回实验室。毛蚶直接从养殖海域采集，当天运回实验室开始预培养。沉积物需经过 1 mm 的筛网进行筛选，去除沉积物中的大型底栖生物和沙石等杂质，重新加入海水对沉积物进行预培养。将带回的毛蚶进行挑选，选择壳长为（28.4±0.2）mm 的健康个体，去除其表面的附着物，放在水箱内进行 7 d 的驯化培养，驯化培养期间每天更换海水并用充气泵进行供氧。

（三）测定方法及计算分析方法

水样的测定由 CleverChem 380 全自动间断分析仪（Dechem - Tech）完成，其中各项营养盐的具体测定方法为：PO_4^{3-} 采用钼蓝分光光度法；SiO_3^{2-} 采用硅钼蓝法；NH_4^+ 采用苯酚-次氯酸盐比色法；NO_3^- 采用镉柱还原法；NO_2^- 采用重氮-偶氮法。

营养盐扩散速率根据 Fick 第一定律计算公式计算得出：

$$J = -\Phi D_S \frac{\partial C}{\partial X}$$

式中，J 为沉积物-水界面扩散通量 [mmol/(m² · d)]；Φ 为表层沉积物的孔隙度；D_S 为沉积物中分子的扩散系数；$\frac{\partial C}{\partial X}$ 为沉积物-水界面的含量梯度。

数据的分析由 SPSS 软件（SPSS 20.0.0）完成，其中验证数据是否服从正态分布由 SPSS 中的单样本 K - S 检验完成；营养盐扩散通量和交换通量组间的比较由 SPSS 中的独立样本 T 检验完成。

（四）沉积物-水界面营养盐交换通量

NH_4^+ - N 培养试验中，A0、A5、A10 和 A20 组沉积物-水界面营养盐的平均交换通量分别为 0.91、2.18、3.58、4.99 mmol/(m² · d)（图 6 - 23）。A5、A10 和 A20 组的营养盐的平均交换通量分别是 A0 组的 2.39、3.91、5.47 倍。A5、A10 和 A20 组 NH_4^+ - N 交换通量的变化与 A0 组存在显著差异（$P < 0.05$），且 A10 和 A20 组的交换通量变化较大。

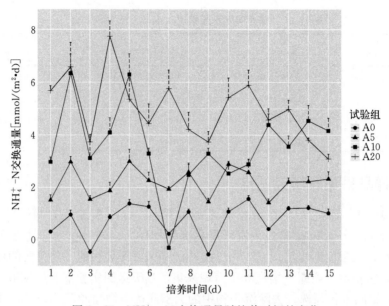

图 6-23 $NH_4^+ - N$ 交换通量随培养时间的变化

$NO_3^- + NO_2^- - N$ 培养试验中，A0、A5、A10 和 A20 组沉积物-水界面营养盐的平均交换通量分别为 0.42、0.97、1.63、2.47 mmol/（$m^2 \cdot d$）（图 6-24）。A5、A10 和 A20 组的营养盐的平均交换通量分别是 A0 组的 2.28、3.85、5.83 倍。A5、A10 和 A20 组 $NO_3^- + NO_2^- - N$ 交换通量的变化与 A0 组存在显著差异（$P < 0.05$），且 A5、A10 和 A20 组的交换通量均表现为向水体释放。

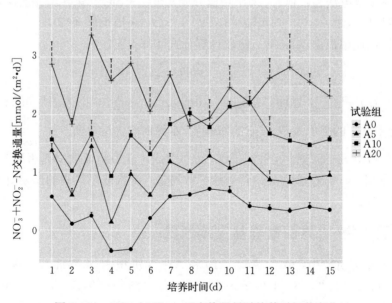

图 6-24 $NO_3^- + NO_2^- - N$ 交换通量随培养时间的变化

$PO_4^{3-} - P$ 培养试验中，A0、A5、A10 和 A20 组沉积物-水界面营养盐的平均交换通量分别为 0.09、0.15、0.27、0.37 mmol/(m² · d)（图 6 - 25）。A5、A10 和 A20 组的营养盐的平均交换通量分别是 A0 组的 1.62、2.86、3.92 倍。在培养试验的前 5 d，A10 和 A20 组 PO_4^{3-} - P 交换通量的变化与 A0 组存在显著差异（$P < 0.05$），且 A10 和 A20 组的交换通量变化较大，都表现为向水体释放。随着培养时间的增加，A5、A10 和 A20 组的平均交换通量逐渐减小并趋于稳定。

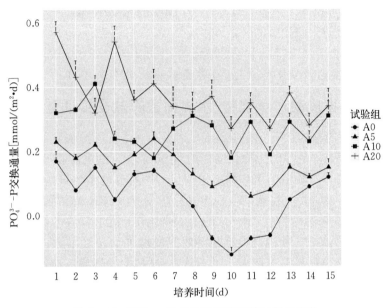

图 6 - 25　PO_4^{3-} - P 交换通量随培养时间的变化

SiO_3^{2-} - Si 培养试验中，A0、A5、A10 和 A20 组沉积物-水界面营养盐的平均交换通量分别为 0.51、0.79、1.09、1.45 mmol/(m² · d)（图 6 - 26）。A5、A10 和 A20 组的营

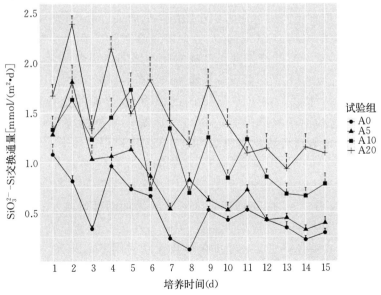

图 6 - 26　SiO_3^{2-} - Si 交换通量随培养时间的变化

养盐的平均交换通量分别是 A0 组的 1.56、2.14、2.87 倍。在培养试验的前 5 d，A5、A10 和 A20 组 $SiO_3^{2-} - Si$ 交换通量的变化与 A0 组存在显著差异（$P < 0.05$）。随着培养时间的增加，4 个试验组的平均交换通量逐渐减小并趋于稳定。

培养试验中，$NH_4^+ - N$ 是 DIN 的主要组成形态。A0 组中 $NH_4^+ - N$ 占 DIN 的 82%，$NO_3^- - N$ 占 13%，$NO_2^- - N$ 占 5%；A5 组中 $NH_4^+ - N$ 占 DIN 的 69%，$NO_3^- - N$ 占 22%，$NO_2^- - N$ 占 9%；A10 组中 $NH_4^+ - N$ 占 DIN 的 68%，$NO_3^- - N$ 占 22%，$NO_2^- - N$ 占 10%；A20 组中 $NH_4^+ - N$ 占 DIN 的 66%，$NO_3^- - N$ 占 21%，$NO_2^- - N$ 占 13%。A5、A10 和 A20 组 DIN 的平均交换通量分别为 A0 组的 2.36、3.89、5.58 倍，且 A5、A10 和 A20 组的 DIN 交换通量变化与 A0 组存在显著差异（$P < 0.05$）。

（五）毛蚶生物扰动对沉积物-水界面营养盐交换通量的影响

毛蚶在沉积物营养盐的循环中起着重要的作用，对沉积物-水界面营养盐的交换有着显著的影响。本试验中，毛蚶的生物扰动作用对 $NH_4^+ - N$ 的沉积物-水界面交换通量有显著的影响（$P < 0.05$），在缺氧的沉积物中生物扰动作用有助于 $NH_4^+ - N$ 由沉积物向水体的释放。许多研究也表明，生物扰动作用能够显著改变沉积物-水界面营养盐的交换通量。本章对 $NH_4^+ - N$ 的在毛蚶生物扰动作用下由沉积物向上覆水释放的趋势进行研究，在无生物扰动的作用下，$NH_4^+ - N$ 的交换通量随时间的增加而缓慢增大；但在生物扰动的作用下，$NH_4^+ - N$ 的交换通量显著增大，且 $NH_4^+ - N$ 的交换通量在最初的 5 d 内达到最大值，在随后的培养中有所降低。Hansen 等（1997）通过研究也发现，在沙蚕（*Nereis diversicolor*）定居初期沉积物会迅速释放 $NH_4^+ - N$，随着培养的进行，释放的速率会下降；在毛蚶的生物扰动作用下，$NO_3^- + NO_2^- - N$ 的交换通量显著增大（$P < 0.05$），其原因是毛蚶在挖穴的过程中改变沉积物的孔隙度，让更多硝化细菌能够接触到沉积物的表面，从而让更多的硝化细菌参与到硝化作用中，使 $NO_3^- + NO_2^- - N$ 的交换通量显著增大。一方面，生物扰动不仅可以促进溶解氧向沉积物扩散，从而促进沉积物中的硝化过程；另一方面，生物扰动还加速了 NO_3^- 在沉积物-水界面的迁移过程。在无生物扰动或有生物扰动的作用下，$NO_3^- + NO_2^- - N$ 的交换通量都随时间的增加而缓慢增大，虽然 A20 组在 6～10 d 表现出降低的趋势，但其他组都表现为增加，且在生物扰动的作用下，$NO_3^- + NO_2^- - N$ 的交换通量显著增大。本试验中 $PO_4^{3-} - P$ 的沉积物-水界面的交换通量显著增加（$P < 0.05$），毛蚶对沉积物的物理改造可能是 $PO_4^{3-} - P$ 显著增加的原因。大型底栖动物在摄食、掘穴过程中常伴随着对沉积物物理结构的改造，该过程能够根本性地改变沉积物的物理和化学特征。此外，上覆水中有机物和溶解氧的沉降会促进 $PO_4^{3-} - P$ 的释放，沉积物表层细菌对有机物分解和生物扰动的再悬浮作用都会加大 $PO_4^{3-} - P$ 向水体的释放。在无生物扰动的作用下，$PO_4^{3-} - P$ 的交换通量随时间的增加而缓慢减小；而在有生物扰动的作用下，$PO_4^{3-} - P$ 的交换通量显著增大，且 $NH_4^+ - N$ 的交换通量在最初的 5 d 内达到最大值，在随后的培养中有所降低。在毛蚶的生物扰动作用下，$SiO_3^{2-} - Si$ 的交换通量显著增大（$P < 0.05$），且在最初的 5 d $SiO_3^{2-} - Si$ 的交换通量较大，生物扰动促进了微生物活性，而微生物则能够加速沉积物中生物硅的溶解过程。因此，生物扰动可能加速沉积物中生物硅的再生速率。硅藻被滤食性底栖动物摄食，经过消化后，细小的碎屑排出到沉积物

中，增加了微生物与硅藻碎屑的接触面积，进一步加速了生物硅的溶解。

（六）毛蚶生物扰动对沉积物间隙水营养盐垂直分布特征的影响

$NH_4^+ - N$ 培养试验中，4 组沉积物间隙水中的 $NH_4^+ - N$ 平均含量均比上覆水中的平均含量高，A0、A5、A10 和 A20 组的 $NH_4^+ - N$ 平均含量分别是上覆水的 1.34、1.64、2.13、2.95 倍（图 6 - 27）。A0 和 A5 组的间隙水 $NH_4^+ - N$ 垂直分布相近；A10 和 A20 组的间隙水 $NH_4^+ - N$ 垂直分布相近。A20 组的 $NH_4^+ - N$ 垂直分布整体变化幅度较大。A0、A5 和 A10 组中 $NH_4^+ - N$ 的含量均随深度的增加而增大。

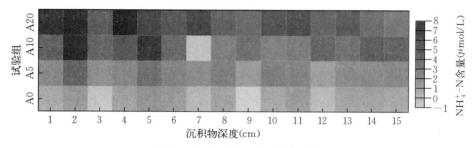

图 6 - 27　$NH_4^+ - N$ 的间隙水垂直分布特征 （$\mu mol/L$）

$NO_3^- + NO_2^- - N$ 培养试验中，A0 和 A5 组沉积物间隙水中 $NO_3^- + NO_2^- - N$ 的平均含量均比上覆水中的平均含量低，分别是上覆水含量的 0.43 倍和 0.75 倍，而 A10 和 A20 组沉积物间隙水中 $NO_3^- + NO_2^- - N$ 的平均含量比上覆水中的平均含量高，分别是上覆水含量的 1.11 倍和 1.82 倍（图 6 - 28）。A0 组的 $NO_3^- + NO_2^- - N$ 垂直分布变化范围较小，而 A5、A10 和 A20 组在 1～10 cm 处变化较大，均表现出先增大后减小的趋势。当沉积物深度达到 11 cm 后，4 个试验组中 $NO_3^- + NO_2^- - N$ 的含量均缓慢减小并趋于稳定。

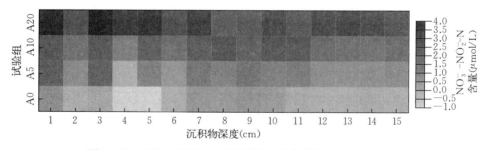

图 6 - 28　$NO_3^- + NO_2^- - N$ 的间隙水垂直分布特征 （$\mu mol/L$）

$PO_4^{3-} - P$ 培养试验中，4 组沉积物间隙水中的 $PO_4^{3-} - P$ 平均含量均比上覆水中的平均含量高，A0、A5、A10 和 A20 组的 $PO_4^{3-} - P$ 平均含量分别是上覆水含量的 1.22、1.71、2.45、3.29 倍（图 6 - 29）。A10 和 A20 组 $PO_4^{3-} - P$ 含量在 1～4 cm 的深度表现为增加的趋势，且变化幅度较大；5～10 cm 处，A10 和 A20 组 $PO_4^{3-} - P$ 含量又迅速降低。当沉积物深度达到 11 cm 后，4 个试验组中 $PO_4^{3-} - P$ 的含量缓慢减小并趋于稳定。

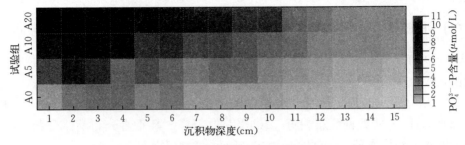

图 6-29　PO_4^{3-}-P 的间隙水垂直分布特征（$\mu mol/L$）

SiO_3^{2-}-Si 培养试验中，4 组沉积物间隙水中的 SiO_3^{2-}-Si 平均含量均比上覆水中的平均含量高，A0、A5、A10 和 A20 组的 SiO_3^{2-}-Si 平均含量分别是上覆水含量的 1.08、1.29、1.56、1.98 倍（图 6-30）。A0、A5 和 A10 组的间隙水 SiO_3^{2-}-Si 垂直分布相近。在 1～10 cm 处，4 个试验组的 SiO_3^{2-}-Si 含量均随沉积物深度的增加表现出先增大后减小的趋势。当沉积物深度达到 10 cm 后，4 个试验组中 SiO_3^{2-}-Si 的含量趋于稳定。

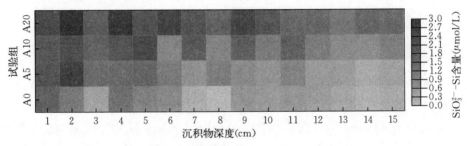

图 6-30　SiO_3^{2-}-Si 的间隙水垂直分布特征（$\mu mol/L$）

本试验的间隙水中，NH_4^+-N 是 DIN 的主要组成形态。A0 组中 NH_4^+-N 占 DIN 的 72%，NO_3^--N 占 22%，NO_2^--N 占 6%；A5 组中 NH_4^+-N 占 DIN 的 64%，NO_3^--N 占 27%，NO_2^--N 占 9%；A10 组中 NH_4^+-N 占 DIN 的 62%，NO_3^--N 占 27%，NO_2^--N 占 11%；A20 组中 NH_4^+-N 占 DIN 的 57%，NO_3^--N 占 30%，NO_2^--N 占 13%。A5、A10 和 A20 组 DIN 的平均含量分别为 A0 组的 1.37、1.86、2.76 倍，且 A10 和 A20 组 DIN 含量变化与 A0 组存在显著差异（$P<0.05$）。

（七）毛蚶生物扰动对沉积物-水界面营养盐扩散的影响

底栖生物活动可以改变沉积物的渗透性、孔隙和空间异质性，这些活动可以促进营养物质在沉积物中的扩散。本试验中，间隙水中的 NH_4^+-N 作为 DIN 的主要氮源，随着毛蚶培养数量的增加，间隙水中 NH_4^+-N 占 DIN 的百分比逐渐降低。有研究认为，间隙水中 NH_4^+-N 的含量主要受氧化还原环境的控制，所以 NH_4^+-N 在间隙水中的含量比在上覆水中的含量大。毛蚶的培养虽然减小了表层沉积物-水界面的溶解氧含量，且随着培养密度的增加，溶解氧含量逐渐减小，但是毛蚶的扰动作用会加快水中溶解氧的扩散，把表层含氧量较高的海水带到底层，从每天的水质数据可以看出，毛蚶培养组（A5、A10 和

A20）的溶解氧含量比对照组（A0）略低。由图 6-27 可知，深层沉积物的 NH_4^+-N 含量大于表层沉积的含量，形成含量梯度，导致间隙水中 NH_4^+-N 向上覆水迁移，迁移至含氧量较高的表层沉积物中，并受到硝化细菌的作用转化为 NO_2^--N 和 NO_3^--N。

间隙水中 $NO_3^-+NO_2^--N$ 的含量在沉积物深度为 2～6 cm 处达到最大值，随后随着沉积物深度的增大而减小。当 $NO_3^-+NO_2^--N$ 进入较深层的沉积物时，沉积物中主要为还原环境，所以 $NO_3^-+NO_2^--N$ 的含量逐渐减小。虽然有研究认为 $NO_3^-+NO_2^--N$ 的含量在沉积物深度大于 2 cm 处开始显著减小，但毛蚶的生物扰动作用可以使间隙水中的 $NO_3^-+NO_2^--N$ 迁移至 6 cm 的深度。

间隙水中 $PO_4^{3-}-P$ 的平均含量比上覆水中的含量高 1.22～3.29 倍，且平均含量随毛蚶培养密度的增加而升高。沉积物表层会存在活性的有机碎屑层，而有机碎屑层中的有机磷在转化和溶解时会维持高含量的 $PO_4^{3-}-P$，导致间隙水中的 $PO_4^{3-}-P$ 含量大于上覆水中的含量。在沉积物深度为 1～10 cm 处，$PO_4^{3-}-P$ 含量变化较大，底栖生物的生物扰动作用对沉积物中磷的释放有显著的提高。有研究发现，颤蚓（*Limnodrilus hoffmeisteri*）会加快沉积物中磷的扩散速度。本试验中，毛蚶的生物作用让更多的 $PO_4^{3-}-P$ 向沉积物深层扩散，其扩散深度可达 10 cm。

间隙水中 $SiO_3^{2-}-Si$ 平均含量比上覆水中的含量高 1.08～1.83 倍，在沉积物深度为 1～8 cm 处，生物扰动组的 $SiO_3^{2-}-Si$ 平均含量明显大于无生物扰动组（$P<0.05$）。Bidle 等（2001，2003）研究了微生物在实验室培养条件下对生物硅溶解速率的影响，发现微生物能加快生物硅的溶解，表层含氧沉积物中的微生物加快了生物硅的溶解，导致表层沉积物中 $SiO_3^{2-}-Si$ 的含量较大。在生物扰动的作用下，溶解的 $SiO_3^{2-}-Si$ 在沉积物中扩散至 8 cm 的深度，随着沉积物深度的增加，毛蚶的扰动作用减弱，导致 $SiO_3^{2-}-Si$ 含量下降。Karlson 等（2005）研究认为 $SiO_3^{2-}-Si$ 主要通过扩散作用发生迁移。

存在生物扰动的 A20 组其各项营养盐分子扩散的速率均比 A10 组的扩散速率高 1.22～1.87 倍，说明毛蚶养殖的生物作用以及生物密度的增大会加快沉积物-水界面营养盐分子的扩散速率。一些学者也认为，招潮蟹（*Uca tangeri*）或多毛类动物等底栖生物会对沉积物的垂直分布和营养物质的含量变化有显著的影响。

（八）毛蚶养殖对海州湾水体初级生产力的贡献

海州湾 2011 年水体平均初级生产力为 749.18 mg C/（m²·d），根据 Redfield 比值（C∶N∶P∶Si＝106∶16∶1∶16），即海洋浮游植物从海水摄取营养盐的比例，估算出海洋浮游植物从水体中摄取以维持水体初级生产力的营养盐的量分别是 $3.78×10^{10}$ mg/d DIN、$6.19×10^9$ mg/d $PO_4^{3-}-P$、$9.91×10^{10}$ mg/d $SiO_3^{2-}-Si$。海州湾毛蚶养殖区面积为 352.387 hm²，底播的平均密度为（50±10）个/m²，与本试验中 A10 组的密度相近。用 A10 组的营养盐交换通量估算毛蚶养殖对海州湾水体初级生产力的贡献可以得出，沉积物-水界面营养盐交换可以为毛蚶养殖区提供 49% 的 DIN、74% 的 $PO_4^{3-}-P$ 和 27% 的 $SiO_3^{2-}-Si$。结果表明，毛蚶养殖对 Si 的贡献远低于 N 和 P，一方面是由于滤食性贝类本身不会排出可溶性 Si，另一方面是由于沉积物深度 4～5 cm 处的 $SiO_3^{2-}-Si$ 含量较高，生物硅会被埋藏在沉积物中，不能参与再循环，从而降低了水体中 Si 的含量。

七、小结

（一）沉积物-水界面营养盐交换通量

本试验对 N、P、Si 在海州湾海洋牧场沉积物-水界面的交换进行了研究，得出以下结论。

1. N 的交换通量

（1）DIN 在海州湾海洋牧场沉积物-水界面的交换总体表现为由沉积物向水体释放。$NO_2 - N$ 的交换春季表现为由水体向沉积物迁移，夏季和秋季表现为由沉积物向水体释放；$NO_3 - N$ 的交换表现由沉积物向水体释放；$NH_4 - N$ 的交换夏季表现为由水体向沉积物迁移，春季和秋季表现为由沉积物向水体释放。春、夏、秋三个季节海州湾海洋牧场沉积物-水界面 $NO_2 - N$、$NO_3 - N$、$NH_4 - N$ 和 DIN 的交换通量总的变化范围分别是 $-1.81 \sim 4.44$、$-6 \sim 14.46$、$-2.62 \sim 6.71$、$-5.24 \sim 21.73\ mmol/(m^2 \cdot d)$，平均值分别为 0.44、5.03、0.96、6.43 $mmol/(m^2 \cdot d)$。不同季节各站点的交换通量均差异极显著（$P < 0.01$）。与国内外近岸海区相比，海州湾 $NO_3 - N$ 和 $NH_4 - N$ 在沉积物-水界面的交换通量前者处于较高水平，后者处于较低水平。

（2）据相关性分析结果，DIN 在海州湾海洋牧场沉积物-水界面的交换主要受硝化和反硝化作用、有机质分解和扩散过程控制；温度、DO 和 pH 是控制 DIN 在沉积物-水界面交换的主要因子；微生物对 DIN 在沉积物-水界面交换的影响极大；$NO_3 - N$ 在沉积物-水界面的交换在 DIN 的三种形态的交换中占主导地位。以 $NO_3 - N$ 代表 DIN 来说明 DIN 的交换与各影响因子的关系为：温度较低，含水率较高，DO 含量较高，盐度较小，pH 较大，$NO_3 - N$ 上覆水含量较低，$NO_2 - N$ 上覆水含量较高，沉积物中 TOC 和 TN 含量较高的情况下，DIN 的交换通量较大。

（3）海州湾海洋牧场全海区沉积物-水界面 DIN 总的交换通量是 $8.65 \times 10^8\ mmol/(m^2 \cdot d)$。春季沉积物-水界面营养盐的交换可为海州湾提供 55% 的 DIN；夏季水体初级生产力需求的 DIN，沉积物可提供 66%；秋季 DIN 的营养供给可全由沉积物提供；春、夏、秋三个季节平均为水体初级生产力提供 124% 的 DIN 供给。总体来看，沉积物-水界面 DIN 的交换作用对海州湾水体初级生产力的营养盐补充和供给具有重要作用。

2. P 的交换通量

（1）$PO_4 - P$ 在海州湾海洋牧场沉积物-水界面的交换春季表现为由水体向沉积物迁移，夏季和秋季表现为由沉积物向水体释放。春、夏、秋三个季节海州湾海洋牧场沉积物-水界面 $PO_4 - P$ 的交换通量总的变化范围是 $-0.59 \sim 1.02\ mmol/(m^2 \cdot d)$，平均值为 0.14 $mmol/(m^2 \cdot d)$。不同季节各站点的交换通量差异极显著（$P < 0.01$）。与国内外近岸海区相比，海州湾 $PO_4 - P$ 在沉积物-水界面的交换通量处于中等水平。

（2）据相关性分析结果，$PO_4 - P$ 在海州湾海洋牧场沉积物-水界面的交换主要受扩散、有机质分解和吸附过程控制；温度是控制 $PO_4 - P$ 在沉积物-水界面交换的主要因子；$PO_4 - P$ 的交换通量与叶绿素 a 含量密切相关。$PO_4 - P$ 的交换与各影响因素的关系表现为：温度较高，黏土含量较高，粒径较小，含水率较高，DO 含量较小，盐度较小，

PO_4-P 上覆水含量较低，沉积物 TOC 和 TP 含量较高的情况下，PO_4-P 的交换通量较大。

（3）海州湾海洋牧场全海区沉积物-水界面 PO_4-P 的交换通量是 1.82×10^7 mmol/($m^2 \cdot$ d)。春季沉积物是 PO_4-P 的"汇"，不提供 PO_4-P；夏季沉积物可为海州湾水体初级生产力提供 126% 的 PO_4-P 供给；秋季沉积物-水界面 PO_4-P 的交换可提供 98% 的 PO_4-P 供给；春、夏、秋三个季节平均为水体初级生产力提供 42% 的 PO_4-P 供给。总体来看，沉积物-水界面 PO_4-P 的交换作用对海州湾水体初级生产力的营养盐补充和供给具有重要作用。

3. Si 的交换通量

（1）SiO_3-Si 在海州湾海洋牧场沉积物-水界面的交换春季表现为由水体向沉积物迁移，夏季和秋季表现为由沉积物向水体释放。春、夏、秋三个季节海州湾海洋牧场沉积物-水界面 SiO_3-Si 的交换通量总的变化范围是 $-5.12 \sim 13.11$ mmol/($m^2 \cdot$ d)，平均值为 3.39 mmol/($m^2 \cdot$ d)。不同季节各站点的交换通量差异极显著（$P < 0.01$）。与国内外近岸海区相比，海州湾 SiO_3-Si 在沉积物-水界面的交换通量处于中等水平。

（2）据相关性分析结果，SiO_3-Si 在海州湾海洋牧场沉积物-水界面的交换主要受溶解-沉淀和扩散过程控制；温度是控制 SiO_3-Si 在沉积物-水界面交换的主要因子；SiO_3-Si 的交换通量与叶绿素 a 含量密切相关。SiO_3-Si 的交换与各影响因素的关系表现为：温度较高，黏土含量较高，粒径较小，含水率较高，DO 含量较小，盐度较低，底栖生物量较大，SiO_3-S 上覆水含量较低，沉积物 TOC 含量较高的情况下，SiO_3-Si 的交换通量较大。

（3）海州湾海洋牧场全海区沉积物-水界面 SiO_3-Si 的交换通量是 4.56×10^8 mmol/($m^2 \cdot$ d)。春季沉积物是 SiO_3-Si 的"汇"，不提供 SiO_3-Si；夏季沉积物可为海州湾水体初级生产力提供 165% 的 SiO_3-Si 供给；秋季沉积物-水界面 SiO_3-Si 的交换可提供 95% 的 SiO_3-Si 供给；春、夏、秋三个季节平均为初级生产力提供 66% 的 SiO_3-Si 供给。总体来看，沉积物-水界面 SiO_3-Si 的交换作用对海州湾水体初级生产力的营养盐补充和供给具有重要作用。

（二）正交试验下营养盐交换通量

通过正交试验设计培养试验，研究海州湾海洋牧场沉积物-水界面营养盐交换通量的特性，探讨多因素（沉积物粒径、温度、DO、pH）对沉积物-水界面营养盐交换通量的影响，并分析交互作用对营养盐交换通量的影响。在实验室中通过毛蚶生物扰动试验，研究生物扰动对沉积物中营养盐含量的分布的影响，探讨毛蚶在不同密度养殖的情况下对沉积物-水界面营养盐交换通量的影响，并估算毛蚶养殖对海州湾水体初级生产力的贡献。可以得出以下结论：

（1）对沉积物-水界面的营养盐的交换特性进行深入研究，发现影响营养盐交换通量的因素间存在主次关系，NH_4^+-N 的影响因素为：DO＞温度＞沉积物类型；$NO_3^- + NO_2^--N$ 的影响因素为：沉积物类型＞DO＞温度；$PO_4^{3-}-P$ 的影响因素为：DO＞沉积物类型＞温度；$SiO_3^{2-}-Si$ 的影响因素为：温度＞pH。

（2）通过正交试验证明环境因子对沉积物-水界面营养盐的交换通量存在交互作用，在分析各因素对营养盐交换通量的影响时应该考虑其交互作用，在建立沉积物-水界面模型时，应着重考虑交互作用的影响效果。

（3）基于正交试验所得的沉积物类型、温度、DO 和 pH 这 4 种因素对沉积物-水界面营养盐交换通量的影响结果，与往年海州湾现场调查结果相比较，显示本研究结果与往年海州湾现场调查的营养盐交换通量变化趋势具有一致性。

（三）毛蚶的生物扰动对营养盐交换通量的影响

（1）毛蚶的生物扰动作用可以明显提高沉积物-水界面营养盐的扩散速率。毛蚶在挖穴和移动的过程中，可能改变了沉积物表面的孔隙度、含氧量等，从而加强了营养盐在沉积物中的扩散深度和扩散速率。毛蚶的生物扰动作用可让营养盐扩散至沉积物表层 6～10 cm 处。

（2）毛蚶的生物扰动作用对沉积物中营养盐的释放也有显著的提升。培养期间各项营养盐平均交换通量均表现为由间隙水向上覆水释放，参照 A10 组的养殖密度（与实际养殖密度相近），在养殖区域的 DIN 和 PO_4^{3-} - P 释放通量可能是非养殖区域的 3 倍左右，而 SiO_3^{2-} - Si 释放通量可能是非养殖区域的 2 倍左右。

（3）通过估算毛蚶的养殖可以为海州湾养殖区域提供 49％的 DIN，74％的 PO_4^{3-} - P 和 27％的 SiO_3^{2-} - Si，虽然对 Si 的贡献较小，但毛蚶的养殖对海州湾沉积物-水界面营养盐的交换有重要贡献。

第七章　海州湾海洋牧场生态环境评价

中国的碳排放量居于世界首位，同时也是世界第一的海水养殖大国。2015 年国务院发布的《生态文明体制改革总体方案》提出"建立增加海洋碳汇的有效机制"。海洋牧场可通过改善近海海洋质量环境，恢复和提升自然海域植物的碳捕获能力，调整海水养殖模式来促进渔业增汇等措施，增加近海碳汇并实现低碳经济创收。浮游植物和以浮游动物为主的微型动物是海洋牧场的碳汇机制的主体。浮游植物的生长、被捕食和消亡过程构成了大气中的 CO_2 向海洋水体乃至沉积物的迁移和储存过程，此过程通过光合作用将无机碳转化为有机碳；浮游动物等微型动物则会通过新陈代谢活动将活性有机碳转化为惰性有机碳。

浮游植物中的硅藻、甲藻及蓝藻被称为海洋牧草，是海洋牧场初级生产力的重要组成部分。浮游动物活动缓慢和体型小，大范围迁移的能力较差，主要依赖水团和海流进行扩散和分布。随着浮游动物对不同环境的适应，在其栖息的水域会发生种的延续或更替。浮游动物按食性可分为植食性、肉食性和杂食性等，多样的食性使其在自然群落的食物网中组成了捕食者和被捕食者的复杂关系。相对于陆地而言，浮游动物对浮游植物的同化效率要高。浮游生物作为海洋牧场初级和次级生产者，是构成海洋牧场生态系统结构的重要组成部分。从微型藻类到植食性和杂食性浮游动物，形成海洋牧场牧食性食物链能量传递和信息流动、物质循环的基础。

温度和光照度一定时，营养盐成为影响浮游植物生长繁殖的主要条件。分析结果表明，海洋牧场的建设会增加水体中营养盐的含量。本章分析了 2008－2015 年海州湾海洋牧场不同季节的浮游生物种类组成、生物量和多样性，通过典范对应分析探讨环境因子对浮游植物的影响，阐述了浮游动物生产力和群落多样性的关系。

一、海洋牧场浮游植物的组成

浮游植物样品的采集采用浅水Ⅲ型浮游生物网（网口直径 37 cm、网目孔径 0.077 mm）；小型浮游动物样品的采集采用浅水Ⅱ型网（网口直径 50 cm、网目孔径 0.160 mm）；大型浮游动物样品的采集采用浅水Ⅰ型网（网口直径 80 cm、网目孔径 0.505 mm）通过绞车自海底到水面垂直拖取，起网速度为 0.5 m/s。采集的样品用缓冲甲醛溶液固定保存，固定好的样品带回实验室进行种类鉴定和数量统计。样品的采集、保存及分析按国家标准《海洋调查规范 第 6 部分：海洋生物调查》（GB 12763—2007）进行。

采集的浮游生物在实验室进行种类鉴定和分析，浮游植物的定性采用显微镜镜检；浮游植物的定量采用 0.1 mL 的浮游生物记数框进行种类的鉴定和生物量的分析。浮游动物的定性、定量采用 U 形浮游动物记数框和解剖镜进行镜检分析。

2008—2015 年采集的所有浮游植物样品，共鉴定出浮游植物 303 种，隶属 8 门 100 属。其中硅藻门（Bacillariophyta）最多，共 59 属 213 种，占总种类数的 70%；甲藻门（Pyrrophyta）次之，共 20 属 57 种，占总种类数的 19%；绿藻门（Cyanophyta）、蓝藻门（Chlorophyta）和金藻门（Chrysophyta）的种类数较少，绿藻门 10 属 12 种，蓝藻门 7 属 11 种，金藻门 2 属 3 种；裸藻门和隐藻门仅在个别年份或少数站点出现，共鉴定出裸藻门（Euglenophyta）1 属 4 种，隐藻门（Cryptophyta）1 属 3 种。海州湾海洋牧场浮游植物的组成以硅藻门和甲藻门占绝对优势。硅藻门出现频率较高的种类为角毛藻属（38种）、圆筛藻属（29 种）、根管藻属（18 种）、菱形藻属（11 种），占硅藻门种类数的 45%；甲藻门出现频率较高的种类为角藻属（13 种）、多甲藻属（10 种），占甲藻门种类数的 40%。自 2010 年后其他门种的种类数有所增加。

图 7-1 比较了海州湾海洋牧场 2008—2015 年浮游植物的年际变化及季节变化情况。结果显示：春季共鉴定出浮游植物 135 种，夏季鉴定出 147 种，秋季鉴定出 175 种，不同季节浮游植物种类数存在一定差异性。分析发现这种差异性主要受控于硅藻门和甲藻门的种类变动，春季硅藻门占总种类数的 74%，甲藻占 17%，其他占 5%；夏季硅藻门占

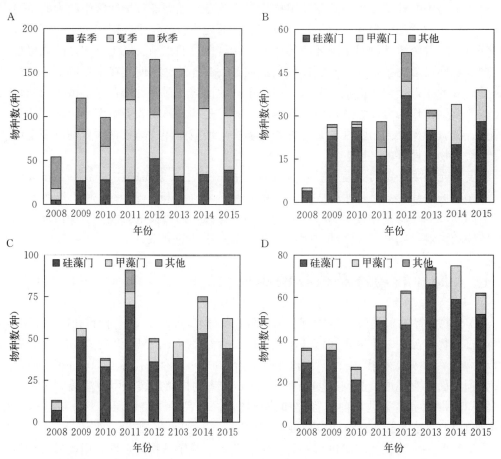

图 7-1　2008—2015 年海州湾海洋牧场浮游植物的年际变化及季节变化

A. 浮游植物年际变化　B. 浮游植物春季变化　C. 浮游植物夏季变化　D. 浮游植物秋季变化

总种类数的 75%，甲藻门占 20%，其他占 9%；秋季硅藻门占总种类数的 83%，甲藻门占 15%，其他占 2%（图 7-1BCD）。硅藻门和甲藻门种类数的增加，使浮游植物在夏、秋季节种类较春季丰富，春季浮游植物的平均种类数为 30 种，夏季为 54 种，秋季最高为 56 种。由图 7-1A 可知，在海洋牧场建设期间，浮游植物种类数在春、秋季节基本呈现增长的趋势，而夏季年际波动幅度较大，最多达 91 种（2011 年），最少至 13 种（2008 年）。水温是影响藻类结构的重要因子，狭冷性种的硅藻如角毛藻属、根管藻属等在水温较低的春、秋季节出现频率较高；而蓝藻和绿藻仅在夏季水温较高时出现。夏季浮游植物的种类数随年际变化出现了较大幅度的波动，主要是由于蓝藻门颤藻和绿藻门扁藻在个别年份出现所至。海洋牧场建设主要以人工鱼礁的投放为主，人工鱼礁形成的流态效应会将底层海水的营养盐带至表层，表层海水营养盐含量的升高会促进浮游植物的生长和繁殖。因此，春、秋两季浮游植物种类数呈增长趋势。

（一）浮游植物丰度和多样性分析

不同季节浮游植物细胞丰度随年际变化皆存在一定波动（图 7-2A）。调查结果显示，春季细胞丰度为 $0.2×10^7$～$22.2×10^7$ ind/m³，最低值出现在 2008 年，其中硅藻门占总丰度的 73%，甲藻门占 27%；最高值出现在 2010 年，硅藻门占 99.8%，甲藻门占 0.2%。夏季细胞丰度的最低值为 2008 年的 $3.5×10^7$ ind/m³，硅藻门占 82%，甲藻门占 10%；最高值为 2009 年的 $94.7×10^7$ ind/m³，硅藻门占 96.8%，甲藻门占 3.2%。秋季细胞丰度同样在 2008 年最低，为 $2.0×10^7$ ind/m³，硅藻门占 96%，甲藻门占 3.6%；在 2013 年达到最高值，为 $138.0×10^7$ ind/m³，硅藻门占 88.9%，甲藻门占 11%。可见，浮游植物细胞丰度的高低基本取决于硅藻门和甲藻门的密度大小。而硅藻门所占总丰度比例呈春季（77.61%）＜夏季（84.25%）＜秋季（90.24%）；甲藻门反之，呈春季（16.83%）＞夏季（12.33%）＞秋季（10.91%）。比较各年份同期浮游植物丰度，除 2010 年、2011 年外，夏、秋两季的浮游植物细胞丰度要高于春季；2010 年前呈夏季＞秋季＞春季；2011 年后秋季最高。

浮游植物群落的种类越多，其中各种生物的关系越错综复杂，群落就越稳定。群落中种的数目越多，物种多样性程度越高。优势种决定了浮游植物群落的性质，多样性指数和均匀度分析能够说明群落的种类与各个种的个体数比例。丰度指数是物种的数目及其在样方中的密度的度量，物种丰度指数越高，代表调查期间调查海域内的浮游植物物种数及其在站点中的密度值越高。

由 2008—2015 年浮游植物群落多样性分析可知（图 7-2BCD），从变化趋势上看，不同季节浮游植物群落的多样性存在差异。秋季多样性指数（H）自 2010 年呈增长趋势（图 7-2B），在 2013 年达到最高值；夏季多样性指数在调查前期（2008—2011 年）的值要高于后期（2012—2015 年）；春季多样性指数变化呈波浪式，在 2014 年（H=2.40）达到极大值，极小值出现在 2008 年（H=1.22）。同时，秋、夏两季节浮游植物群落的多样性始终高于春季。自 2011 年后均匀度指数（J）呈现秋季＞夏季＞春季的变化，2011 年之前则以夏季为最高（图 7-2C）。春季均匀度指数波动幅度最大，最高值出现在 2014 年（J=0.91），最低值出现在 2008 年（J=0.35）；夏季均匀度指数在调查前期（2008—

2011年）的值要高于后期（2012—2015年）；秋季均匀度指数的年际变化稳定，基本保持在0.75左右。可以看出，夏、秋两季节的均匀度指数的年际变化趋势与多样性指数类同。而丰度指数（D）在夏、秋两季的年际变化趋势也与多样性指数相似，且丰度指数的值要高于春季（图7-2D）。丰度指数在大部分时间内都呈秋季＞夏季＞春季的分布。在生物多样性的测度中，丰度指数同样可以反映浮游植物群落的多样性。统计结果显示，丰度指数（D）的季节变化和不同季节的年际变化以及物种多样性指数（H）的变化趋势基本一致。

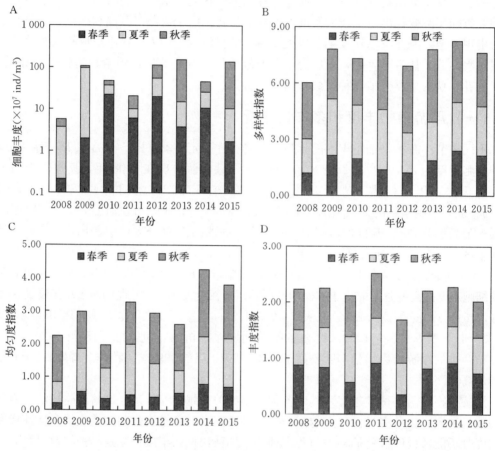

图7-2　2008—2015年海州湾海洋牧场浮游植物不同季节细胞丰度、多样性等的变化
A. 浮游植物细胞丰度变化　B. 浮游植物物种多样性变化　C. 浮游植物物种均匀度变化　D. 浮游植物物种丰度变化

（二）浮游植物群落结构变化分析

浮游植物群落变化的原因来自群落自身结构与外部环境因子。一般而言，群落中物种的多样性指数受种类数和个体数量分布均匀程度的影响，种类数越多或分布均匀度越高，则多样性指数就越大。调查数据显示（图7-1），夏、秋两季浮游植物的种类数要高于春季。相关性分析结果也表明（表7-1），浮游植物物种多样性指数（$P=0.208$）、丰度指数（$P=0.244$）都与均匀度指数呈一定的正相关关系。夏、秋两季均匀度指数高于春季，因此造成了夏、秋两季浮游植物物种多样性指数也高于春季。从变化趋势上看，多样性指

数、丰度指数与均匀度指数在夏、秋两季的年际变化基本吻合，而春季有较大波动。秋季浮游植物的多样性指数随物种种类数的增加而增大。这说明浮游植物群落多样性的季节变化及不同季节的年际变化皆受控于浮游植物种类数和均匀度。

表 7-1 浮游植物生物丰度、多样性指标和优势度的相关性矩阵

项目	细胞丰度	多样性指数（H）	均匀度指数（J）	丰度指数（D）	第一优势种优势度（Y）	第二优势种优势度（Y）	其他优势种优势度（Y）
细胞丰度	1						
多样性指数（H）	0.416*	1					
均匀度指数（J）	−0.183	0.208	1				
丰度指数（D）	0.400	0.803**	0.244	1			
第一优势种优势度（Y）	−0.033	−0.438*	−0.698**	−0.026	1		
第二优势种优势度（Y）	−0.040	−0.121	−0.026	−0.088	0.096	1	
其他优势种优势度（Y）	0.147	−0.095	0.384	−0.361	−0.324	0.234	1

注：* 的显著性水平为 0.05，**的显著性水平为 0.01，下同。

由表 7-1 可知，浮游植物的多样性指数与第一优势种优势度（Y）呈显著负相关（$P = -0.438$），与第二优势种优势度（$P = -0.121$）和其他优势种优势度（$P = -0.095$）均呈负相关。丰度指数与各优势种优势度也皆呈负相关（$P = -0.026$，$P = -0.088$，$P = -0.361$）。均匀度指数与第一优势种优势度呈极显著负相关（$P = -0.698$），与第二优势种优势度呈负相关（$P = -0.026$），与其他优势种优势度呈正相关关系（$P = 0.384$）。Tilman（1982）认为物种对营养盐吸收比例的不同导致了物种共存和生物多样性的形成。浮游植物种间存在明显竞争关系，主要分为利用性竞争和干扰性竞争。海州湾夏、秋季节水体中营养物质丰富，种间竞争以干扰性为主，单一物种无法取得绝对优势；春季营养物质贫乏，种间竞争以利用性为主，取得优势的物种对其他物种的排挤作用明显（图 7-3）。而优势种通过种间竞争可影响浮游植物群落的多样性。在浮游植物物种多样性和丰度较高的夏、秋季节，第一、二优势种的 Y 值偏小，均匀度高；而在春季第一、二优势种的 Y 值偏大，均匀度低，因此春季多样性和丰度低。浮游植物多样性和丰度的年际变化与优势种优势度的变化趋势相反，即在第一、二优势种优势度占绝对优势的年份，浮游植物的多样性和丰度低；反之，浮游植物的多样性和丰度较高。

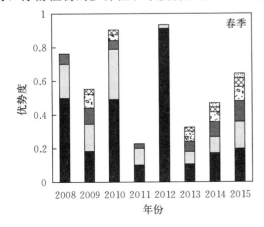
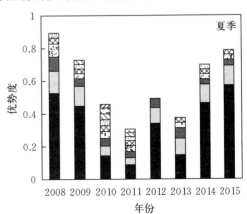

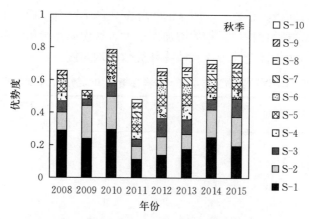

图7-3　海州湾海洋牧场不同季节优势种的更替

注：S-1至S-10分别代表第一优势种至第十优势种

（三）环境因子对浮游植物群落的影响分析

选取了溶解氧（DO）、生物需氧量（BOD）、化学需氧量（COD）、叶绿素a（Chl-a）、磷酸盐（PHO）、硅酸盐（SIL）、硝酸盐（NIA）、亚硝酸盐（NII）、铵盐（AMM）9项水质参数作为环境因子，与浮游植物进行典范对应分析。经过条件筛选，用于CCA排序的浮游植物见表7-2。经蒙特卡洛检验，春、夏、秋三个季节P值均为0.002，三个季节两物种排序轴的相关系数分别为0.032、0.035、0.013，而两环境排序轴的相关系数均为0。这说明排序能在很大程度上反映浮游植物种类与环境间的关系，排序结果可靠。CCA分析结果见表7-3和图7-4。

表7-2　参与CCA排序的浮游植物名录

编号	种类	编号	种类	编号	种类
1	圆筛藻 Coscinodiscaceae	12	拟菱形藻 Pseudo-nitzschia	23	细弱海链藻 Thalassiosira subtilis
2	原甲藻 Prorocentrum	13	裸甲藻 Gymnodinium aerucyinosum	24	小等刺硅鞭藻 Dictyocha fibula
3	夜光藻 Noctiluca scintillans	14	环纹娄氏藻 Lauderia annulatus	25	丹麦细柱藻 Leptocylindrus danicus
4	优美旭氏藻 Schrderella delicatula	15	菱形藻 Nitzschia	26	中肋骨条藻 Skeletonema costatum
5	短楔形藻 Licmophora abbreviate	16	角藻 Ceratium	27	根管藻 Rhizosolenia
6	小环藻 Cyclotella	17	角毛藻 Chaetoceros	28	六角幅裥藻 Actinoptychus marylandicus
7	弯角藻 Eucampia	18	分叉角甲藻 Ceratium furca	29	爱氏辐环藻 Actinocyclusehrenbergii
8	双尾藻 Ditylum	19	中华盒形藻 Bidduiphia sinensis	30	透明辐杆藻 Bacteriastrum hyinum
9	蜂腰双壁藻 Diploneis bombus	20	菱形海线藻 Thalassionema nitzschioides	31	多甲藻 Peridiniales
10	蜂窝三角藻 Triceratium favus	21	长海毛藻 Thalassiothrix longissima	32	尖布纹藻 Gyrosigma acuminatum
11	曲舟藻 Pleurosigma	22	佛氏海毛藻 Thalassiothrix frauenfeldii		

表 7 - 3　环境因子与前两个排序轴的相关系数

水质参数	第一排序轴			第二排序轴		
	春季	夏季	秋季	春季	夏季	秋季
PHO	0.214	−0.033	−0.287	−0.315	0.036	0.510
SIL	0.414	0.048	−0.279	0.436	−0.061	−0.468
NII	−0.154	0.546	−0.376	−0.091	0.072	−0.036
NIA	−0.009	0.533	−0.097	0.050	−0.109	−0.267
AMM	0.240	0.623	−0.378	0.137	−0.188	−0.455
COD	0.030	0.102	−0.272	−0.236	−0.253	0.516
DO	−0.159	−0.403	−0.403	0.545	0.076	0.177
BOD	0.262	0.102	0.224	−0.157	0.660	0.484
Chl - a	0.375	0.367	0.314	−0.237	0.202	0.278

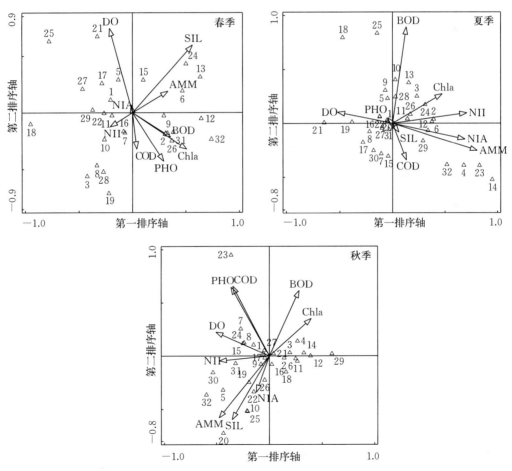

图 7 - 4　不同季节浮游植物物种与环境因子的 CCA 排序

注：图中序号 1～32 分别代表不同浮游植物物种，与表 7 - 2 一致

CCA排序反映出32种（属）浮游植物在环境因子中的适应状况。由表7-3和图7-4可知，不同季节浮游植物丰度受环境因子的影响不同。CCA排序显示，在春季对浮游植物影响较大的环境因子有硅酸盐（SIL）、溶解氧（DO）、磷酸盐（PHO），其中硅酸盐与第一、二排序轴皆呈显著相关，相关性系数分别为0.414和0.436；溶解氧与第二排序轴呈显著正相关（$P=0.544$）；磷酸盐与第二排序轴呈负相关（$P=-0.315$）。与春季不同的是，夏季铵盐、硝酸盐、亚硝酸盐取代硅酸盐的地位，皆与第一排序轴呈极显著相关（$P=0.623$、$P=0.533$、$P=0.546$）；生物需氧量作为影响较高的环境因子出现，与第二排序轴呈显著正相关（$P=0.660$）；溶解氧仍对浮游植物的生长有较高影响，其与第一排序轴呈显著负相关（$P=-0.403$）。而在秋季影响浮游植物的环境因子数目为三个季节中最多，除铵盐（AMM）和硝酸盐（NIA）外，其余环境因子皆对浮游植物生长存在较大影响。

浮游植物对环境因子变化的适应性决定其是否能够在生长竞争中取得优势，具体表现为细胞丰度的增加和优势度的升高。春季第一、二优势种以硅藻门圆筛藻为主（附录），甲藻门原甲藻和夜光藻在部分年份作为优势种出现。从图7-4可以看出，影响圆筛藻分布的主要因素为DO，而原甲藻趋向分布于化学需氧量和生物需氧量较高的区域，夜光藻趋向分布于亚硝酸盐含量较高的海域。春季受水温的影响，水体中的溶解氧水平较高，而其他环境因子也能满足圆筛藻的生长需求，从而造成圆筛藻成为主要优势种。而由于海州湾海域藻类养殖区域面积的增大，藻类死亡造成水体中有机物质含量升高，为原甲藻的生长提供了有利的条件。夜光藻一般在富营养化的海域内分布较高，仅2008年、2015年春季作为优势种出现，表明海州湾海域春季营养水平不高。这与谢冕（2013）的研究结果相符。

夏季圆筛藻作为第一、二优势种出现的频率下降，菱形藻、角毛藻、海毛藻作为第一、二优势种出现。甲藻门夜光藻作为优势种在近年来出现频率增加。CCA分析显示，在夏季溶解氧仍是控制圆筛藻生长的主要环境因子。夏季水温升高，水体中溶解氧的含量降低，限制了圆筛藻的生长，因此圆筛藻的优势度下降。潘雪峰等（2007）对海州湾圆筛藻和环境因子关系的研究表明，磷酸盐是限制圆筛藻生长的主要环境因子，这与本章的研究结果存在差异，主要是因为其研究开展于海洋牧场建设之前，而海洋牧场的建设改善了海州湾海域的营养盐结构。

秋季圆筛藻、角毛藻和根管藻作为第一、二优势种在CCA排序上的分布相近，表明三种藻类受环境因子的作用类似，与除BOD外的环境因子呈正相关关系，但相关性小。这说明秋季环境因子能够满足三种优势藻类的生长需求，与其他藻类的竞争激烈，使优势度（Y）相对较低。菱形藻作为优势种出现时倾向分布在铵盐和硅酸盐含量较高的区域。秋季夜光藻与除BOD外的环境因子呈负相关关系，表明秋季海州湾环境不适合夜光藻的大幅度生长，致使夜光藻在秋季不作为优势种出现。

二、海洋牧场浮游动物的组成

2008—2015年海州湾海域共鉴定出浮游动物68种，种类组成见图7-5。共鉴定出桡足类（Copepoda）27种（最多）、浮游幼虫（Larva）11种、水母类（Cnidaria）10种、甲壳类（Crustacea）10种、毛颚类（Chaetognatha）7种、枝角类（Cladocera）2种、海樽类（Doliolum）1种（最少）。物种空间分布存在差异，海洋牧场区共鉴定出浮游动物 57 种，其中桡足类 26 种、甲壳类 8 种、水母类 8 种、浮游幼虫 7 种、毛颚动物 6 种、枝角类 2 种。对照区共鉴定出浮游动物 57 种，其中桡足类 25 种、浮游幼虫 9 种、甲壳类 8 种、水母类 6 种、毛颚动物 6 种、枝角类 2 种、海樽类 1 种。水母类的瓜水母（Beroe ovata）、水螅水母（Calycopsis borchgrevinki）、绿杯水母（Catostylus mosaicus）、半球杯水母（C. leuckarti）、锥状多管水母（Aequorea），甲壳类的钩虾（Gammarus）、海樽（Doliolidae）以及部分浮游幼虫未在海洋牧场区和对照区同时出现。随时间变化海洋牧场区和对照区浮游动物物种的相似度提高，其 Sorensen 相似度指数见图 7-6。2008—2015 年海洋牧场区和对照区浮游动物群落的 Sorensen 相似度指数在 0.44～0.96。2008—2010 年海洋牧场与邻近海域的 Sorensen 相似度指数平均值为 0.64，且随时间变化波动较大，变异系数为 0.23。2011—2015 年海洋牧场与邻近海域的 Sorensen 相似度指数平均值为 0.89，海洋牧场区和对照区的高相似性随时间的变化并未减弱，Sorensen 相似度指数的变异系数为 0.07。

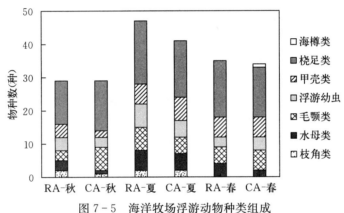

图 7-5　海洋牧场浮游动物种类组成

注：横坐标表示不同季节的海洋牧场区（RA）和对照区（CA）

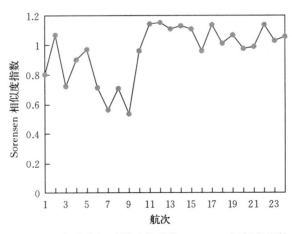

图 7-6　海洋牧场浮游动物群落 Sorensen 相似度指数

在 2008—2015 年春季航次的调查中共鉴定出浮游动物 37 种。海洋牧场区出现浮游动物 34 种，其中桡足类 15 种、毛颚类 6 种、甲壳类 6 种、浮游幼虫 4 类、腔肠类 2 种、海樽类 1 种。对照区出现浮游动物 35 种，其中桡足类 17 种、甲壳类 6 种、毛颚类 5 种、浮游幼虫 3 类、腔肠类 4 种。牧场区常见种（在调查期间的出现频率≥50%）共 2 类 7 种，其中桡足类有中华哲水蚤（*Calanus sinicus*）（100.0%）、小拟哲水蚤（*Paracalanus parvus*）（87.5%）、双毛纺锤水蚤（*Acartia bifilosa*）（62.5%）、拟长腹剑水蚤（*Oithona similis*）（50.0%）、腹针胸刺水蚤（*Centropages abdominalis*）（50.0%），共 5 种；毛颚类有强壮箭虫（*Sagitta crassa*）（62.5%）、囊开型箭虫（*Sagitta crassa forma naikaiensis*）（62.5%），共 2 种。对照区常见种共 2 类 5 种，桡足类有中华哲水蚤（100.0%）、小拟哲水蚤（87.5%）、双毛纺锤水蚤（62.5%），共 3 种；毛颚类有囊开型箭虫（62.5%）、强壮箭虫（50.0%），共 2 种。

夏季航次的调查中共鉴定出浮游动物 53 种。人工鱼礁区出现浮游动物 47 种，其中桡足类 19 种、毛颚类 7 种、甲壳类 6 种、腔肠类 6 种、浮游幼虫 7 种、枝角类 2 种；对照区出现浮游动物 41 种，其中桡足类 17 种、甲壳类 7 种、毛颚类 5 种、水母类 5 种、浮游幼虫 5 种、枝角类 2 种。人工鱼礁区常见种共 4 类 12 种，其中桡足类有小拟哲水蚤（87.5%）、背针胸刺水蚤（87.5%）、太平洋纺锤水蚤（75.0%）、中华哲水蚤（62.5%）、近缘大眼水蚤（62.5%）、瘦尾胸刺水蚤（50.0%）、拟长腹剑水蚤（50.0%）；毛颚类有囊开型箭虫（75.0%）、强壮箭虫（62.5%）；枝角类有鸟喙尖头溞（50.0%）；以及虾幼体 1 类（50.0%）。对照区常见种共 3 类 10 种，其中桡足类有小拟哲水蚤（75.0%）、背针胸刺水蚤（75.0%）、太平洋纺锤水蚤（75.0%）、近缘大眼水蚤（62.5%）、中华哲水蚤（62.5%）、圆唇角水蚤（50.0%）；毛颚类有囊开型箭虫（62.5%）、强壮箭虫（50.0%）；枝角类有鸟喙尖头溞（62.5%）。

秋季航次的调查中共鉴定出浮游动物 34 种。海洋牧场区出现浮游动物 29 种，其中桡足类 13 种、甲壳类 4 种、毛颚类 3 种、腔肠类 3 种、浮游幼虫 4 种、枝角类 2 种；对照区出现浮游动物 29 种，其中桡足类 15 种、毛颚类 7 种、腔肠类 1 种、甲壳类 2 种、浮游幼虫 3 种、枝角类 1 种。海洋牧场区常见种共 3 类 10 种，其中桡足类有小拟哲水蚤（87.5%）、太平洋纺锤水蚤（75.0%）、背针胸刺水蚤（75.0%）、真刺唇角水蚤（62.5%）、圆唇角水蚤（62.5%）、近缘大眼水蚤（62.5%）、中华哲水蚤（50.0%）、汤氏长足水蚤（50.0%）；甲壳类有 1 种为太平洋磷虾（62.5%）；毛颚类有 1 种为强壮箭虫（75.0%）。对照区常见种皆为桡足类，分别为中华哲水蚤（62.5%）、太平洋纺锤水蚤（62.5%）、圆唇角水蚤（50.0%）、小拟哲水蚤（50.0%）、近缘大眼水蚤（50.0%）。

（一）浮游动物丰度和多样性分析

数量生态学中，Simpson 指数和 Shannon - Winner 指数分别代表了对群落物种数敏感和不敏感的两种指数，Pielou 指数考虑了物种丰度对群落多样性的影响。为防止使用单一指数统计浮游动物多样性造成较大偏差，本研究对海洋牧场浮游动物的以上三种多样性指数都进行了统计（图 7 - 7），海洋牧场区（RA）Simpson 指数为 0.26～2.70，Shannon - Winner 指数为 0.05～0.79，Pielou 指数为 0.03～0.80；对照区（CA）Simpson 指数为

0.05～2.30，Shannon-Winner 指数为 0.05～0.83，Pielou 指数为 0.02～0.74。相关分析表明（表 7-4），海洋牧场区和对照区的 Simpson 指数（D）、Shannon-Winner 指数（H）、Pielou 指数（J）任两者之间均呈极显著正相关（$P > 0.65$），表明三种指数对海洋牧场浮游动物群落结构多样性年际变化的反映具有一致性。而不同区域的同一指数间也呈现极显著相关性，表明人工鱼礁区、对照区浮游动物的群落多样性的年际变化具有极高的相似性。浮游动物的季节性分布差异造成浮游动物群落结构的年际变化波动大。

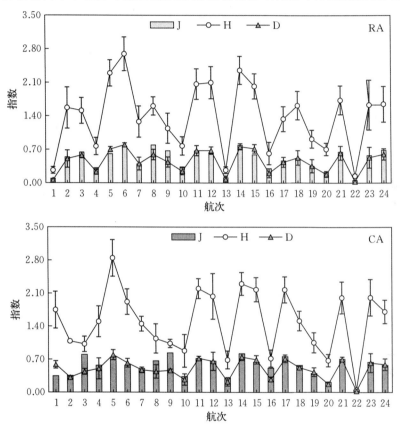

图 7-7　浮游动物多样性长期变化

注：J 为 Pielou 指数；H 为 Shannon-Winner 指数；D 为 Simpson 指数

表 7-4　海洋牧场浮游动物多样性指数的相关性矩阵

项目	RA-H	RA-J	RA-D	CA-H	CA-J	CA-D
RA-H	1					
RA-J	0.896**	1				
RA-D	0.983**	0.942**	1			
CA-H	0.758**	0.585**	0.724**	1		
CA-J	0.697**	0.811**	0.755**	0.682**	1	
CA-D	0.753**	0.657**	0.753**	0.970**	0.786**	1

对不同季节浮游动物群落的多样性指数统计表明（图7-8），浮游动物群落结构的季节性变化明显。春季海洋牧场区多样性指数分别为D＝0.20、H＝0.63、J＝0.24，对照区分别为D＝0.35、H＝1.01、J＝0.38；夏季海洋牧场区多样性指数分别为D＝0.55、H＝1.69、J＝0.58，对照区分别为D＝0.57、H＝1.80、J＝0.61；秋季海洋牧场区多样性指数分别为D＝0.62、H＝1.68、J＝0.64，对照区分别为D＝0.58、H＝1.68、J＝0.67。夏、秋两季浮游动物的多样性高于春季。从空间分布来看，春季海洋牧场区浮游动物多样性明显低于对照区；夏季海洋牧场区浮游动物多样性略低于对照区；秋季海洋牧场区和对照区的浮游动物多样性相同。

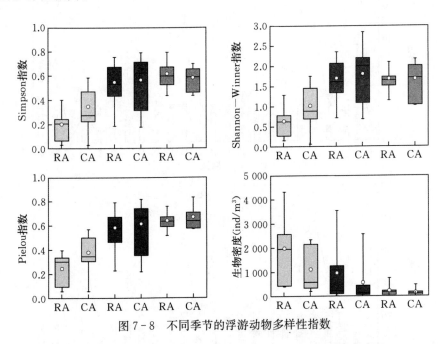

图7-8 不同季节的浮游动物多样性指数

浮游动物多样性的季节变化与于雯雯等（2017）对海州湾及江苏沿岸进行的大面积浮游生物种类组成调查所得结果相同。位于黄海南部的海州湾处于温带季风气候和亚热带季风气候的交界处，水文条件具有明显的季节变化特征。而浮游动物对水温、盐度、海流等条件变化极为敏感。在2008—2015年调查期间，中华哲水蚤、小拟哲水蚤、双毛纺锤蚤等作为第一优势种控制了海洋牧场春季浮游动物群落的变化，优势度（Y）＞0.75（图7-9、图7-10）。中华哲水蚤等是中国黄海、东海近海生态系统的关键种，水温为10～18℃时繁殖速度最快，并且随温度的升高，中华哲水蚤的空间分布会由北向南逐渐减少。对海洋牧场区域的水温调查显示，春季水温（16.43～21.37℃）小于夏季（25.51～27.41℃）和秋季（21.02～28.54℃）。夏、秋两季水温升高，导致中华哲水蚤等本地优势种数量减少。同时受苏北沿岸和黄海暖流的影响，背针胸刺水蚤、太平洋纺锤水蚤、近缘大眼水蚤等季节性暖水种出现。水文条件的变化导致第一优势种优势度减小，在浮游动物种间的绝对优势地位削弱。圆筛藻等浮游植物的大量繁殖为浮游动物提供了充足饵料，种间的摄食竞争得到缓解，群落多样性提高，部分暖水性桡足类作为优势种出现。

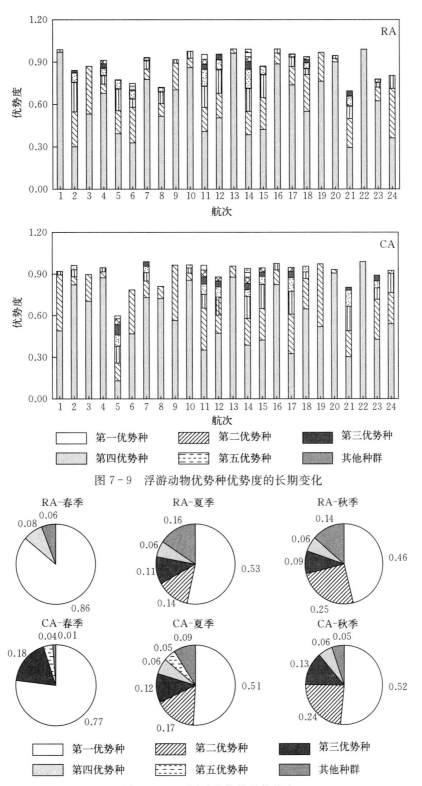

图 7-9 浮游动物优势种优势度的长期变化

图 7-10 不同季节优势种优势度

人工鱼礁的流态效应会将底部低温水体带至表层，营造出的环境更适宜中华哲水蚤和其他狭冷性浮游动物（小拟哲水蚤、双毛纺锤蚤等）的生长和繁殖，导致春季第一优势种在海洋牧场区的优势度（Y=0.86）显著高于对照区（Y=0.77）。因此，春季浮游动物在海洋牧场区的多样性小于对照区。夏、秋两季太阳辐射增强，海洋牧场所处海域（水深15～20 m）上下层水体的温度梯度减小，人工鱼礁对垂向水体的温度改变作用受到限制，海洋牧场区浮游动物群落与对照区更为接近。

浮游动物丰度的季节性分布与多样性相反，呈现秋季＜夏季＜春季。而有学者认为鱼类的强烈摄食可能造成浮游动物丰度的强烈下降。对海洋牧场的调查表明，海洋牧场区浮游生物的生物量和密度均高于对照区（海洋牧场区拖网生物量为 24.70 kg/h，对照区为12.57 kg/h；海洋牧场区生物密度为 2 672 个/m³，对照区为 2 330 个/m³）。因此，海洋牧场浮游动物丰度的季节变化与鱼类的摄食关系不大。浮游动物群落优势种的繁殖生长是决定浮游动物丰度变化的主要因素。在春季，中华哲水蚤等狭冷性第一优势种的丰度占浮游动物丰度的80%以上；在夏、秋两季，高温导致本地优势种锐减，而作为优势种出现的暖水种并未大规模繁殖，导致浮游动物的群落密度出现下降。

（二）浮游动物生产力和群落多样性的关系

浮游动物是海洋牧场的次级生产者，作为经济鱼类的饵料，在食物网中起关键作用。相比于丰度，浮游动物生物量与海洋牧场高级游泳动物的生长发育联系更为紧密，生物量是浮游动物生产力水平的直接体现。生物量与物种多样性关系的研究是阐明物种多样性对生态系统功能的主要途径。生物量的季节性分布与丰度具有一致性，呈现为秋季＜夏季＜春季。但从空间分布来看，高丰度海洋牧场区生物量小于低丰度对照区。春季海洋牧场区平均生物量为 0.447 g/m³，对照区为 0.744 g/m³；夏季海洋牧场区平均生物量为 0.219 g/m³，对照区为 0.226 g/m³；秋季海洋牧场区平均生物量为 0.136 g/m³，对照区为 0.177 g/m³。不同季节浮游动物生物量与多样性的回归分析结果见图 7-11，拟合系数为 0.288 5～0.659 4，且除海洋牧场区春、夏两季外均大于 0.5。海洋牧场区春、夏两季浮游动物生物量和多样性呈双峰关系（$y=0.746\ 4x^2-0.940\ 7x+0.438$、$y=2.953x^2-2.754\ 8x+0.834\ 4$）；秋季呈单峰关系（$y=-11.966x^2+0.903\ 4x+0.688\ 2$）。对照区春季浮游动物生物量和多样性呈单峰关系（$y=-0.467\ 4x^2+0.886\ 6x-0.036$）；夏、秋两季呈双峰关系（$y=4.303\ 7x^2-4.027\ 1x+1.12$、$y=15.076x^2-7.049\ 3x+1.291\ 8$）。

双峰模式可以表示低、高等生产力水平物种多样性最高，单峰模式则代表中等生产力水平物种多样性最高。春季海洋牧场区低、高等生产力水平物种多样性最高，对照区中等生产力水平物种多样性最高；夏季海洋牧场区和对照区皆为中等生产力水平物种多样性最高；秋季海洋牧场区中等生产力水平物种多样性最高，对照区低、高等生产力水平物种多样性最高。浮游动物的物种组成、种间关系与环境因子的关系决定了海洋牧场生态系统的性质、结构和功能。浮游生物的个体大小是影响其生产力水平的主要因素。中华哲水蚤等桡足类个体会受水温影响，在春季生产力最大，夏、秋季生产力最小。不同种浮游动物的个体差异明显。对胶州湾浮游动物个体大小的调查发现，太平洋纺锤水蚤体长为 1～2 mm，中华哲水蚤体长为 2～3 mm，强壮箭虫体长则会超过 3 mm。

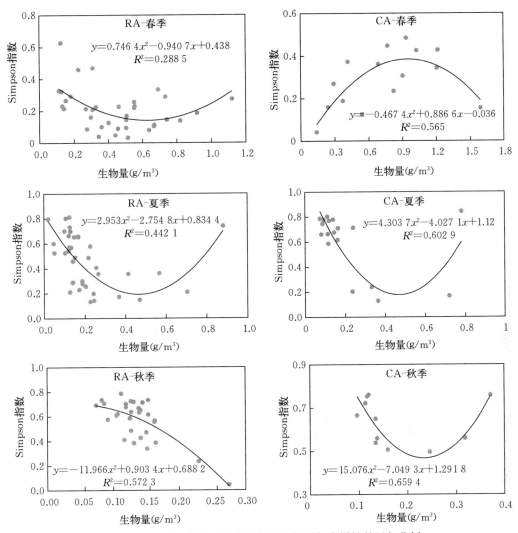

图 7-11 不同季节浮游动物物种生物量与多样性的回归分析

对植物群落多样性与生产力关系的研究表明，种间竞争和环境变化所引起的物种选择是造成物种多样性与生产力单峰格局的主要因素。相对于陆地植物而言，浮游动物群落随水团运动的可迁移性高，对水温条件和其他环境因子条件变化的反应更为敏感。从季节变化来看，海洋牧场区浮游动物在春季表现为高等生产力水平和低多样性，是研究区域内可适应气候和环境的顶级类型群落；夏季处于中等生产力水平和高生物多样性，是在环境条件胁迫下顶级群落的次生变体；秋季处于低等生产力水平和高生物多样性，浮游动物群落处于恢复和演替阶段。水温是浮游动物群落最重要的限制因子。低水温可以增加区域优势种对营养物质的利用效率，水温升高则利用效率减少。夏、秋季冷暖水团的交汇使得资源比率的空间复杂性提高，种间竞争削弱，高生产力优势种的种间地位下降，物种多样性升高。

从空间分布来看，在生产力水平最高的春季，海洋牧场区高生物多样性种群属低、高等生产力水平，对照区高生物多样性种群属中等生产力水平；夏季海洋牧场区和对照区高生物多样性种群均属低、高等生产力水平；秋季海洋牧场区高生物多样性种群属中等生产力水平，对照区情况与夏季保持一致。人工鱼礁投放、藻场建设等海洋牧场的主体工程增加了资源环境的空间异质性。物种的共存依赖于进化上稳固的物种之间处理资源能力的交换，一般而言，均质性生境中低、高等生产力两端的物种多样性类似，异质性生境中等生产力水平物种多样性最高。但在顶级群落占绝对优势的春季，生境异质性较高的海洋牧场区的中等生产力物种多样性最低。为适应人工建立的海洋牧场环境，物种需要调节自身结构，这使生产能力和竞争能力的交换过程受到限制，导致低、高等生产力两端的物种多样性提高。而到了群落恢复和演替阶段的秋季，海洋牧场对浮游生物资源的养护效应得到发挥，中等生产力水平物种成为竞争优势者，物种多样性最高。

三、海洋牧场生态环境评价

一般而言，反应环境水质特性的参数可分为 4 类：①常规水质参数，包括透明度、总悬浮颗粒物、盐度、电导率等；②氧平衡参数，包括溶解氧、化学需氧量、生物需氧量等；③污染物参数，包括重金属（Hg、Cr、Cu、Pb、Zn 等）、有机物污染物（苯、酚、芳烃、醛、多氯联苯等）、无机物污染物（氨氮、亚硝酸盐氮、硝酸盐氮、硫酸盐、磷酸盐等）；④生物参数，包括细菌总数、大肠菌群数、底栖动物、浮游植物、浮游动物等。反应沉积物特性的参数可分为 3 类：①地球化学参数，包括氧化还原电位、酸碱度等；②动力学参数，包括粒径分布等；③污染物参数，包括重金属（Hg、Cr、Cu、Pb、Zn 等）、有机物污染物（TOC、PAHs、PCB 等）、无机物污染物（TN、TP 等）。常用的环境质量评价方法可分为单因子评价法和综合评价法。综合评价方法又分为模糊综合指数法、神经网络法、主成分分析法和灰色聚类法等。

本试验采用了基于熵权的综合指数法和主成分分析法，对海州湾海洋牧场生态环境进行了评价。基于集对分析理论的熵权法的核心思想是将确定的参数与具有不确定性的评价因子及参数值视作一个确定与不确定系统，通过联系度和数学表达将不确定的评价过程转化为数学计算。主成分分析的原理是设法将原来变量重新组合成一组新的彼此无关的几个综合变量，同时根据实际需要从中取出几个较少的综合变量，尽可能多地反映原来变量的信息的统计方法。

（一）基于熵权的综合指数法

根据前期研究结果，结合实际的调查情况，选用以下指标建立评价体系：①水质参数选择 SRS、SRP 和 DIN；②沉积物参数选择 TN、TP；③由于溶解氧是限制浮游植物生长的主要因子，从以往的调查结果来看海洋牧场区和对照区浮游植物群落的差异性小，主要表现在丰度方面，因此采用叶绿素 a（Chl-a）表示海洋牧场的初级生产力；④浮游动物的生物量（Biomass）、多样性指数（H）表示海洋牧场的次级生产力，共 8 个指标。将每个航次的调查作为评价对象构建 $X=(x_{ij})_{24\times8}$ 的矩阵，用于评价生态环境的长期变化。按不同季节将各年度航次作为评价对象，构建 $X=(x_{ij})_{8\times8}$ 的矩阵，用于评价生态环境的季节性变化。将浮游动物生物量、多样性指数、叶绿素 a 定义为越大越优型指标，TN、

TP、DIN、SRP、SRS 定义为越小越优型指标。

具体的计算过程如下：

1. 原始数据的归一化

$$越大越优型：I_j = x_{ij}/\max（x_j）$$

$$越小越优型：I_j = x_{ij}/\min（x_j）$$

2. 原始数据的标准化

构建 m 个评价对象、n 个评价指标的判断矩阵 $X=（x_{ij}）_{m×n}$。对于某项指标 i，指标值 x_{ij} 的差异越大则该指标在综合评价中所起的作用越大。如果某项指标的指标值全部相等则该指标在综合评价中几乎不起作用。

$$X=\begin{bmatrix} X_{11}, & X_{12}, & \cdots, & X_{1n} \\ X_{21}, & X_{22}, & \cdots, & X_{2n} \\ & & \cdots & \\ X_{m1}, & X_{m2}, & \cdots, & X_{mn} \end{bmatrix}$$

将矩阵 X 按照如下公式进行标准化，得到标准化矩阵 $R=(r_{ij})_{m×n}$

$$越大越优型：r_{ij} = \frac{x_{ij}-x_{\min}}{x_{\max}-x_{\min}}$$

$$越小越优型：r_{ij} = \frac{x_{\max}-x_{ij}}{x_{\max}-x_{\min}}$$

3. 确定熵

$$H_j = k\sum_{i=1}^{m} p_{ij}\ln p_{ij}$$

式中，$k=-1/\ln m$；$p_{ij} = r_{ij}/\sum_{i=1}^{m} r_{ij}$。当 $p_{ij}=0$ 时，令 $\ln p_{ij}=0$。

4. 确定熵权

$$W_j = \frac{(1-H_j)}{\left(n-\sum_{j=1}^{n} H_j\right)}$$

式中，$0 \leqslant W_j \leqslant 1$，$\sum_{j=1}^{n} W_j = 1$。

5. 建立综合指数（comprehensive Index，CI）

$$CI = \sum_{j=1}^{m} I_j × W_j$$

不同指标的熵权计算结果见图 7-12。结果显示，对海州湾海洋牧场生态环境贡献较大的指标有 Biomass（$W_j=0.256$）、H（$W_j=0.098$）、Chl-a（$W_j=0.353$）、TN（$W_j=0.181$）和 TP（$W_j=0.107$）。综合指数（CI）越高，生态环境受各项指标的影响越大。熵权综合指数见图 7-13。结果显示，海洋牧场区综合生态环境状况（CI=0.33，变异系数 0.30）低于对照区（CI=0.34，变异系数 0.41），但稳定性更高。从生态环境的季节性分布来看，与对照区（CI=0.35，变异系数 0.52）相比，春季 8 项指标对海洋牧场区生态环境（CI=0.50，变异系数 0.24）的作用更显著。夏季各项指标对海洋牧场区的生态环境（CI＝0.44，变异系数 0.18）影响低于对照区（CI＝0.56，变异系数 0.15）。秋季各项指标对对照区生态环境（CI＝0.11，变异系数 0.18）的作用低于海洋牧场区（CI＝0.13，变异系数 0.23）。熵权的计算结果显示：SRS、DIN、SRP 的权重在 $2.0 \times 10^{-6} \sim 6.0 \times 10^{-6}$，水环境因子对生态环境的影响在计算过程中被忽略，因此采用主成分分析法进行补充评价。

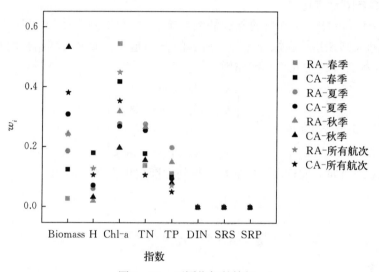

图 7 - 12　不同指标的熵权

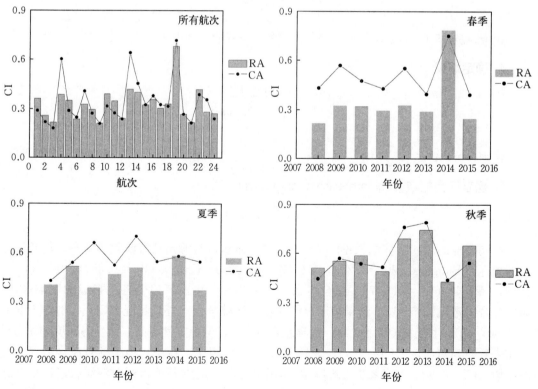

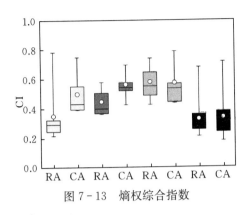

图7-13　熵权综合指数

（二）主成分分析法

根据特征值大于1的原则，对所有航次、春季、夏季和秋季的8项指标分别进行主成分分析，主成分提取情况、方差及方差累计贡献率见图7-14，其中对海洋牧场区所有航次的分析，共提取了3个主成分PC1（0.330）、PC2（0.251）、PC3（0.159），其方差累计贡献率达0.740，分别代表了沉积物、水体和浮游生物的信息。3个主成分在对照区的作用低于海洋牧场区，PC1（0.301）、PC（0.282）和PC3（0.137）方差累计贡献率为0.720。主成分PC1和PC3对海洋牧场区的作用高于对照区，PC2在海洋牧场区的作用低于对照区。各项指标的得分系数见图7-15，其中对海洋牧场PC1贡献较大（得分绝对值＞0.6）的指标为SRP（0.831）、DIN（0.806）、TN（0.743）和Biomass（−0.621）；对PC2有重要贡献的指标为H（0.809）和Biomass（−0.621）；PC3主要反映了Chl-a（−0.691）对生态环境的影响。在对照区，对PC1贡献率较大的指标为DIN（0.816）、Chl-a（0.734）、TN（0.643）和TP（−0.597）；对PC2有重要贡献的指标为Biomass（−0.797）、SRP（0.695）、SRS（0.646）和TN（0.600）；PC3主要反映了H（−0.749）对生态环境的影响。

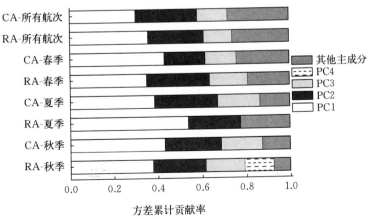

图7-14　主成分提取情况、方差及方差累计贡献率

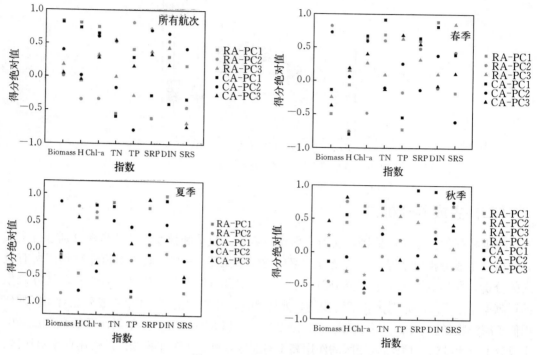

图 7-15　不同指标得分系数

　　由于浮游生物的时间分布具有明显的季节性差异，因此也采用了主成分分析法分析不同季节生态环境的变化。结果显示，春季主成分对海洋牧场区作用高于对照区，海洋牧场区提取的 PC1（0.350）、PC2（0.286）和 PC3（0.171）方差累计贡献率达0.808；对照区提取的 PC1（0.431）、PC2（0.186）和 PC3（0.141）方差累计贡献率为0.758。夏季主成分对海洋牧场区的作用低于对照区，海洋牧场区提取的 PC1（0.537）和PC2（0.237）方差累计贡献率达 0.775；对照区提取的 PC1（0.384）、PC2（0.287）和PC3（0.193）方差累计贡献率为 0.865。秋季主成分对海洋牧场区的作用高于对照区，海洋牧场区提取的 PC1（0.375）、PC2（0.240）、PC3（0.175）和 PC4（0.132）方差累计贡献率达 0.924；对照区提取的 PC1（0.430）、PC2（0.256）和 PC3（0.187）方差累计贡献率为 0.874。

　　主成分综合得分能够反映生态环境的状况，得分越高表示各项指标对生态环境的作用越大。主成分综合得分需要对各个主成分因子的得分进行加权求和，每个主成分的权重系数为该主成分的方差贡献率。主成分因子得分见图 7-16，综合得分及其变化见图 7-17。结果显示，海洋牧场区综合得分（CS=0.34）略低于对照区（CS=0.35），但在海洋牧场区的变异系数（0.82）要高于对照区（0.66），表明各项指标对海洋牧场区的作用程度要大于对照区。同时，生态环境的季节性差异显著。与对照区（CS=0.30，变异系数 0.93）相比，春季 8 项指标对海洋牧场区生态环境（CS=0.32，变异系数 0.83）的作用更显著；夏季海洋牧场区的生态环境（CS=0.23，变异系数 0.46）稳定性要高于对照区（CS=0.23，

变异系数 0.57）；秋季各项指标对对照区生态环境（CS＝0.31，变异系数 0.76）的作用
高于海洋牧场区（CS＝0.26，变异系数 0.68）。

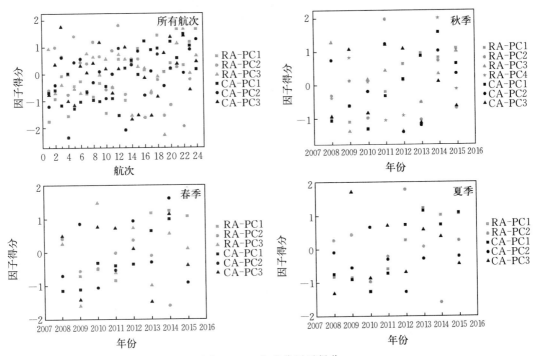

图 7-16　主成分因子得分

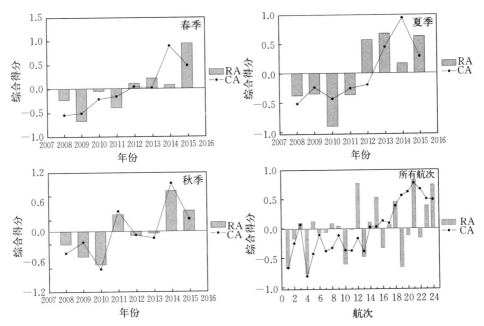

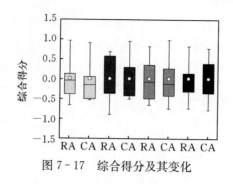

图 7 - 17　综合得分及其变化

四、小结

本章梳理并统计了海州湾海洋牧场建设期间（2008—2015 年）的生态与环境的监测数据，采用熵权综合指数法与主成分分析法，对海州湾海洋牧场建设的长期生态环境效应进行了评价，得到以下主要结论：

（1）浮游植物的高丰度可能加快了沉积物生物有效磷的释放，造成 TP 含量呈减小趋势。TP 空间分布发生改变，由海洋牧场区>对照区，转变为海洋牧场区<对照区。底栖动物对海洋牧场沉积物-水界面的营养盐交换通量的贡献较低，并不是影响海洋牧场 TN、TP 变化的主导因素。

（2）浮游植物丰度的大小基本取决于硅藻和甲藻的密度大小。硅藻所占总丰度比例呈春季（77.61%）<夏季（84.25%）<秋季（90.24%）；甲藻反之，呈春季（16.83%）>夏季（12.33%）>秋季（10.91%）。海州湾海洋牧场浮游植物群落多样性季节变化和年际变化皆受控于浮游植物种类数和均匀度。优势种主要通过种间竞争影响浮游植物群落的多样性。

（3）海洋牧场浮游动物在春季表现为高等生产力水平和低多样性，是研究区域内可适应气候和环境的顶级类型群落；夏季处于中等生产力水平和高生物多样性，是在环境条件胁迫下顶级群落的次生变体；秋季处于低等生产力水平和高生物多样性，浮游动物群落处于恢复和演替阶段。在生产力水平最高的春季，海洋牧场区高生物多样性种群属低、高等生产力水平。

（4）基于熵权的综合指数（CI）和主成分分析法综合得分（CS）的评价结果显示，海洋牧场区生态环境的得分（CI=0.33，变异系数 0.30；CS=0.34，变异系数 0.86）略低于对照区（CI=0.34，变异系数 0.41；CS=0.35，变异系数 0.66）。春季是海洋牧场生态环境建设和养护的关键时期（CI=0.50，变异系数 0.24；CS=0.32，变异系数 0.83）。

附录 海州湾海洋牧场春季、夏季、秋季浮游植物常见优势种及其优势度

表 1 海州湾海洋牧场春季浮游植物常见优势种及其优势度

优势种		不同年份优势度（Y）							
		2008	2009	2010	2011	2012	2013	2014	2015
圆筛藻属 Conscinodiscus	虹彩圆筛藻 Conscinodiscus ocullusiridis		0.162	0.034	0.099		0.106		0.027
	星脐圆筛藻 Conscinodiscus astromphalus		0.183	0.029			0.059		0.052
	细弱圆筛藻 Conscinodiscus subtilis						0.060	0.025	0.122
	弓束圆筛藻 Conscinodiscus curvatulus	0.062	0.030						
	辐射圆筛藻 Conscinodiscus radiatus	0.499	0.096						
	明壁圆筛藻 Conscinodiscus debilis				0.101				
原甲藻属 Prorocentrum	微小原甲藻 Prorocentrum minimum					0.912		0.090	0.197
菱形藻属 Conscinodiscus	奇异菱形藻 Conscinodiscus paradoxa			0.081	0.052				
夜光藻属 Noctiluca	夜光藻 Noctiluca scientillans	0.202							0.161
角毛藻属 Chaetoceros	丹麦角毛藻 Chaetoceros danicus			0.491					
	密联角毛藻 Chaetoceros densus							0.084	
	窄隙角毛藻 Chaetoceros affinis			0.298					
原甲藻属 Prorocentrum	海洋原甲藻 Prorocentrum micans							0.058	
裸甲藻属 Karlodinium	米氏裸甲藻 Karlodinium micrum							0.095	
小环藻属 Cyclotella	小环藻未定种 Cyclotella sp.					0.023			

（续）

优势种		不同年份优势度（Y）							
		2008	2009	2010	2011	2012	2013	2014	2015
席藻属 *Phormidium*	皮状席藻 *Phormidium corium*				0.028				

表2　海州湾海洋牧场夏季浮游植物常见优势种及其优势度

优势种		不同年份优势度（Y）							
		2008	2009	2010	2011	2012	2013	2014	2015
圆筛藻属 *Conscinodiscus*	虹彩圆筛藻 *Conscinodiscus ocullusiridis*			0.037	0.037		0.029		
	辐射圆筛藻 *Conscinodiscus radiatus*	0.036							
	格式圆筛藻 *Coscinodiscus granii*							0.029	
	虹彩圆筛藻 *Conscinodiscus ocullusiridis*			0.037	0.037		0.029		
	星脐圆筛藻 *Conscinodiscus astromphalus*			0.037					0.027
夜光藻属 *Noctiluca*	夜光藻 *Noctiluca scientillans*	0.080					0.107	0.112	0.572
弯角藻属 *Eucompia*	浮动弯角藻 *Eucompia zoodiacus*		0.447						
菱形藻属 *Nitzsehia*	尖刺菱形藻 *Nitzschia pungens*		0.028	0.047	0.023		0.064	0.465	
	洛氏菱形藻 *Nitzsehia lorenziana*							0.032	
	柔弱菱形藻 *Nitzschia delicatissima*		0.029	0.022					
角藻属 *Ceratium*	叉状角藻 *Ceratium furca*						0.101		
	三角角藻 *Ceratium tripos*	0.526	0.030	0.041	0.030				
	长角角藻 *Ceratium macroceros*	0.136			0.043				
角毛藻属 *Chaetoceros*	洛氏角毛藻 *Chaetoceros lorenzianus*	0.121	0.036						
	窄隙角毛藻 *Chaetoceros affinis*		0.047	0.144	0.088				0.032
海线藻属 *Thalassionema*	菱形海线藻 *Thalassionema nitzschioides*			0.036	0.038		0.034		
海毛藻属 *Thalassiothrix*	佛氏海毛藻 *Thalassiothrix frauenfeldii*		0.025	0.059		0.096			0.119
硅鞭藻属 *Distephanus*	四角网硅鞭藻 *Distephanus fibula*	0.087							

（续）

优势种		不同年份优势度（Y）							
		2008	2009	2010	2011	2012	2013	2014	2015
骨条藻属 *Skeletonema*	中肋骨条藻 *Skeletonema costatum*					0.341			

表3　海州湾海洋牧场秋季浮游植物常见优势种及其优势度

优势种		不同年份优势度（Y）							
		2008	2009	2010	2011	2012	2013	2014	2015
圆筛藻属 *Coscinodiscus*	虹彩圆筛藻 *Conscinodiscus ocullusiridis*		0.306	0.296	0.079				0.028
	格式圆筛藻 *Coscinodiscus granii*	0.050	0.240	0.082				0.034	0.035
	星脐圆筛藻 *Conscinodiscus astromphalus*		0.201	0.202	0.045				0.112
	细弱圆筛藻 *Conscinodiscus subtilis*					0.062	0.091	0.024	
	辐射圆筛藻 *Conscinodiscus radiatus*	0.023	0.022	0.025					
	多束圆筛藻 *Conscinodiscus divisus*		0.040	0.063					
	琼氏圆筛藻 *Coscinodiscus jonesianus*				0.022				0.063
	威氏圆筛藻 *Coscinodiscus wailesii*				0.034				
	弓束圆筛藻 *Conscinodiscus curvatulus*			0.023					
角毛藻属 *Chaetoceros*	旋链角毛藻 *Chaetoceros curvisetus*				0.023		0.046	0.249	0.029
	柔弱角毛藻 *Chaetoceros debilis*				0.043		0.038	0.063	0.035
	冕孢角毛藻 *Chaetoceros subsecundus*				0.044	0.140			
	窄隙角毛藻 *Chaetoceros affinis*	0.111			0.033				
	佛氏角毛藻 *Thalassiothrix fraunenfeldii*				0.114	0.030			
角藻属 *Ceratium*	叉状角藻 *Ceratium furca*			0.025			0.022	0.170	
	三角角藻 *Ceratium tripos*			0.047			0.060	0.039	
拟菱形藻属 *Pseudo-nitzschia*	尖刺拟菱形藻 *Pseudo-nitzschia pungens*				0.024	0.091			

（续）

优势种		不同年份优势度（Y）							
		2008	2009	2010	2011	2012	2013	2014	2015
旭氏藻属 *Schrderella*	优美旭氏藻 *Schrderella delicatula*					0.113	0.087		
弯角藻属 *Eucompia*	浮动弯角藻 *Eucompia zoodiacus*	0.290							
根管藻属 *Rhizosolenia*	细长翼根管藻 *Rhizosolenia alate* f. *garcillma*						0.176		

参考文献

安敏，2007. 海河干流沉积物磷的形态及吸附解吸特征 [D]. 天津：南开大学.

安敏，文威，孙淑娟，等，2009. pH 和盐度对海河干流表层沉积物吸附解吸磷（P）的影响 [J]. 环境科学学报，29（12）：2616-2622.

安明梅，王益鸣，郑爱榕，2012. 浙江近岸海域表层沉积物中磷的存在形态及其分布特征 [J]. 厦门大学学报，51（1）：77-83.

白亚之，刘季花，张辉，等，2013. 海洋沉积物有机碳和总氮分析方法 [J]. 海洋环境科学，32（3）：444-459.

鲍根德，1988. 杭州湾及其邻近陆架区沉积物中有机碳、氮、磷和硅的地球化学 [J]. 台湾海峡，7（4）：366-375.

陈怀涛，2010. 牛羊病诊治彩色图谱 [M]. 2 版. 北京：中国农业出版社.

陈可可，2015. 非稳态条件下东海内陆架泥质沉积物中硫和铁的早期成岩作用 [D]. 青岛：中国海洋大学.

陈清潮，1964. 中华哲水蚤的繁殖、性比率和个体大小的研究 [J]. 海洋与湖沼，6（3）：272-288.

陈淑珠，钱红，张经，1997. 沉积物对磷酸盐的吸附与释放 [J]. 青岛海洋大学学报，27（3）：413-418.

陈旭良，郑平，仁村，等，2005. pH 和碱度对生物硝化影响的探讨 [J]. 浙江大学学报：农业与生命科学版，31（6）：755-759.

陈一波，2015. 莱州湾养殖区排水分析及中国海水养殖污染负荷估算 [D]. 大连：大连理工大学.

陈一波，宋国宝，赵文星，等，2016. 中国海水养殖污染负荷估算 [J]. 海洋环境科学，35（1）：1-6.

陈勇，温泽民，尹增强，等，2015. 辽宁大长山海洋牧场拟建海域表层沉积物重金属潜在生态风险的评价 [J]. 大连海洋大学学报，30（1）：89-95.

陈勇，于长清，张国胜，等，2002. 人工鱼礁的环境功能与集鱼效果 [J]. 大连海洋大学学报，17（1）：64-69.

陈则实，王文海，吴桑云，2007. 中国海湾引论 [M]. 北京：海洋出版社.

程家骅，姜亚洲，2010. 海洋生物资源增殖放流回顾与展望 [J]. 中国水产科学，7（3）：610-617.

程军利，张鹰，张东，等，2009. 海州湾赤潮发生期生态环境要素分析 [J]. 海洋科学进展，27（2）：217-223.

迟杰，赵旭光，董林林，2011. 有机质和低相对分子质量有机酸对沉积物中磷吸附/解吸行为的影响[J]. 天津大学学报，44（11）：968-972.

迟清华，2007. 应用地球化学元素丰度数据手册 [M]. 北京：地质出版社.

丛敏，2013. 黄海和东海沉积物中氮、磷的形态及分布特征研究 [D]. 广州：暨南大学.

崔凤丽，2013. 乌梁素海沉积物-水界面间磷的赋存形态分析及释放规律研究 [D]. 内蒙古：内蒙古农业大学.

戴纪翠，宋金明，李学刚，等，2006. 胶州湾沉积物中的磷及其环境指示意义 [J]. 环境科学，27（3）：1953-1961.

戴纪翠，宋金明，李学刚，等，2007. 胶州湾不同形态磷的沉积记录及生物可利用性研究［J］. 环境科学，28（5）：929-936.

戴纪翠，宋金明，郑国侠，等，2007. 胶州湾沉积物氮的环境生物地球化学意义［J］. 环境科学，28（9）：1924-1928.

戴树桂，2006. 环境化学［M］. 北京：高等教育出版社.

邓可，刘素美，张桂玲，等，2012. 菲律宾蛤仔养殖对胶州湾沉积物-水界面生源要素迁移的影响［J］. 环境科学，33（3）：782-793.

邓可，杨世伦，刘素美，等，2009. 长江口崇明东滩冬季沉积物-水界面营养盐通量［J］. 华东师范大学学报：自然科学版，3：17-27.

邓莎，2010. 环境因素对滇池外海中心沉积物磷释放的影响［D］. 昆明：昆明理工大学.

董爱国，2011. 黄、东海海域沉积物的源汇效应及其环境意义［D］. 青岛：中国海洋大学.

董方，刘素美，张经，2001. 北黄海与渤海沉积物中磷形态的分布特征［J］. 海洋环境科学，20（2）：18-23.

董慧，2012. 河口区沉积物-水界面营养盐交换通量研究——以李村河为例［D］. 青岛：中国海洋大学.

董慧，郑西来，张健，2012. 污染河口区沉积物-水界面营养盐交换通量的实验研究［J］. 海洋环境科学，31（3）：423-428.

杜虹，黄长江，2002. 海水营养盐测定中水样的保存技术［J］. 海洋技术学报，21（3）：45-47.

杜永芬，张志南，2004. 菲律宾蛤仔的生物扰动对沉积物颗粒垂直分布的影响［J］. 中国海洋大学学报：自然科学版（6）：988-999.

范成新，相崎守弘，1997. 好氧和厌氧条件对霞浦湖沉积物-水界面氮磷交换的影响［J］. 湖泊科学，9（4）：337-342.

范成新，杨龙元，张路，2000. 太湖底泥及其间隙水中氮磷垂蓝藻水华直分布及相互关系分析［J］. 湖泊科学（4）：359-366.

方南娟，梅肖乐，2013. 海州湾近岸海域水质现状与趋势分析［J］. 水产养殖，34（1）：28-31.

冯士筰，李凤歧，李少菁，1999. 海洋科学导论［M］. 北京：高等教育出版社.

高春梅，郑伊汝，张硕，2016. 海州湾海洋牧场沉积物-水界面营养盐交换通量的研究［J］. 大连海洋大学学报，31（1）：95-102.

高春梅，朱珠，王功芹，等，2015. 海州湾海洋牧场海域表层沉积物磷的形态与环境意义［J］. 中国环境科学，35（11）：3437-3444.

高敏，2011. 乌梁素海沉积物对磷吸附特性的粒度效应研究［D］. 呼和浩特：内蒙古农业大学.

高效江，陈振楼，张念礼，等，2003. 长江口滨岸带潮滩沉积物中磷的环境地球化学特征［J］. 环境科学学报，23（6）：711-715.

葛成凤，2012. 铜、镉及磷在海洋沉积物上的吸附/解吸行为研究［D］. 青岛：中国海洋大学.

顾益初，1990. 石灰性无机磷分级测定的方法［J］. 土壤，22（2）：101-108.

郭劳动，洪华生，庄继浩，1989. 闽东罗源湾沉积物-水界面磷、硅的交换［J］. 热带海洋，8（3）：60-66.

郭术津，李彦翘，张翠霞，等，2014. 渤海浮游植物群落结构及与环境因子的相关性分析［J］. 海洋通报（1）：95-105

郭志勇，李晓晨，王超，等，2007. pH 值对玄武湖沉积物中磷的释放与形态分布的影响［J］. 农业环境科学学报，26（3）：873-877.

国超旋，王冬梅，胡晓东，等，2016. 石臼湖江苏段浮游植物群落结构特征及与环境因子的关系［J］. 水生态学杂志，37（4）：23-29.

韩璐，2010. 河流沉积物磷形态分布特征及其释放模拟研究 [D]. 天津：南开大学.

韩照祥，王超，朱圳，等，2012. 海州湾及其临近海域沉积物-水界面的磷形态特征与动力学 [J]. 环境科学与技术 (11)：12-15.

郝向举，罗刚，王云中，等，2017. 我国海洋牧场科技支撑基本情况、存在问题及对策建议 [J]. 中国水产，(11)：44-48.

何起祥，2006. 中国海洋沉积地质学 [M]. 北京：海洋出版社.

何清溪，1990. 大亚湾沉积物中磷的化学形态分布特征 [J]. 海洋环境科学，11 (4)：6-10.

何清溪，张穗，方正信，等，1992. 大亚湾沉积物中氮和磷的地球化学形态分配特征 [J]. 热带海洋学报，11 (2)：38-45.

何桐，谢健，余汉生，等，2009. 大亚湾表层沉积物中氮的形态分布特征 [J]. 热带海洋学报，28 (2)：86-91.

何桐，谢健，余汉生，等，2010. 春季大亚湾海域沉积物-海水界面营养盐的交换速率 [J]. 海洋环境科学，29 (2)：179-183.

何桐，谢健，余汉升，等，2010. 大亚湾表层沉积物中磷的形态分布特征 [J]. 中山大学学报，49 (6)：126-131.

何怡，门彬，杨晓芳，等，2016. 生物扰动对沉积物中重金属迁移转化影响的研究进展 [J]. 生态毒理学报，11 (6)：25-36.

洪华生，徐立，郭劳动，等，1996. 台湾海峡南部沉积物中 $C_{有机}$、N、P 和 Si 的地球化学 [A]. 洪华生. 海洋生物地球化研究论文集 [C]. 厦门：厦门大学出版社：31-38.

洪君超，黄秀清，蒋晓山，等，1994. 长江口中肋骨条藻赤潮发生过程环境要素分析——营养盐状况 [J]. 海洋与湖沼，25 (2)：179-184.

侯俊，王超，王沛芳，等，2013. 太湖表层沉积物粒度组成时空分布特征及分类命名 [J]. 河海大学学报：自然科学版，41 (2)：114-119.

侯立军，2003. 河口潮滩沉积物对氨氮的等温吸附特性 [J]. 环境科学，22 (6)：568-572.

侯诒然，高勤峰，董双林，等，2017. 不同规格刺参的生物扰动作用对沉积物中磷赋存形态及吸附特性的影响 [J]. 中国海洋大学学报：自然科学版，47 (9)：36-45.

胡秀芳，2013. 东昌湖沉积物磷形态及吸附释放特征研究 [D]. 青岛：中国海洋大学.

胡雪涛，陈吉宁，张天柱，2002. 非点源污染模型研究 [J]. 环境科学，23 (3)：124-128.

胡祖武，刘玲，2011. 广东省典型城市湖泊沉积物氨氮吸附特性初步研究 [J]. 安徽农学通报，17 (7)：36-38.

扈传昱，潘建明，刘小涯，2001. 珠江口沉积物中磷的赋存形态 [J]. 海洋环境科学，20 (4)：21-25.

扈传昱，王正方，吕海燕，1999. 海水和海洋沉积物中总磷的测定 [J]. 海洋环境科学，18 (3)：48-52.

黄长江，齐雨藻，黄奕华，等，1997. 南海大鹏湾夜光藻种群生态及其赤潮成因分析 [J]. 海洋与湖沼，28 (3)：245-255.

黄爽，2012. 东海赤潮高发区颗粒有机物的来源、分布、分解及其环境效应 [D]. 青岛：中国海洋大学.

黄廷林，刘飞，史建超，2016. 水源水库沉积物中营养元素分布特征与污染评价 [J]. 环境科学，37 (1)：166-172.

黄小平，黄良民，2001. 河口营养盐动力学过程研究的若干进展 [J]. 黄渤海海洋，19 (4)：86-92.

江永春，吴群河，2003. 磷的沉积物-水界面反应 [J]. 环境技术，增刊：16-19.

姜桂华，2004. 铵态氮在土壤中的吸附性能探讨 [J]. 长安大学学报，21 (2)：32-36.

姜敬龙，吴云海，2008. 底泥磷释放的影响因素 [J]. 环境科学与管理，33 (6)：43-46.

姜双城，林培梅，林建伟，等，2014. 厦门湾沉积物中磷的形态特征及环境意义 [J]. 热带海洋学报，33

（3）：72-78.

蒋柏藩，沈仁芳，1990. 土壤无机磷分级的研究 [J]. 土壤学进展，18（1）：1-8.

蒋凤华，2002. 营养盐在胶州湾沉积物-水界面上的交换速率和通量研究 [D]. 青岛：中国海洋大学.

蒋凤华，王修林，石晓勇，等，2002.Si 在胶州湾沉积物-水界面上的交换速率和通量研究 [J]. 青岛海洋大学学报：自然科学版，6：1012-1018.

蒋增杰，方建光，张继红，等，2007. 桑沟湾沉积物中磷的赋存形态及生物有效性 [J]. 环境科学，28（12）：2783-2788.

蒋增杰，王光花，方建光，等，2008. 桑沟湾养殖水域表层沉积物对磷酸盐的吸附特征 [J]. 环境科学，29（12）：3405-3409.

焦立新，2008. 浅水湖泊表层沉积物氮形态特征及在生物地球化学循环中的功能 [D]. 呼和浩特：内蒙古农业大学.

焦念志，1989. 关于沉积物释磷问题的研究 [J]. 海洋湖沼通报，2：80-84.

金相灿，姜霞，王琦，等，2008. 太湖梅梁湾沉积物中磷吸附/解吸平衡特征的季节性变化 [J]. 环境科学学报，28（1）：24-30.

孔德访，1992. 工程岩土学 [M]. 北京：地质出版社.

孔明，张路，尹洪斌，等，2014. 蓝藻暴发对巢湖表层沉积物氮磷及形态分布的影响 [J]. 中国环境科学，34（5）：1285-1292.

兰孝政，万荣，唐衍力，等，2016. 圆台型人工鱼礁单体流场效应的数值模拟 [J]. 中国海洋大学学报：自然科学版，46（8）：47-53.

李北罡，乔亚斌，马钦，2010. 黄河表层沉积物对磷的吸附与释放研究 [J]. 内蒙古师范大学学报，39（1）：50-58.

李飞，徐敏，2014. 海州湾保护区海洋环境质量综合评价 [J]. 长江流域资源与环境，23（5）：659-667.

李飞，徐敏，2014. 海州湾表层沉积物重金属的来源特征及风险评价 [J]. 环境科学，23（3）：1035-1040.

李建生，严利平，李惠玉，等，2007. 黄海南部、东海北部夏秋季小黄鱼数量分布及与浮游动物的关系 [J]. 海洋渔业，29（1）：31-37.

李金，董巧香，杜虹，等，2004. 柘林湾表层沉积物中氮和磷的时空分布 [J]. 热带海洋学报，23（4）：63-71.

李娟英，赵庆祥，2006. 氨氮生物硝化过程影响因素研究 [J]. 中国矿业大学学报，35（1）：120-124.

李俊伟，胡瑞萍，郭永坚，等，2019. 光裸方格星虫生物扰动对沉积物氮磷物质释放的影响 [J]. 生态科学，38（5）：8-14

李玲玲，2010. 黄河口湿地沉积物中营养盐分布及交换通量的研究 [D]. 青岛：中国海洋大学.

李任伟，李禾，李原，等，2001. 黄河三角洲沉积物重金属、氮和磷污染研究 [J]. 沉积学报，19（4）：622-629.

李如忠，2005. 水质评价理论模式研究进展及趋势分析 [J]. 合肥工业大学学报：自然科学版，28（4）：369-373.

李瑞香，朱明远，王宗灵，等，2003. 东海两种赤潮生物种间竞争的围隔实验 [J]. 应用生态学报，14（7）：1049-1054.

李铁，叶常明，1998. 沉积物与水间相互作用的研究进展 [J]. 环境科学进展，6（5）：29-39.

李晓东，张庆红，叶瑾琳，等，1999. 气候学研究的若干理论问题 [J]. 北京大学学报：自然科学版，35（1）：101-106.

李新正，2011. 我国海洋大型底栖生物多样性研究及展望：以黄海为例 [J]. 生物多样性（6）：676-684.

李永刚，汪振华，章守宇，2007. 嵊泗人工鱼礁海区生态系统能量流动模型初探 [J]. 海洋渔业，29
　　（3）：226-234.

李日嵩，杨红，2004. 长江口沉积物对磷酸盐的吸附与释放的研究 [J]. 海洋环境科学，23（3）：39-42.

李悦，乌大年，薛永先，1998. 沉积物中不同形态磷提取方法的改进及其环境地球化学意义 [J]. 海洋
　　环境科学，17（1）：15-20.

梁维波，于深礼，2007. 辽宁近海渔场海蜇增殖放流情况回顾与发展的探讨 [J]. 中国水产，380（7）：
　　72-74.

梁晓林，杨阳，王玉良，等，2015. 昌黎生态监控区夏季浮游植物群落年际变化特征分析 [J]. 环境科
　　学，36（4）：1317-1325.

林军，章守宇，2006. 人工鱼礁物理稳定性及其生态效应的研究进展 [J]. 海洋渔业，28（3）：257-262.

林军，章守宇，龚甫贤，2012. 象山港海洋牧场规划区选址评估的数值模拟研究：水动力条件和颗粒物
　　滞留时间 [J]. 上海海洋大学学报，21（3）：452-459.

林荣根，吴景阳，1994. 黄河口沉积物对磷酸盐的吸附与释放 [J]. 海洋学报，16（4）：82-90.

刘波，周锋，等，2011. 沉积物氮形态与测定方法研究进展 [J]. 生态学报，31（22）：6947-6958.

刘长东，郭晓峰，唐衍力，等，2015. 海州湾前三岛人工鱼礁区浮游植物群落组成及与环境因子的关系
　　[J]. 中国水产科学，22（3）：545-555.

刘成，何耘，王兆印，2005. 黄河口的水质、底质污染及其变化 [J]. 中国环境监测，21（3）：58-61.

刘峰，高云芳，王立欣，等，2011. 水域沉积物氮磷赋存形态和分布的研究进展 [J]. 水生态学杂志，32
　　（7）：137-145.

刘付程，张存勇，彭俊，2010. 海州湾表层沉积物粒度的空间变异特征 [J]. 海洋科学，34（7）：54-58.

刘海娇，傅文诚，孙军，2015. 2009-2011 年东海陆架海域网采浮游植物群落的季节变化 [J]. 海洋学报
　　（10）：106-122.

刘绿叶，2005. 长江口潮滩沉积物中磷的环境地球化学特征 [D]. 上海：复旦大学.

刘敏，侯立军，2003. 底栖穴居动物对潮滩沉积物中营养盐早期成岩作用的影响 [J]. 上海环境科学，
　　22（3）：180-184.

刘敏，侯立军，许世远，等，2002. 长江河口潮滩表层沉积物对磷酸盐的吸附特征 [J]. 地理学报，57
　　（4）：397-406.

刘敏，侯立军，许世远，等，2004. 长江口潮滩生态系统氮微循环过程中大型底栖动物效应实验模拟
　　[J]. 生态学报，25（5）：1132-1137.

刘敏，侯立军，许世远，等，2011. 河口滨岸潮滩沉积物-水界面 N、P 的扩散通量 [J]. 海洋环境科学，
　　20（3）：19-23.

刘培芳，陈振楼，刘杰，2002. 盐度和 pH 对崇明东滩沉积物中 NH_4^+ 释放的影响研究 [J]. 上海环境科
　　学，21（5）：271-273.

刘巧梅，刘敏，许世远，等，2002. 上海滨岸潮滩不同粒径沉积物中无机形态磷的分布特征 [J]. 海洋
　　环境科学，21（3）：29-33.

刘素美，江文胜，张经，2005. 用成岩模型计算沉积物-水界面营养盐的交换通量——以渤海为例 [J].
　　中国海洋大学学报：自然科学版，35（1）：145-151.

刘素美，张经，1999. 渤海莱州湾沉积物-水界面溶解无机氮的扩散通量 [J]. 环境科学（2）：12-16.

刘素美，张经，2001. 沉积物中磷的化学提取分析方法 [J]. 海洋科学，25（1）：22-25.

刘素美，张经，于志刚，等，1999. 渤海莱州湾沉积物-水界面溶解无机氮的扩散通量 [J]. 环境科学，
　　20（2）：12-16.

刘同渝，2003. 人工鱼礁的流态效应 [J]. 江西水产科技（6）：43-44.

刘彦，2014. 人工鱼礁水动力特性数值与实验研究［D］. 大连：大连理工大学．

刘焱见，李大鹏，李鑫，等，2018. 京杭大运河（苏州段）内源磷形态分布及其对扰动的响应［J］. 环境科学学报，38（1）：125-132.

卢璐，张硕，赵裕青，等，2011. 海州湾人工鱼礁海域沉积物中重金属生态风险的分析［J］. 大连海洋大学学报，26（2）：126-132.

鲁如坤，2000. 土壤农业化学分析方法［M］. 北京：中国农业科技出版社．

吕昊泽，刘健，陈锦辉，等，2014. 长江口3种贝类碳、氮收支的研究［J］. 海洋科学（6）：37-42.

吕洪斌，王恕桥，刘国山，等，2016. 两种大型底栖动物生物扰动对沉积物颗粒垂直分布的影响［J］. 水生态学杂志，37（1）：78-86.

吕继涛，2009. 颤蚓生物扰动对沉积物中重金属释放及形态分布的影响［D］. 长春：吉林大学．

吕敬，郑忠明，陆开宏，等，2010. 铜锈环棱螺生物扰动对水体底泥及其间隙水中碳、氮、磷含量的影响［J］. 生态科学，29（6）：538-542.

吕晓霞，宋金明，2003. 海洋沉积物中氮的形态及其生态学意义［J］. 海洋科学，集刊：101-111.

吕晓霞，宋金明，袁华茂，等，2004. 南黄海表层沉积物中氮的潜在生态学功能［J］. 生态学报，24（8）：1635-1643.

吕莹，陈繁荣，杨永强，等，2006. 春季珠江口内营养盐剖面分布和沉积物-水界面交换通量的研究［J］. 地球与环境，34（4）：1-6.

罗定贵，王学军，郭青，2004. 基于MATLAB实现的ANN方法在地下水质评价中的应用［J］. 北京大学学报：自然科学版，40（2）：296-302.

罗先香，张蕊，杨建强，刘汝海，等，2010. 莱州湾表层沉积物重金属分布特征及污染评价［J］. 生态环境学报，19（2）：262-269.

马红波，宋金明，吕晓霞，等，2002. 渤海南部海域柱状沉积物中氮的形态与有机碳的分解［J］. 海洋学报，24（5）：64-70.

马红波，宋金明，吕晓霞，等，2003. 渤海沉积物中氮的形态及其在循环中的作用［J］. 地球化学，32（1）：48-54.

马娟，彭永臻，王丽，等，2008. 温度对反硝化过程的影响以及pH值变化规律［J］. 中国环境科学，28（11）：1004-1008.

马宁，王宇，史春梅，等，2010. 氨氮在底泥中的吸附-解吸行为研究进展［J］. 现代农业科技（24）：273-274.

孟春霞，2005，2004年夏季黄河口及邻近海域各形态磷的研究［D］. 青岛：中国海洋大学．

孟凡德，2005. 长江中下游湖泊沉积物理化性质与磷及其形态的关系研究［D］. 北京：首都师范大学．

孟宪萌，胡和平，2009. 基于熵权的集对分析模型在水质综合评价中的应用［J］. 水利学报，40（3）：257-262.

倪金俤，矫新明，盖建军，等，2015. 营养元素对海州湾藻类生长的影响［J］. 水产养殖，32（1）：34-37.

聂小保，吴淑娟，吴方同，等，2011. 颤蚓生物扰动对沉积物氮释放的影响［J］. 环境科学学报，31（1）：107-113.

牛化欣，2006. 菊花心江蓠、毛蚶和微生物制剂对虾池环境净化作用的应用研究［D］. 青岛：中国海洋大学．

潘雪峰，张鹰，刘吉堂，2007. 海州湾多纹膝沟藻赤潮的动态相关分析［J］. 海洋环境科学，26（6）：523-526.

佩器奇ＡＬ，米勒ＲＨ，1991. 土壤分析法［M］. 闵九康，译．北京：中国农业科技出版社．

彭晓彤，周怀阳，2002. 海岸带沉积物中脱氮作用的研究进展 [J]. 海洋科学（5）：31－34.

彭璇，马胜伟，陈海刚，等，2014. 粤柘林东湾—南澳岛海洋牧场的海水营养状况及其等级评价 [J].
  广东农业科学，41（19）：135－141.

彭玉春，高增文，赵全升，等，2014. 渤海埕岛油田海域沉积物对磷的吸附特征 [J]. 海洋环境科学，33
  （2）：203－207.

戚晓红，2005. 中国近海部分典型海域磷的生物地球化学研究 [D]. 青岛：中国海洋大学.

戚晓红，刘素美，张经，2006. 东、黄海沉积物-水界面营养盐交换速率的研究 [J]. 海洋科学，30（3）：
  9－15.

齐红艳，范德江，徐琳，等，2008. 长江口及邻近海域表层沉积物 pH、Eh 分布及制约因素 [J]. 沉积学
  报，26（5）：820－827.

乔永民，黄长江，2009. 汕头湾表层沉积物重金属元素含量和分布特征研究 [J]. 海洋学报，31（1）：
  106－116.

丘耀文，王肇鼎，高红莲，2000. 大亚湾养殖海区沉积物中营养盐的解吸—吸附 [J]. 热带海洋，19
  （1）：76－80.

邱银，蔡欢欢，王东旭，等，2011. 海参养殖池中毛蚶生物沉积作用的研究 [J]. 河北渔业，（7）：8－10.

阙华勇，陈勇，张秀梅，等，2016. 现代海洋牧场建设的现状与发展对策 [J]. 中国工程科学，18（3）：
  79－84.

任航，赵兰坡，赵兴敏，等，2012. 底泥中磷的吸附-解吸特性研究进展 [J]. 吉林农业，263（1）：
  188－189.

商景阁，张路，张波，等，2010. 中国长足摇蚊（Tanypus chinensis）幼虫底栖扰动对沉积物溶解氧特
  征及反硝化的影响 [J]. 湖泊科学，22（05）：708－713.

尚会来，彭永臻，张静蓉，等，2009. 温度对短程硝化反硝化的影响 [J]. 环境科学学报，29（3）：
  516－520.

沈国英，施并章，2002. 海洋生态学 [M]. 2 版. 北京：科学出版社.

沈伟良，尤仲杰，施祥元，2008. 不同规格及不同盐度下毛蚶稚贝耗氧率和排氨率的研究 [J]. 渔业科
  学进展，29（2）：53－56.

沈志良，刘群，张淑美，等，2001. 长江和长江口高含量无机氮的主要控制因素 [J]. 海洋与湖沼，32
  （5）：465－473.

石峰，2003. 营养盐在东海沉积物-水界面交换速率和交换通量的研究 [D]. 青岛：中国海洋大学.

石晓勇，史致丽，2000. 黄河口磷酸盐缓冲机制的探讨Ⅲ. 磷酸盐交叉缓冲图及"稳定 pH 范围" [J].
  海洋与湖沼，31（4）：441－447.

史红星，刘会娟，曲久辉，等，2005. 无机矿质颗粒悬浮物对富营养化水体氨氮的吸附特性 [J]. 环境
  科学，26（5）：72－76.

宋国栋，刘素美，张国玲，2014. 黄东海表层沉积物中磷的分布特征 [J]. 环境科学，35（1）：157－162.

宋金明，1997. 中国近海沉积物-水界面化学 [M]. 北京：海洋出版社.

宋金明，2000. 黄河口邻近海域沉积物中可转化的磷 [J]. 海洋科学，24（7）：42－45.

宋金明，2000. 中国近海沉积物—海水界面化学过程与生源物质循环研究 [J]. 海洋科学，24（2）：56.

宋金明，2004. 中国近海生物地球化学 [M]. 济南：山东科学技术出版社.

宋金明，李鹏程，1996. 南沙群岛海域沉积物—海水界面间营养物质的扩散通量 [J]. 海洋科学.（5）：
  43－50.

宋鹏鹏，2012. 荣成天鹅湖沉积物磷的形态分布及吸附特征研究 [D]. 烟台：烟台大学.

宋祖光，高效江，张弛，2007. 杭州湾潮滩表层沉积物中磷的分布、赋存形态及生态意义 [J]. 生态学

杂志，26（6）：853-858.

孙大志，2007. 氨氮在土壤中吸附-解吸的动力学与热力学研究 [J]. 北华大学学报，8（6）：493-496.

孙刚，2013. 底栖动物的生物扰动效应 [M].1 版. 北京：科学出版社.

孙刚，房岩，韩德复，等，2008. 水丝蚓对水田沉积物颗粒垂直分布的生物扰动作用 [J]. 长春师范学报：自然科学版（8）：59-61.

孙娇，2011. 渤海湾近岸海域沉积物-水界面营养盐交换特性研究 [D]. 天津：天津大学.

孙娇，袁德奎，冯桓，等，2012. 沉积物-水界面营养盐交换通量的研究进展 [J]. 海洋环境科学，31（6）：933-938.

孙军，刘东艳，2004. 多样性指数在海洋浮游植物研究中的应用 [J]. 海洋学报，26（1）：62-75.

孙思志，郑忠明，2010. 大型底栖动物的生物干扰对沉积环境影响的研究进展 [J]. 浙江农业学报，22（2）：263-268.

孙松，周克，杨波，等，2008 胶州湾浮游动物生态学研究 I 种类组成 [J]. 海洋与湖沼，39（1）：1-7.

覃雪波，孙红文，彭士涛，等，2014. 生物扰动对沉积物中污染物环境行为的影响研究进展 [J]. 生态学报，34（1）：59-69.

唐峰华，李磊，廖勇，等，2012. 象山港海洋牧场示范区渔业资源的时空分布 [J]. 浙江大学学报：理学版，39（6）：696-702.

唐衍力，于晴，2016. 基于熵权模糊物元法的人工鱼礁生态效果综合评价 [J]. 中国海洋大学学报：自然科学版，46（1）：18-26.

田胜艳，张彤，宋春净，等，2016. 生物扰动对海洋沉积物中有机污染物环境行为的影响 [J]. 天津科技大学学报，31（1）：1-7.

田忠志，邢友华，姜瑞雪，等，2010. 东平湖表层沉积物中磷的形态分布特征研究 [J]. 长江流域资源与环境，19（6）：719-723.

佟飞，秦传新，余景，等，2016. 粤东柘林湾溜牛人工鱼礁建设选址生态基础评价 [J]. 南方水产科学，12（6）：25-32.

汪家权，孙亚敏，钱家忠，等，2002. 巢湖底泥磷的释放模拟实验研究 [J]. 环境科学学报，22（6）：738-742.

王功芹，张硕，李大鹏，等，2017. 环境因子对海州湾表层沉积物中氨氮吸附-解吸的影响 [J]. 生态环境学报（1）：95-103.

王功芹，朱珠，张硕，2016. 海州湾表层沉积物中氮的赋存形态及其生态意义 [J]. 环境科学学报，36（2）：450-457.

王汉奎，董俊德，张偲，等，2003. 三亚湾沉积物中磷释放的初步研究 [J]. 热带海洋学报，22（3）：1-8.

王汉奎，黄良民，陈国华，2005. 南沙群岛海域表层沉积物中磷的形态分布特征 [J]. 热带海洋学报，24（3）：31-37.

王华，王冼民，刘洋，2010. 滨江水体底质污染分层释放规律研究及应用 [J]. 北京工业大学学报，36（3）：364-370.

王建军，沈吉，张路，等，2010. 云南滇池和抚仙湖沉积物-水界面营养盐通量及氧气对其的影响 [J]. 湖泊科学，22（5）：640-648.

王建林，陈家坊，赵美芝，1989. 可变电荷表面对磷的吸附与解吸动力学 [J]. 环境科学学报，9（4）：437-445.

王菊英，马德毅，鲍永恩，等，2003. 黄海和东海海域沉积物的环境质量评价 [J]. 海洋环境科学，22（4）：21-24.

王娟，王圣瑞，金相灿，等，2007. 长江中下游浅水湖泊表层沉积物对氨氮的吸附特征 [J]. 农业环境
　　科学学报，26（4）：1224 - 1229.

王军，陈振楼，王东启，等，2006. 长江口湿地沉积物-水界面无机氮交换总通量量算系统研究 [J]. 环
　　境科学研究，19（4）：1 - 7.

王莲莲，陈丕茂，陈勇，等，2015. 贝壳礁构建和生态效应研究进展 [J]. 大连海洋大学学报，30（4）：
　　449 - 454.

王睿喆，王沛芳，任凌霄，等，2015. 营养盐输入对太湖水体中磷形态转化及藻类生长的影响 [J]. 环
　　境科学，36（4）：1301 - 1308.

王圣瑞，金相灿，焦立新，2007. 不同污染程度湖泊沉积物中不同粒级可转化态氮分布 [J]. 环境科学
　　研究，20（3）：52 - 57.

王书航，王雯雯，姜霞，等，2013. 蠡湖沉积物重金属形态及稳定性研究 [J]. 环境科学，34（9）：
　　3562 - 3571.

王腾，张贺，张虎，等，2016. 基于营养通道模型的海州湾中国明对虾生态容纳量 [J]. 中国水产科学，
　　23（4）：965 - 975.

王晓丽，包华影，郭博书，2009. 黄河沉积物对磷的吸附行为 [J]. 生态环境学报，18（6）：
　　2076 - 2080.

王修林，辛宇，石峰，等，2007. 溶解无机态营养盐在渤海沉积物—海水界面交换通量研究 [J]. 中国
　　海洋大学学报：自然科学版，37（5）：795 - 800.

王莹，2012. 滇池内源污染治理技术对比分析研究 [D]. 昆明：昆明理工大学.

王雨春，2001. 贵州红枫湖、百花湖沉积物-水界面营养元素（磷、氮、碳）的生物地球化学作用 [D].
　　贵阳：中国科学院地球化学研究所.

王中波，李日辉，张志珣，等，2016. 渤海及邻近海区表层沉积物粒度组成及沉积分区 [J]. 海洋地质
　　与第四纪地质，36（6）：101 - 109.

魏虎进，朱小明，纪雅宁，等，2013. 基于稳定同位素技术的象山港海洋牧场区食物网基础与营养级的
　　研究 [J]. 应用海洋学报，32（2）：250 - 257.

吴方同，陈锦秀，闫艳红，等，2011. 水丝蚓生物扰动对东洞庭湖沉积物氮释放的影响 [J]. 湖泊科学，
　　23（5）：731 - 737.

吴丰昌，1996. 云贵高原湖泊底泥和水体氮、磷和硫的生物地球化学作用和生态环境效应 [J]. 地质地
　　球化学，（6）：88 - 89.

吴丰昌，万国江，蔡玉蓉，1996. 沉积物-水界面的生物地球化学作用 [J]. 地球科学展，11（2）：
　　191 - 197.

吴淑娟，2010. 颤蚓扰动作用对东洞庭湖沉积污染物释放的影响研究 [D]. 长沙：长沙理工大学.

吴忠鑫，张秀梅，张磊，等，2012. 基于 Ecopath 模型的荣成俚岛人工鱼礁区生态系统结构和功能评价
　　[J]. 应用生态学报，23（10）：2878 - 2886.

夏勇锋，2014. 湘江（衡阳段）底泥吸附和解吸氨氮的特性研究 [D]. 湖南：南华大学.

肖荣，杨红，2016. 人工鱼礁建设对福建霞浦海域营养盐输运的影响 [J]. 海洋科学，40（2）：94 - 101.

谢斌，李云凯，张虎，等，2017. 基于稳定同位素技术的海州湾海洋牧场食物网基础及营养结构的季节
　　性变化 [J]. 应用生态学报，28（7）：2292 - 2298.

谢斌，张硕，李莉，等，2017. 海州湾海洋牧场浮游植物群落结构特征及其与水质参数的关系 [J]. 环
　　境科学学报，37（1）：121 - 129.

谢琳萍，孙霞，王保栋，等，2012. 渤黄海营养盐结构及其潜在限制作用的时空分布 [J]. 海洋科学，36
　　（9）：45 - 53.

谢冕，2013. 海州湾南部近岸海域氮、磷营养盐变化规律及营养盐限制状况 [D]. 青岛：国家海洋局第一海洋研究所.

熊莹槐，王芳，钟大森，2015. 不同盐度下凡纳滨对虾扰动作用对沉积物-水界面营养盐通量的影响[J]. 河北渔业 (7)：1-5.

徐明德，韦鹤平，李敏，等，2006. 长江口泥沙与沉积物对磷酸盐的吸附和解吸研究 [J]. 太原理工大学学报，37 (1)：48-54.

徐善良，沈勤，严小军，等，2010 水样中氮磷营养盐的短期保存技术研究 [C]. 福州：中国科学技术协会年会：52-59.

徐轶群，熊慧欣，赵秀兰，2003. 底泥磷的吸附与释放的研究进展 [J]. 重庆环境科学，25 (11)：147-149.

徐兆礼，陈亚瞿，1989. 东黄海秋季浮游动物优势种聚集强度与鲐鲹渔场的关系 [J]. 生态学杂志，(4)：13-15.

徐祖信，2005. 我国河流综合水质标识指数评价方法研究 [J]. 同济大学学报：自然科学版，33 (4)：482-488.

许祯行，陈勇，田涛，等，2016. 基于 Ecopath 模型的獐子岛人工鱼礁海域生态系统结构和功能变化 [J]. 大连海洋大学学报，31 (1)：85-94.

杨宝瑞，陈勇，2014. 韩国海洋牧场建设与研究 [M]. 北京：海洋出版社.

杨东方，陈生涛，胡均，等，2007. 光照、水温和营养盐对浮游植物生长重要影响大小的顺序 [J]. 海洋环境科学，26 (3)：201-207.

杨东方，苗振清，2010. 海湾生态学 [M]. 北京：海洋出版社.

杨红生，2016. 我国海洋牧场建设回顾与展望 [J]. 水产学报，40 (7)：1133-1140.

杨红生，2017. 海洋牧场构建原理和实践 [M].1 版. 北京：科学出版社.

杨洪美，2012. 南四湖表层沉积物中氮形态及吸附释放研究 [D]. 济南：山东大学.

杨利民，周广胜，李建东，2002. 松嫩平原草地群落物种多样性与生产力关系的研究 [J]. 植物生态学报，26 (5)：589-593.

杨亮杰，余鹏飞，竺俊全，等，2014. 浙江横山水库浮游植物群落结构特征及其影响因子 [J]. 应用生态学报，25 (2)：569-576.

杨龙元，蔡启铭，秦伯强，等，1998. 太湖梅梁湾沉积物-水界面氮迁移特征初步研究 [J]. 湖泊科学，10 (4)：41-47.

杨晓改，2015. 海州湾及其邻近海域浮游生物群落结构及其与环境因子的关系 [D]. 青岛：中国海洋大学.

杨晓改，薛莹，昝肖肖，等，2014. 海州湾及其邻近海域浮游植物群落结构及其与环境因子的关系 [J]. 应用生态学报，25 (7)：2123-2131.

杨艳青，等，2016. 摇蚊幼虫生物扰动对富营养化湖泊内源磷释放的影响 [J]. 河海大学学报：自然科学版 (6)：485-490.

野添学，大橋行三，藤原正幸，2000. 鉛直2次元定常流場に設置された衝立型構造物による植物プランクトンと栄養塩の変化予測に関する数値実験 [J]. 水産工学，36：253-259.

尹翠玲，张秋丰，崔健，等，2013.2008-2012 年渤海湾天津近岸海域夏季浮游植物组成 [J]. 海洋科学进展，31 (4)：527-537.

由希华，王宗灵，石晓勇，等，2007. 浮游植物种间竞争研究进展 [J]. 海洋湖沼通报 (4)：161-166.

于雯雯，张东菊，邹欣庆，等，2017. 海州湾海域浮游动物种类组成与丰度的季节变化 [J]. 生态学杂，36 (5)：1339-1349.

于子山，王诗红，张志南，等，1999. 紫彩血蛤的生物扰动对沉积物颗粒垂直分布的影响 [J]. 中国海洋大学学报：自然科学版（2）：279-282.

俞志明，马锡年，谢阳，1995. 黏土矿物对海水中主要营养盐的吸附研究 [J]. 海洋与湖沼，26（2）：208-214.

玉坤宇，刘素美，张经，等，2001. 海洋沉积物-水界面营养盐交换过程的研究 [J]. 环境化学，5：425-431.

原野，2009. 基于声学方法的中国近海沉积物和悬浮颗粒物动力过程观测研究 [D]. 青岛：中国海洋大学.

岳维忠，黄小平，孙翠慈，2007. 珠江口表层沉积物中氮、磷的形态分布特征及污染评价 [J]. 海洋与湖沼，38（2）：111-117.

岳宗恺，2013. 东昌湖表层沉积物磷的形态及其释放过程研究 [D]. 青岛：中国海洋大学.

张彬，陈猷鹏，方芳，等，2012. 三峡库区淹没消落区土壤氮素形态及分布特征 [J]. 环境科学学报，32（5）：1126-1133.

张伯镇，王丹，张洪，等，2016. 官厅水库沉积物重金属沉积通量及沉积物记录的生态风险变化规律 [J]. 环境科学学报，36（2）：458-465.

张存勇，2006. 连云港近岸海域海洋工程对生态环境的影响及其研究 [D]. 青岛：中国海洋大学.

张存勇，2012. 连云港近岸海域潮流动力特征 [J]. 水运工程，470（9）：30-34.

张德荣，陈繁荣，杨永强，等，2006. 夏季珠江口外近海沉积物-水界面营养盐的交换通量 [J]. 热带海洋学报，24（6）：53-60.

张登峰，鹿雯，王盼盼，等，2008. 沉积物在不同水平下的释放与转化规律 [J]. 安全与环境学报，8（1）：1-5.

张国胜，陈勇，张沛东，等，2003. 中国海域建设海洋牧场的意义及可行性 [J]. 大连海洋大学学报，18（2）：141-144.

张恒军，吴群河，江栋，等，2007. 珠江底泥氮转化细菌及三氮特征 [J]. 桂林理工大学学报，27（2）：227-230.

张虎，刘培廷，汤建华，等，2008. 海州湾人工鱼礁大型底栖生物调查 [J]. 海洋渔业，30（2）：97-104.

张辉，2009. 黄东海沉积物中营养盐分布及交换通量研究 [D]. 青岛：中国海洋大学.

张健，2012. 河口区悬浮-水界面营养盐交换行为与动态变化特征 [D]. 青岛：中国海洋大学.

张健，郑西来，董慧等，2012. 河口表层沉积物中磷酸盐释放的动力学特征 [J]. 海洋地质前言，28（3）：1-6.

张洁帆，李清雪，陶建华，2009. 渤海湾沉积物和水界面间营养盐交换通量及影响因素 [J]. 海洋环境科学（5）：492-496.

张雷，古小治，邵世光，等，2011. 河蚬（Corbicula fluminea）扰动对湖泊沉积物性质及磷迁移的影响 [J]. 环境科学（1）：90-97.

张明亮，2004. 连云港海州湾人工鱼礁建设浅论 [J]. 海洋开发与管理，30（5）：35-42.

张硕，方鑫，黄宏，等，2017. 基于正交试验的沉积物-水界面营养盐交换通量研究——以海州湾海洋牧场为例 [J]. 中国环境科学，37（11）：4266-4276.

张硕，王功芹，朱珠，等，2015. 海州湾表层沉积物中不同形态氮季节性赋存特征 [J]. 生态环境学报，24（8）：336-1341.

张硕，朱孔文，孙满昌，2006. 海州湾人工鱼礁区浮游植物的种类组成和生物量 [J]. 大连水产学院学报，21（2）：134-140.

张锡辉，2002. 水环境修复工程学原理与应用 [M]. 北京：化学工业出版社.

张小勇，2013. 黄、东海陆架沉积物中氮、磷的形态分布及与浮游植物总量的关系 [D]. 青岛：中国海洋大学.

张小勇，孙耀，石小勇，等，2013. 黄海、东海陆架区沉积物中氮的形态分布及与浮游植物总量的关系 [J]. 海洋学报，35（1）：111-120.

张小勇，杨茜，2013. 桑沟湾养殖海域柱状沉积物中磷的赋存形态和生物有效性 [J]. 渔业科学进展，34（2）：37-44.

张小勇，杨茜，孙耀，等，2013. 黄东海陆架区沉积物中磷的形态分布及生物可利用性 [J]. 生态学报，33（11）：3509-3519.

张旭，2007. 连云港海州湾近岸海域溶解氧含量及饱和度特征分析 [J]. 中国水运：理论版，5（10）：69-70.

张岩，崔丽娟，赵欣胜，等，2011. 湿地沉积物对磷的吸附-解吸动力学模型概述 [J]. 生态学杂志，30（10）：2359-2364.

张彦，卢学强，刘红磊，等，2014. 渤海湾天津段表层沉积物重金属分布特征及其来源解析 [J]. 环境科学研究，27（6）：608-614.

张艳，白相东，袁四化，等，2015. 颗粒粒径对三氮硝化—反硝化影响特征研究 [J]. 科学技术与工程，15（18）：243-246.

张永雨，张继红，梁彦韬，等，2017. 中国近海养殖环境碳汇形成过程与机制 [J]. 中国科学：地球科学，47（12）：1414-1424.

张玉凤，田金，杨爽，等，2015. 大连湾海域营养盐时空分布、结构特征及其生态响应 [J]. 中国环境科学，35（1）：236-243.

张志南，周宇，韩洁，等，2000. 应用生物扰动实验系统研究双壳类生物沉降作用 [J]. 青岛海洋大学学报：自然科学版（2）：270-276.

章守宇，张焕君，焦俊鹏，等，2006. 海州湾人工鱼礁海域生态环境的变化 [J]. 水产学报，30（4）：475-480.

赵晨英，臧家业，刘军，等，2016. 黄渤海氮磷营养盐的分布、收支与生态环境效应 [J]. 中国环境科学，36（7）：2115-2127.

赵东波，2009. 常用沉积物粒度分类命名方法探讨 [J]. 海洋地质前沿，25（8）：41-44.

赵建刚，乔永民，2012. 汕头湾沉积物磷的形态分布与季节变化特征研究 [J]. 环境科学，6（33）：1823-1831.

赵建华，李飞，2015. 海州湾营养盐空间分布特征及影响因素分析 [J]. 环境科学与技术，38（12）：32-35.

赵亮，魏皓，冯士筰，2002. 渤海氮磷营养盐的循环和收支 [J]. 环境科学，23（1）：79-81.

赵文，2005. 水生生物学 [M]. 北京：中国农业出版社.

赵一阳，李凤业，D J DeMaster，等，1991. 南黄海沉积速率和沉积通量的初步研究 [J]. 海洋与湖沼，22（1）：38-43.

赵志梅，2005. 渤海湾沉积物磷形态及营养盐在沉积物-水界面交换的研究 [D]. 西安：西北农林科技大学.

郑国侠，宋金明，孙云明，等，2006. 南海深海盆表层沉积物氮的地球化学特征与生态学功能 [J]. 海洋学报：中文版，28（6）：44-52.

郑丽波，叶瑛，周怀阳，等，2003. 东海特定海区表层沉积物中磷的形态、分布及其环境意义 [J]. 海洋与湖沼，34（3）：274-282.

郑丽波，周怀阳，叶瑛，2003. 东海特定海区沉积物-水界面附近 P 释放的实验研究 [J]. 海洋环境科学，22（3）：31-34.

郑余琦，郑忠明，秦文娟，2017. 缢蛏（Sinonovacula constricta）生物扰动对养殖废水处理系统中沉积物磷赋存形态垂直分布的影响 [J]. 海洋与湖沼 (1)：161-170.

中国海湾志编纂委员会，1993. 中国海湾志 [M]. 北京：海洋出版社.

钟立香，王书航，姜霞，等，2009. 连续分级提取法研究春季巢湖沉积物中不同结合态氮的赋存特征 [J]. 农业环境科学学报，28 (10)：2132-2137.

周德山，2008. 海州湾海域赤潮形成的环境因子研究 [D]. 苏州：苏州大学.

周美玲，张鉴达，杨小雨，等，2018. 昌黎黄金海岸自然保护区海域表层沉积物中氮赋存形态分布特征 [J]. 海洋环境科学，37 (5)：691-698.

周楠楠，2013. 颤蚓生物扰动对水体沉积物中 pH 和 DO 分布的影响 [D]. 长春：吉林大学.

周天宇，李浩帅，简慧敏，等，2018. 长江口及邻近海域表层沉积物中氮形态的研究 [J]. 海洋环境科学，37 (2)：281-286.

周伟华，吴云华，2001. 南沙群岛海域沉积物间隙水营养盐（氮，磷，硅）的研究 [J]. 热带海洋学报，20 (4)：49-55.

周召千，2008. 东海沉积物中氮的形态研究 [D]. 青岛：中国海洋大学.

朱炳德，2007. 黄海及胶州湾沉积物中氮的形态研究 [D]. 青岛：中国海洋大学.

朱广伟，秦伯强，2003. 沉积物中磷形态的化学连续提取法应用研究 [J]. 农业环境科学学报，22 (3)：349-352.

朱孔文，2010. 海州湾海洋牧场：人工鱼礁建设 [M]. 北京：中国农业出版社.

朱媛媛，2009. 东、黄海沉积物中各形态磷的分布特征及其生物地球化学初步研究 [D]. 青岛：中国海洋大学.

宗虎民，袁秀堂，王立军，等，2017. 我国海水养殖业氮、磷产出量的初步评估 [J]. 海洋环境科学，36 (3) 336-342.

Abrahim G M，Parker R J，2008. Assessment of heavy metal enrichment factors and the degree of contamination in marine sediments from Tamaki Estuary, Auckland, New Zealand. [J]. Environmental Monitoring & Assessment, 136 (1-3): 227-238.

Abramsky Z，Rosenzweig M L，1984. Tilman's predicted productivity - diversity relationship shown by desert rodents [J]. Nature, 309 (5964): 150-151.

Albrecht A，Reiser R，Luck A，et al，1998. Radiocesium Dating of Sediments from Lakes and Reservoirs of Different Hydrological Regimes [J]. Environmental science & technology, 32 (13): 1882-1887.

Aller R C，Mackin J E，Ullman W J，et al，1985. Early chemical diagenesis, sediment - water solute exchange, and storage of reactive organic matter near the mouth of the Changjiang, East China Sea [J]. Continental Shelf Research, 4 (1): 227-251.

Ambrose R F，Anderson T W，1990. Influence of an artificial reef on the surrounding infaunal community [J]. Marine Biology, 107 (1): 41-52.

Andersen F ∅，Ring P，1999. Comparison of phosphorus release from littoral and profundal sediments in a shallow, eutrophic lake [J]. Hydrobiologia, 408-409: 175-183.

Andriedx F，Aminot A，1997. A two - year survey of phosphorus speciation in the sediments of the Bay of Seine (France) [J]. Continental Shelf Research, 17 (10): 1229-1245.

Ann - Sofie Wernersson，Go ran Dava，Eva Nilsson，1999. Combining sediment quality criteria and sediment bioassays with photo activation for assessing sediment quality along the Swedish West Coast [J]. Aquatic Ecosystem Health and Management, 2: 379-389.

Anschutz P，Chaillou G，Lecroart P，2007. Phosphorus diagenesis in sediment of the ThauLagoon [J]. Estuarine Coastal & Shelf Science, 72 (3): 447-456.

Antoniou P，Hamilton J，Koopman B，et al，1990. Effect of temperature and pH on the effective maximum specific growth rate of nitrifying bacteria [J]. Water Research，24 (1)：97 - 101.

Banerjee A，Elefsiniotis P，Tuhtar D，1999. The effect of addition of potato - processing wastewater on the acidogenesis of primary sludge under varied hydraulic retention time and temperature [J]. Journal of Biotechnology，2 (3)：203 - 212.

Barry J P，Buck K R，Lovera C，et al，2013. The response of abyssal organisms to low pH conditions during a series of CO₂ - release experiments simulating deep - sea carbon sequestration [J]. Deep Sea Research Part II Topical Studies in Oceanography，92：249 - 260.

Bartlett R，Mortimer R J G，Morris K，2008. Anoxic nitrification：Evidence from Humber Estuary sediments (UK) [J]. Chemical Geology，250 (1 - 4)：29 - 39.

Berelson W M，Heggie D，Longmore A，et al，1998. Benthic Nutrient Recycling in Port Phillip Bay，Australia [J]. Estuarine Coastal & Shelf Science，46 (6)：917 - 934.

Berman T，Bronk D A. Berman T，Bronk D A，2003. Dissolved organic nitrogen：a dynamic participant in aquatic ecosystems. [J]. Aquatic Microbial Ecology，31 (3)：279 - 305.

Berner R A，Ruttenberg K C，JiLong Rao，et al，1993. The nature of phosphorus burial in modern marine sediments [J]. Biogeochemical Cycles and Global Change，365 - 378.

Bertics V J，Sohm J A，Magnabosco C，et al，2012. Denitrification and nitrogen fixation dynamics in the area surrounding an individual ghost shrimp (*Neotrypaea californiensis*) burrow system. [J]. Applied & Environmental Microbiology，78 (11)：3864.

Bianchan T S，Engelhaupt E，Westman P，et al，2002. Cyanobacterial blooms in the Baltic Sea：Natural or human - induced [J]. Limnology and Oceanography，45：716 - 726.

Bidle K D，Azam F，2001. Bacterial control of silicon regeneration from diatom detritus：Significance of bacterial ectohydrolases and species identity [J]. Limnology and Oceanography，46 (7)：1606 - 1623.

Bidle K D，Brzezinski M A，Long R A，et al，2003. Diminished efficiency in the oceanic silica pump caused by bacteria - mediated silica dissolution [J]. Limnology and Oceanography，48 (5)：1855 - 1868.
biology and ecology，135 (2)：135 - 160.

Biswas J K，Rana S，Bhakta J N，2009. Bioturbation potential of chironomid larvae for the sediment - water phosphorus exchange in simulated pond systems of varied nutrient enrichment [J]. Ecological Engineering，35 (10)：1444 - 1453.

Blackburn T H，Henriksen K，1983. Nitrogen cycling in different types of sediments from Danish waters [J]. Limnology and Oceanography，28 (3)：477 - 493.

Boatman C D，Murray J W，1982. Modeling exchangeable NH₄⁺ adsorption in marine sediments：Process and controls of adsorption [J]. Limnology and Oceanography，27：99 - 111.

Bokuniewicz H，Mctiernan L，Davis W，1991. Measurement of sediment resuspension rates in Long Island Sound [J]. Geo - Marine Letters，11 (3)：159 - 161.

Bonaldo D，Benetazzo A，Bergamasco A，et al，2014. Sediment transport modifications induced by submerged artificial reef systems：a case study for the Gulf of Venice [J]. Oceanological & Hydrobiological Studies，43 (1)：7 - 20.

Boudreau B P，1997. Diagenetic Models and Their Implementation [J]. Marine & Petroleum Geology，15 (3)：279.

Boynton W R，Kemp W M，1985. Nutrient regeneration and oxygen consumption by sediments along an estuarine salinity gradient [J]. Marine ecology progress series. Oldendorf，23 (1)：45 - 55.

Bray J T, Bricker O P, Troup B N, 1973. Phosphate in Interstitial Waters of Anoxic Sediments: Oxidation Effects during Sampling Procedure [J]. Science, 180 (4093): 1362.

Bubba M D, Arias C A, Brix H, 2003. Phosphorus adsorption maximum of sands for use as media in subsurface flow constructed reed beds as measured by the Langmuir isotherm [J]. Water Research, 37 (14): 3390 - 3400.

Callender E, Hammond D E, 1982. Nutrient exchange across the sediment - water interface in the Potomac River estuary [J]. Estuarine Coastal & Shelf Science, 15 (4): 395 - 413.

Canfield D E, Jorgensen B B, Fossing H, et al, 1993. Pathways of organic carbon oxidation in three continental margin sediments. [J]. Marine Geology, 113 (1 - 2): 27 - 40.

Cantwell M G, Burgess R M, Kester D R, 2002. Release and phase partitioning of metals from anoxic estuarine sediments during periods of simulated resuspension [J]. Environmental Science & Technology, 36 (36): 5328 - 5334.

Cappellen P V, Qiu L, 1997. Biogenic silica dissolution in sediments of the Southern Ocean. I. Solubility [J]. Deep Sea Research Part II Topical Studies in Oceanography, 44 (5): 1109 - 1128.

Carpenter, Edward J, 1983. Nitrogen in the Marine Environment [M]. Academic Press. New York: 76 - 77.

Castège I, Milon E, Fourneau G, et al, 2016. First results of fauna community structure and dynamics on two artificial reefs in the south of the Bay of Biscay (France) [J]. Estuarine Coastal & Shelf Science, 179: 172 - 180.

Cerco C F, 1989. Measured and modelled effects of temperature, dissolved oxygen and nutrient concentration on sediment - water nutrient exchange [J]. Hydrobiologia, 174 (3): 185 - 194.

Cermelj B, Bertuzzi A, Faganeli J, 1997. Modelling of pore water nutrient distribution and benthic fluxes in shallow coastal waters (Gulf of Trieste, Northern Adriatic) [M]. The Interactions Between Sediments and Water. Springer Netherlands.

Chang S C. Jackson M L, 1957. Fractionation of soil phosphorus [J]. Soil Science, 84: 133 - 134.

Charbonnel E, Serre C, Ruitton S, et al, 2002. Effects of increased habitat complexity on fish assemblages associated with large artificial reef units (French Mediterranean coast) [J]. Ices Journal of Marine Science, 59 (suppl): 208 - 213.

Cheng I, Chang P, 1999. The relationship between surface macrofauna and sediment nutrients in a mudflat of the Chuwei mangrove forest, Tiwan [J]. Bulletin of Marine Science, 65 (3): 603 - 616.

Christensen P B, Glud R N, Dalsgaard T, et al. Impacts of longline mussel farming on oxygen and nitrogen dynamics and biological communities of coastal sediments [J]. Aquaculture, 2003, 218 (1 - 4): 567 - 588.

Ciarelli S, Straalen N M, Klap V A, et al, 1999. Effect of sediment bioturbation by the estuarine amphipod Corophium volutator on fluoranthene resuspension and transfer into the mussel (*Mytilus edulis*) [J]. Environmental Toxicology Chemistry, 18 (2): 318 - 328.

Clarke S J, Wharton G, 2001. Sediment nutrient characteristics and aquatic macrophytes in lowland English rivers [J]. The science of the Total Environment, 266: 103 - 112.

Cociasu A, Dorogan L, Humborg C, et al, 1996. Long - term ecological changes in Romanian coastal waters of the Black Sea [J]. Marine Pollution Bulletin, 32 (1): 32 - 38.

Codispoti L A, 1989. Phosphorus vs. Nitrogen limitation of new and export production. In: Productivity of the oceans, present and past, Berger W H, Smetaeek V S, Wefer G, Johni Wley, NewYork: 377 - 394.

Cole K M, Sheath R G, Cole K M, et al, 1990. Biology of the red algae [J]. Bioscience, 41 (11):

368 - 371.

Conley D J, Malone T C, 1992. Annual Cycle of Dissolved Silicate in Chesapeake Bay: Implications for the Production and Fate of Phytoplankton Biomass [J]. Marine Ecology Progress, 81 (2): 121 - 128.

Conley D J, Stockenberg A, Carman R, et al, 1997. Sediment - water Nutrient Fluxes in the Gulf of Finland, Baltic Sea [J]. Estuarine Coastal & Shelf Science, 45 (5): 591 - 598.

Couceiro F, Fones G R, Cel T, et al, 2013. Impact of resuspension of cohesive sediments at the Oyster Grounds (North Sea) on nutrient exchange across the sediment - water interface [J]. Biogeochemistry, 113 (1): 37 - 52.

Cowan J L W, Boynton W R, 1996. Sediment - water oxygen and nutrient exchanges along the longitudinal axis of Chesapeake Bay: Seasonal patterns, controlling factors and ecological significance [J]. Estuaries, 19 (3): 562 - 580.

Cowan J L W, Pennock J R, Boynton W R, 1996. Seasonal and interannual patterns of sediment - water nutrient and oxygen fluxes in Mobile Bay, Alabama (USA): Regulating factors and ecological significance [J]. Marine ecology progress series. Oldendorf, 141 (1): 229 - 245.

Creed R P, Pflaum J R, 2010. Bioturbation by a dominant detritivore in a headwater stream: litter excavation and effects on community structure [J]. Oikos, 119 (12): 1870 - 1876.

Croel R C, Kneitel J M, 2011. Ecosystem - level effects of bioturbation by the tadpole shrimp Lepidurus packardi in temporary pond mesocosms [J]. Hydrobiologia, 665 (1): 169 - 181.

Dannenberger D, 1996. Chlorinated micropollutants in surface sediments of Baltic Sea - investigations in the Belt Sea, the Arkona Sea and the Pomeranian Bright [J]. Marine Pollution Bulletin, 32: 772 - 781.

De Lange G J, 1992. Distribution of exchangeable, fixed, organic and total nitrogen in interbedded turbiditic pelagic sediments of the Madeira Abyssal Plain, eastern North Atlantic [J]. Marine Geology, 109 (2): 115 - 139.

Dean L A, 1938. An attempted fractionation of the soil [J]. Phosphorus. Agrieultural Scienee, 28: 234 - 246.

Denis L, Grenz C, 2003. Spatial variability in oxygen and nutrient fluxes at the sediment - water interface on the continental shelf in the Gulf of Lions (NW Mediterranean) [J]. Oceanologica Acta, 26 (4): 373 - 389.

Diaz J, Ingall E, Benitez - Nelson C, et al, 2008. Marine polyphosphate: a key player in geologic phosphorus sequestration [J]. Science, 320 (5876): 652 - 655.

Dixit S, Cappellen P V, Bennekom A J V, 2001. Processes controlling solubility of biogenic silica and pore water build - up of silicic acid in marine sediments [J]. Marine Chemistry, 73 (3): 333 - 352.

Dong L F, Smith C J, Papaspyrou S, et al, 2009. Changes in Benthic Denitrification, Nitrate Ammonification, and Anammox Process Rates and Nitrate and Nitrite Reductase Gene Abundances along an Estuarine Nutrient Gradient (the Colne Estuary, United Kingdom) [J]. Applied & Environmental Microbiology, 75 (10): 3171 - 3179.

Dong L F, Thornton D C O, Nedwell D B, et al, 2000. Denitrification in sediments of the River Colne estuary, England. Marine Ecology Progress Series, 203: 109 - 122.

Dove P M, Elston S F, 1992. Dissolution kinetics of quartz in sodium chloride solutions: Analysis of existing data and a rate model for 25℃ [J]. Geochimica et Cosmochimica Acta, 56 (12): 4147 - 4156.

Duggins D O, Simenstad C A, Estes J A, 1989. Magnification of Secondary Production by Kelp Detritus in Coastal Marine Ecosystems [J]. Science, 245 (4914): 170 - 173.

Duport E, Gilbert F, Poggiale J, et al, 2007. Benthic macrofauna and sediment reworking quantification in contrasted environments in the Thau Lagoon [J]. Estuarine, Coastal and Shelf Science, (72): 522 - 533.

Dzikiewicz M, 2006. Activities in non-point pollution control in rural areas of Poland [J]. Ecological Engineering, 23 (14): 429-434.

E Gomen, C Durillon, G Rofes, et al, 1999. Phosphate adsorption and release from sediments of Brackish Lagoons: pH, O₂ and loading influence [J]. Water Research, 33 (10): 2437-2447.

Elderfield H, Luedtke N, McCaffrey R J, et al, 1981. Benthic flux studies in Narragansett Bay [J]. American Journal of Science, 281 (6): 768-787.

Engelsen A, Hulth S, Pihl L, et al, 2008. Benthic trophic status and nutrient fluxes in shallow-water sediments [J]. Estuarine Coastal & Shelf Science, 78 (4): 783-795.

England: The role of the bottom sediments [J]. Marine Ecology Progress Series, 142: 273-286.

Enoksson V, Samuelsson M O, 1987. Nitrification and dissimilatory ammonium production and their effects on nitrogen flux over the sediment-water interface in bioturbated coastal sediments [J]. Marine Ecology Progress Series, 36: 181-189.

Falcão M, Santos M N, Drago T, et al, 2009. Effect of artificial reefs (southern Portugal) on sediment-water transport of nutrients: Importance of the hydrodynamic regime [J]. Estuarine Coastal & Shelf Science, 83 (4): 451-459.

Falcão M, Santos M N, Vicente M, et al, 2007. Biogeochemical processes and nutrient cycling within an artificial reef off Southern Portugal [J]. Marine Environmental Research, 63 (5): 429-444.

Fanjul E, Escapa M, Montemayor D, et al, 2015. Effect of crab bioturbation on organic matter processing in South West Atlantic intertidal sediments [J]. Journal of Sea Research, 95: 206-216.

Fanjul E, Grela M A, Canepuccia A, et al, 2008. The Southwest Atlantic intertidal burrowing crab Neohelice granulata, modifies nutrient loads of phreatic waters entering coastal area [J]. Estuarine Coastal & Shelf Science, 79 (2): 300-306.

Fernandez M A, Alonso C, Gonzalez M J, 1999. Occurrence of organochlorine insecticides, PCOCs and PCOCs congeners in water and sediments of the Ebro river (Spain) [J]. Chemosphere, 38: 33-43.

Fisherb T R, Carlsonb P R, Barbera R T, 1982. Sediment nutrient regeneration in three North Carolina estuaries [J]. Estuarine Coastal & Shelf Science, 14 (1): 101-116.

Forja J M, Blasco J, Gómez-Parra A, 1994. Spatial and seasonal variation of in situ benthic fluxes in the Bay of Cadiz (south-west Spain) [J]. Estuarine, Coastal and Shelf Science, 39 (2): 127-141.

Francis C A, Beman J M, Kuypers M M, 2007. New processes and players in the nitrogen cycle: the microbial ecology of anaerobic and archaeal ammonia oxidation [J]. Isme Journal, 1 (1): 19-27.

Fux C, Boehler M, Huber P, et al, 2002. Biological treatment of ammonium-rich wastewater by partial nitritation and subsequent anaerobic ammonium oxidation (anammox) in a pilot plant [J]. Journal of Biotechnology, 99 (3): 295-306.

Gardner W S, Yang L Y, Cotner J B, et al, 2001. Nitrogen dynamics in sandy freshwater sediments (Saginaw Bay, Lake Huron) [J]. Journal of Great Lakes Research, 27 (1): 84-97.

Gerino M, Aller R, Lee C, et al, 1998. Comparison of different tracers and methods used to quantify bioturbation during a spring bloom: 234-thorium, luminophores and chlorophyll [J]. Estuarine, Coastal and Shelf Science, 46 (4): 531-547.

Gieskes J M, 1970. Effect of Temperature on the pH of Seawater [J]. Limnology and Oceanography, 14 (2): 679-685.

Gilbert F, Hulth S, Grossi V, et al, 2007. Sediment reworking by marine benthic species from the Gullmar Fjord (Western Sweden): Importance of faunal biovolume [J]. Journal of Experimental Marine Biology & Ecology, 348 (2): 133-144.

Gilbert R, Stora G, Bonin P, 1998. Influence of bioturbation on denitrification activity in Mediterranean coastal sediments: an in situ experimental approach [J]. Marine Ecology Progress Series, 163: 99-107.

Golterman H L, 1982. Differential extraction of sediment phosphates with NTA solutions [J]. Hydrobiologia, 91: 683-687.

Golterman H L, 1984. Sediments modifying and equilibrating factors in the chemistry of fresh water [J]. Verh Int Ver Limnol, 22: 23-59.

Golterman H L, 1996. Fractionation of sediment Phosphate with chelating compounds: a simplification and comparison with other methods [J]. Hydrobiologia, 335: 87-95.

Gonsiorczyk T, Casper P, Koschel R, 1997. Variations of phosphorus release from sediments in stratified lakes [J]. Water, Air and Soil Pollution, 99: 427-434.

Gross A, Boyd C E, Wood C W, 2000. Nitrogen transformations and balance in channel catfish ponds [J]. Aquacultural Engineering, 24 (1): 1-14.

Gutiérrez D, Gallardo V A, Mayor S, et al, 2000. Effects of dissolved oxygen and fresh organic matter on the bioturbation potential of macrofauna in sublittoral sediments off Central Chile during the 1997/1998 El Niño [J]. Marine Ecology Progress, 202 (1): 81-99.

Hall P O J, Hulth S, Hulthe G, et al, 1996. Benthic nutrient fluxes on a basin-wide scale in the Skagerrak (north-eastern North Sea) [J]. Journal of Sea Research, 35 (1): 123-137.

Halpern, B S, et al, 2008. A global map of human impact on marine cosystems [J]. Science, 319 (5863): 948-952.

Hansen K, Kristensen E, 1997. Impact of Macrofaunal Recolonization on Benthic Metabolism and Nutrient Fluxes in a Shallow Marine Sediment Previously Overgrown with Macroalgal Mats [J]. Estuarine Coastal & Shelf Science, 45 (5): 613-628.

Hecky R E, Kilham P, 1988. Nutrient limitation of phytoplankton in freshwater and marine environments: A review of recent evidence on the effects of enrichment [J]. Limnology and Oceanography, 33 (4): 796-822.

Helder W, Devries R T P, 1983. Estuarine nitrite maxima and nitrifying bacteria (Ems-Dollard Estuary) [J]. Netherlands Journal of Sea Research, 17: 1-18.

Henriksen K, Hansen J I, Blackburn T H, 1980. The influence of benthic infauna on exchange rates of inorganic nitrogen between sediment and water [J]. Ophelia, 1: 249-256.

Herbert R A, 1999. Nitrogen cycling in coastal marine ecosystems [J]. FEMS Microbiology Reviews, 23 (5): 563-590.

Hewitt J, Thrush S, Gibbs M, et al, 2006. Indirect effects of Atrina zelandica, on water column nitrogen and oxygen fluxes: The role of benthic macrofauna and microphytes [J]. Journal of Experimental Marine Biology & Ecology, 330 (1): 261-273.

Hieltjes A H M, Lijklema L, 1980. Fractionation of inorganic phosphorus in caleareous sediments [J]. Environmental Quality, 9: 405-407.

Holby O, Hall P, 1991. Chemical fluxes and mass balances in a marine cage farm. II. Phosphorus [J]. Marine Ecology Progress, 70 (3): 263-272.

Holdren G C, Armstrong D E, 1979. Factors affecting phosphorus release from intact lake sediment cores [J]. Environmental Science & Technology, 14 (1): 79-87.

Honda H, Kikuchi K, 2002. Nitrogen budget of polychaete Perinereis nuntia vallata fed on the feces of Japanese flounder [J]. Fisheries Science, 68 (6): 1304 – 1308.

Hopkinson C S, 1987. Nutrient regeneration in shallow – water sediments of the estuarine Plume Region of the nearshore Georgia Bight [J]. Marine Biology, 94: 127 – 142.

Hopkinson C S, Giblin A E, Tucker J, et al, 1999. Benthic metabolism and nutrient cycling along an estuarine salinity gradient [J]. Estuaries, 22 (4): 863 – 881.

Hou L J, Liu M, Jiang H Y, et al, 2003. Ammonium adsorption 0n tidal flat surface sediments from the Yangtze Estuary [J]. Environmental Geology, 45: 72 – 78.

Huang S, Yang Y, Anderson K, 2007. The complex effects of the invasive polychaetes *Marenzelleria* spp. on benthic nutrient dynamics [J]. Journal of Experimental Marine Biology & Ecology, 352 (1): 89 – 102.

Hulth S, Aller R C, Canfield D E, et al, 2005. Nitrogen removal in marine environments: recent findings and future research challenges [J]. Marine Chemistry, 94 (1 – 4): 125 – 145.

Hunting E R, Whatley M H, Geest H G, et al, 2012. Invertebrate footprints on detritus processing, bacterial community structure, and spatiotemporal redox profiles [J]. Freshwater Science, 31 (3): 724 – 732.

J P M Syvitski, C J Vorosmarty, A J Kettner, et al, 2005. Impact of Humans on the Flux of Terrestrial Sediment to the global coastal ocean [J]. Science, 308: 376 – 380.

Jackson C, Preston N, Thompson P, et al, 2003. Nitrogen budget and effluent nitrogen components at an intensive shrimp farm [J]. Aquaculture, 218: 397 – 411.

Jahnke R A, Nelson J R, Marinelli R L, et al, 2000. Benthic flux of biogenic elements on the Southeastern US continental shelf: influence of pore water advective transport and benthic microalgae [J]. Continental Shelf Research, 20 (1): 109 – 127.

James R T, Havens K, Zhu G, et al, 2009. Comparative analysis of nutrients, chlorophyll and transparency in two large shallow lakes (Lake Taihu, P. R. China and Lake Okeechobee, USA) [J]. Hydrobiologia, 627 (1): 211 – 231.

Jeffrey K Rosenfeld, 1979. Ammonium adsorption in nearshore anoxic sediments [J]. Limnology and Oceanography, 24 (2): 356 – 364.

Jensen H S, Bo Thamdrup, 1993. Iron – bound phosphorus in marine sediments as measured by bicarbonate – dithionite extraction [J]. Hydrobioglogia, 253: 47 – 59.

Jensen H S, Karen J, McGlathery, et al, 1998. Forms and availability of sediment phosphorus in carbonate sand of Bermuda seagrass beds [J]. limnol Oceanogr, 43 (5): 799 – 810.

Jensen H S, Mortensen P B, Rasmussen E, et al, 1995. Phosphorus cycling in a coastal marine sediment, Aarhus Bay, Denmark [J]. Limnology and Oceanography, 40 (5): 908 – 917.

Jia Meng, Qingzhen Yao, Zhigang Yu, 2014. Particulate phosphorus speciation and phosphate adsorption characteristics associated with sediment grain size [J]. Ecological Engineering, 70: 140 – 145.

Jiang Z, Liang Z, Zhu L, et al, 2016. Numerical simulation of effect of guide plate on flow field of artificial reef [J]. Ocean Engineering, 116: 236 – 241.

Jones S E, Jago C F, 1993. In situ assessment of modification of sediment properties by burrowing invertebrates [J]. Marine Biology, 115 (1): 133 – 142.

Jourabchi P, Meile C, Pasion L R, et al, 2008. Quantitative interpretation of pore water O_2 and pH distributions in deep – sea sediments [J]. Geochimica et Cosmochimica Acta, 72 (72): 1350 – 1364.

K W Chau, 2002. Field measurements of SOD and sediment nutrient fluxes in a land – locked embayment in Hong Kong [J]. Advances in Environmental Research, 6: 35 – 142.

Kalnejais L H, Martin W R, Signell R P, et al, 2007. Role of sediment resuspension in the remobilization of particulate – phase metals from coastal sediments [J]. Environmental Science &. Technology, 41 (7): 2282 – 2288.

Kamatani A, 1982. Dissolution rates of silica from diatoms decomposing at various temperatures [J]. Marine Biology, 68 (1): 91 – 96.

Karlson K, Hulth S, Ringdahl K, et al, 2005. Experimental recolonisation of Baltic Sea reduced sediments: Survival of benthic macrofauna and effects on nutrient cycling [J]. Marine Ecology Progress, 294 (1): 35 – 49.

Kassen R, Buckling A, Bell G, et al, 2000. Diversity peaks at intermediate productivity in a laboratory microcosm [J]. Nature, 406 (6795): 508 – 512.

Kemp A L W, 1971. Organic carbon and nitrogen in the surface sediments of Lakes Ontario Erie and Huron [J]. Journal of Sedimentary Research, 41 (2): 537 – 548.

Kemp W M, Sampou P A, Garber J, et al, 1992. Seasonal depletion of oxygen from bottom waters of Chesapeake Bay: roles of benthic and planktonic respiration and physical exchange processes [J]. Marine ecology progress series. Oldendorf, 85 (1): 137 – 152.

Keppler F, Eiden R, et al, 2000. Halocarbons produced by natural oxidation processes during degradation of organic matter [J]. Nature, 403: 298 – 301.

Kevin G Tayor, Philip N Owens, 2009. Sediments in urban river basins: a review of sediment – contaminant dynamics in an environmental system conditioned by human activities [J]. J Soils Sediments, 9: 281 – 303.

Kinoshita K, Wada M, Kogure K, et al, 2003. Mud shrimp burrows as dynamic traps and processors of tidal – flat materials [J]. Marine Ecology Progress, 247 (1): 159 – 164.

Klump J V, Martens C S, 1981. Biogeochemical cycling in an organic rich coastal marine basin —Ⅱ. Nutrient sediment- water exchange processes [J]. Geochimica et Cosmochimica Acta, 45 (1): 101 – 121.

Koch M S, Maltby E, Oliver G A, et al, 1992. Factors controlling denitrification rates of tidal mudflats and fringing salt marshes in south – west England [J]. Estuarine, Coastal and Shelf Science, 34: 471 – 485.

Konrad J G, 1970. Nitrogen and carbon distribution in sediment cores of selected Wisconsin Lakes [J]. Water Pollution Control Federation, 42 (12): 2094 – 2101.

Kristensen E, Penha – Lopes G, Delefosse M, et al, 2012. What is bioturbation? The need for a precise definition for fauna in aquatic sciences [J]. Marine Ecology Progress Series, 446: 285 – 302.

Krom M D, Berner R A, 1980. Adsorption of phosphate in anoxic marine sediments [J]. Limnology and Oceanography, 25 (5): 797 – 806.

Kuo S, 1988. Application of a modified Langmuir isotherm to phosphate sorption by some acid soils [J]. Soil Science Society of America Journal, 52 (1): 97 – 102.

Lapointe B E, 1997. Nutrient thresholds for bottom - up control of macroalgal blooms on coral reefs in Jamaica and southeast Florida [J]. Limnology &. Oceanography, 42 (5): 1119 – 1131.

Lawson D S, Hurd D C, Pankratz H S, 1978. Silica dissolution rates of decomposing phytoplankton assemblages at various temperatures [J]. American Journal of Science, 278 (10): 1373 – 1393.

Lee - Hyung K, Euiso C, Michael K S, 2003. Sediment characteristics, phosphorus types and phosphorus release rates between river and lake sediments [J]. Chemosphere, 50: 53 – 61.

Lehtoranta J, Ekholm P, Pitkänen H, 2009. Coastal eutrophication thresholds: a matter of sediment microbial processes [J]. Ambio, 38 (6): 303 – 308.

Lerat Y, Lasserre P, le Corre P, 1990. Seasonal changes in pore water concentrations of nutrients and their diffusive fluxes at the sediment－water interface [J]. Journal of experimental marine biology and ecology, 135 (2): 135－160.

Li H M, Zhang C S, Han X R, et al, 2014. Changes in concentrations of oxygen, dissolved nitrogen, phosphate, and silicate in the southern Yellow Sea, 1980－2012: Sources and seaward gradients [J]. Estuarine Coastal & Shelf Science, 163: 44－55.

Li J, Zheng Y X, Gong P H, et al, 2017. Numerical simulation and PIV experimental study of the effect of flow fields around tube artificial reefs [J]. Ocean Engineering, 134: 96－104.

Licandro P, Ibañez F, Etienne M, 2006. Long－term fluctuations (1974－99) of the salps Thalia democratica and Salpa fusiformis in the northwestern Mediterranean Sea: Relationships with hydroclimatic variability [J]. Limnology & Oceanography, 51 (4): 1832－1848.

Lindahl O, Syversen U, 2005. Improving marine water quality by mussel farming: a profitable solution for Swedish society. [J]. Ambio A Journal of the Human Environment, 34 (2): 131－138.

Littler M M, Littler D S, Brooks B L, 2010. The effects of nitrogen and phosphorus enrichment on algal community development: artificial mini－reefs on the Belize Barrier Reef sedimentary lagoon [J]. Harmful Algae, 9 (3): 255－263.

Liu B, Hu K, Jiang Z, et al, 2011. Distribution and enrichment of heavy metals in a sediment core from the Pearl River Estuary [J]. Environmental Earth Sciences, 62 (2): 265－275.

Liu H H, Bao L J, Zeng E Y, 2014. Recent advances in the field measurement of the diffusion flux of hydrophobic organic chemicals at the sediment－water interface [J]. Trends in Analytical Chemistry, 54 (Complete): 56－64.

Liu S M, Zhang J, Li D J, 2004. Phosphorus cycling in sediments of the Bohaiand Yellow seas [J]. Estuarine Coastal and Shelf Science, 59 (2): 209－218.

Loder T C, Lyons W B, Murray S, et al, 1978. Silicate in anoxic pore waters and oxidation effects during sampling [J]. Nature, 273: 373－374.

Long D A, Stratta J M, Doherty M C, 1982. Nitrification enhancement through pH control withrotating biological contractors [R]. Pennsylvania State Univ., University Park (USA). Dept. of Civil Engineering.

Longhurst A R, Harrison W G, 1989. The biological pump: Profiles of plankton production and consumption in the upper ocean [J]. Progress in Oceanography, 22 (1): 47－123.

Loucaides S, 2009. Dissolution of biogenic silica: Roles of pH, salinity, pressure, electrical charging and reverse weathering [J]. Journal of Histochemistry & Cytochemistry Official Journal of the Histochemistry Society, 22 (12): 1092－1104.

Loucaides, Socratis, Cappellen P V, et al, 2008. Dissolution of biogenic silica from land to ocean: Role of salinity and pH [J]. Limnology & Oceanography, 53 (4): 1614－1621.

Lucci G M, McDowell R W, Condron L M, 2010. Evaluation of base solutions to determine equilibrium phosphorus concentrations (EPC$_0$) in stream sediments [J]. International Agrophysics, 24: 157－163.

M C Bootsmaa, A Barendregt, J C A van Alphenb, 1999. Effectiveness of reducing external nutrient load entering a eutrophicated shallow lake ecosystem in the Naardermeer nature reserve, The Netherlands [J]. Biological Conservation, 90: 193－201.

Macfarlane G Z, R A Herbert, 1984. Effect of oxygen tension, salinity, temperature and organic matter concentration on the growth and nitrifying activity of an estuarine strain of Nitrosomonas [J]. Federation of European Microbiological Sodeties Microbiology Letters, 23: 107－111.

Mackin J E, Aller R C, 1984. Ammonium adsorption in marine sediment [J]. Limnology and Oceanography, 29 (2): 250 - 257.

Maire O, Lecroart P, Meysman F, et al, 2008. Quantification of sediment reworking rates in bioturbation research: A review [J]. Aquatic Biology (2): 219 - 238.

Malmaeus J M, Rydin E, 2006. A time - dynamic phosphorus model for the profundal sediments of Lake Erken, Sweden [J]. Aquatic Sciences, 68: 16 - 27.

Marinelli R L, 1992. Effects of polychaetes on silicate dynamics and fluxes in sediments: Importance of species, animal activity and polychaete effects on benthic diatoms [J]. Journal of Marine Research, 50 (4): 745 - 779.

Martin S, Jens J P, Erik J, 2001. Retention and internal loading of phosphorus in shallow, eutrophic lakes [J]. The Scientific World Journal, 1: 427 - 442.

Matisoff G, Fisher J, Matis S, 1985. Effects of benthic macroinvertebrates on the exchange of solutes between sediments and freshwater [J]. Hydrobiologia, 122: 19 - 33.

Meng Q, Zhang J, Feng J, et al, 2016. Geochemical speciation and risk assessment of metals in the river sediments from Dan River Drainage, China [J]. Chemistry & Ecology, 32 (3): 1 - 17.

Mermillod - Blondin F, Nogaro G, Vallier F, et al, 2008. Laboratory study highlights the key influences of stormwater sediment thickness and bioturbation by tubificid worms on dynamics of nutrients and pollutants in stormwater retention systems [J]. Chemosphere, 72 (2): 213 - 223.

Michaud E, Gaston D, Florian M B, et al, 2005. The functional group approach to bioturbation: The effects of biodiffusers and gallery - diffusers of the Macoma balthica community on sediment oxygen uptake [J]. Journal of Experimental Marine Biology and Ecology, 326 (1): 77 - 88.

Michaud E, Sundby B, Desrosiers G, et al, 2006. The functional group approach to bioturbation: II. The effects of the Macomabalthica, community on fluxes of nutrients and dissolved organic carbon across the sediment - water interface [J]. Journal of Experimental Marine Biology & Ecology, 337 (2): 178 - 189.

Montevideo R A, Bangkok W P, 1995. Nitrogen exchange between sediments and water in three backwaters of the Danube [J]. Arch. Hydrobiol. Suppl, 101: 111 - 120

Morse J W, Beazley M J, 2008. Organic matter in deepwater sediments of the Northern Gulf of Mexico and its relationship to the distribution of benthic organisms [J]. Deep Sea Research Part II Topical Studies in Oceanography, 55 (24 - 26): 2563 - 2571.

Mortimer R J G, Davey J T, M D Krom, et al, 1999. The Effect of Macrofauna on Porewater Profiles and Nutrient Fluxes in the Intertidal Zone of the Humber Estuary [J]. Estuarine Coastal & Shelf Science, 48 (6): 683 - 699.

Mortimer R J G, Krom M D, Watson P G, et al, 1999. Sediment - water exchange of nutrients in the intertidal zone of the Humber Estuary, UK [J]. Marine Pollution Bulletin, 37 (3): 261 - 279.

Mortimer R, Davey J, Krom M, 1999. The effect of macrofauna on porewater profiles and nutrient fluxes in the intertidal zone of the Humber Estuary [J]. Estuarine, Coastal and Shelf Science, 48 (6): 683 - 699.

Mortimer R, Krom M, Watson P, 1998. Sediment - Water exchange of nutrients in the intertidal zone of the Humber Estuary [J]. Marine Pollution Bulletin, 37: 3 - 7.

Mudroch A, Azcue D J M, 1995. Manual of aquatic sediment sampling [M]. Boca Raton: Lewis Publications.

Musale A S, Desai D V, 2011. Distribution and abundance of macrobenthic polychaetes along the South Indian coast [J]. Environmental Monitoring & Assessment, 178 (1 - 4): 423 - 436.

N S Simon, M M Kennedy, 1987. The distribution of nitrogen species and adsorption of ammonium in sediments from the tidal Potomac River and estuary [J]. Estuarine, Coastal and Shelf Science, 25: 11 – 26.

Naylor R L, Goldburg R J, Mooney H, 1998. Natures subsidies to shrimp and salmon farming [J]. Science, 282: 883 – 884.

Nedwell D B, Trimmer M, 1998. Nitrogen fluxes through the upper estuary of the Great Ouse, England: the role of the bottom sediments [J]. Marine Ecology Progress, 163 (1): 109 – 124.

Nemati K, Abu Bakar N K, Abas M R, et al, 2011. Speciation of heavy metals by modified BCR sequential extraction procedure in different depths of sediments from Sungai Buloh, Selangor, Malaysia [J]. Journal of Hazardous Materials, 192 (1): 402 – 410.

Nicholaus R, Zheng Z M, 2014. The effects of bioturbation by the Venus clam *Cyclina sinensis*, on the fluxes of nutrients across the sediment – water interface in aquaculture ponds [J]. Aquaculture International, 22 (2): 913 – 924.

Nielsen O I, Gribsholt B, Kristensen E, et al, 2004. Microscale distribution of oxygen and nitrate in sediment inhabited by Nereis diversicolor: spatial patterns and estimated reaction rates [J]. Aquatic Microbial Ecology, 34 (1): 23 – 32.

Nixon S W, 1995. Coastal marine eutrophication: a definition, social causes, and future concerns [J]. Ophelia, 41: 199 – 219.

Nizzoli D, Bartoli M, Cooper M, et al, 2007. Implications for oxygen, nutrient fluxes and denitrification rates during the early stage of sediment colonisation by the polychaete *Nereis* spp. in four estuaries [J]. Estuarine Coastal & Shelf Science, 75 (1): 125 – 134.

Nommik H, Vahtras K, 1982. Retention and fixation of ammonium and ammonia in soil. In Stevenson FJ. Nitrogen in agricultural soils [J]. Agronomy, 22: 123 – 171.

Norling K, Rosenberg R, Grémare A, et al, 2007. Importance of functional biodiversity and species – specific traits of benthic fauna for ecosystem functions in marine sediment [J]. Marine Ecology Progress, 332 (1): 11 – 23.

Nowicki B L, 1994. The effect of temperature, oxygen, salinity, and nutrient enrichment on estuarine denitrification rates measured with a modified nitrogen gas flux technique [J]. Estuarine, Coastal and Shelf Science, 38: 137 – 156.

Ogawa H, Tanoue E, 2003. Dissolved Organic Matter in Oceanic Waters [J]. Journal of Oceanography, 59 (2): 129 – 147.

Ogilvie B, Nedwell D B, Harrison R M, et al, 1997. High nitrate, muddy estuaries as nitrogen sinks: The nitrogen budget of the River Colne estuary (United Kingdom) [J]. Marine Ecology Progress Series, 150 (1): 217 – 228.

Oluowolabi B I, Popoola D B, Unuabonah E I, 2010. Removal of Cu^{2+} and Cd^{2+} from aqueous solution by bentonite clay modified with binary mixture of goethite and humic acid [J]. Water, Air, & Soil Pollution, 211 (1): 459 – 474.

Padmesha T V N, Vijayaraghavana K, Sekaranb G, et al, 2005. Batch and column studies on biosorption of acid dyes on fresh water macro alga Azolla filiculoides [J]. Journal of Hazardous Materials, 125 (1 – 3): 121 – 129.

Palmer P J, 2010. Polychaete – assisted sand filters [J]. Aquaculture, 306 (1 – 4): 369 – 377.

Pant H K, Reddy K R, 2001. Phosphorus sorption characteristics of estuarine sediments under different redox conditions [J]. Journal of Environmental Quality, 30 (4): 1474 – 1480.

Pelegri S, Blackburn T H, 1994. Bioturbation effects of the amphipod Corophium volutator on microbial nitrogen transformations in marine sediment [J]. Marine Biology, 121: 253 – 258.

Peter M, 2006. Assessing sediment contamination in estuaries [J]. Environmental toxicology and chemistry, 4 (1): 3 – 22.

Peterson G W, 1966. A modified Chang and Jackson Procedure for routine fractionation of inorganic soil phosphorus [J]. Soil Science, 30: 563 – 565.

Peña M A, Katsev S, Oguz T, et al, 2010. Modeling dissolved oxygen dynamics and hypoxia [J]. Biogeosciences, 7 (3): 933 – 957.

Pitkanen H, Lehtoranta J, Raike A, 2001. Internal nutrient fluxes counteract decreases in external load: the case of the estuarial eastem Gulf of Finland Baltic Sea [J]. AMBIO, 30: 195 – 201.

Prajith A, Rao V P, Chakraborty P, 2016. Distribution, provenance and early diagenesis of major and trace metals in sediment cores from the Mandovi estuary, western India [J]. Estuarine Coastal & Shelf Science, 170: 173 – 185.

Reay W G, 1995. Sediment – water column oxygen and nutrient fluxes in nearshore environments of the lower Delmarva Peninsula, USA [J]. Marine Ecology Progress, 118 (1 – 3): 215 – 227.

Redfield A C, Ketchum B H, Rechards F A, 1963. The influence of organisms on the composition of seawater [A]. Hill M N. The Sea. Vol, 2 [C]. New York: Interscience, 26 – 77.

Robert A, Berner, JiLong Rao, 1994. Phosphorus in sediments of the Amazon River and Estuary: Implications for the global flux of phosphorus to the sea [J]. Geochim Cosmochim Acta, 58: 2333 – 2340.

Robinson, John, 1988. Nitrogen cycling in coastal marine sediments [J]. Freshwater Biology, 20: 292 – 293.

Rowe G T, 1974. The Effects of the Benthic Fauna on the Physical Properties of Deep – Sea Sediments [M]. Deep – Sea Sediments: 381 – 400.

Rowe G T, Clifford C H, Smith K L, 1975. Benthic nutrient regeneration and its coupling to primary productivity in coastal waters [J]. Nature, 255: 215 – 217.

Ruttenberg K C, 1992. Development of a sequential extraction method for different forms of Phosphorus in marine sediments [J]. Linmology and Oceanogerphy, 37 (7): 1460 – 1482.

Ruttenberg K C, Berner R A, 1993. Authigenic apatite formation and burial in sediments from non – upwelling continental margin environments [J]. Geochim Cosmochim Acta, 57: 991 – 1007.

Rysgaa S, Thastum P, Dalsgaard T, et al, 1999. Effects of salinity on NH_4^+ adsorption capacity, nitrification, and denitrification in Danish estuary sediments [J]. Estuaries, 22: 21 – 30.

Rysgaard S, Christensen P B, Nielsen L P, 1995. Seasonal variation in nitrification and denitrification in estuarine sediment colonized by benthic microalgae and bioturbating infauna [J]. Marine Ecology Progress Series, 126: 111 – 121.

Rysgaard S, Risgaard – Petersen N, Peter S N, et al, 1994. Oxygen regulation of nitrification and denitrification in sediments [J]. Limnology and Oceanography, 39 (7): 1643 – 1652.

S Degetto, C CantaluPPi, A Cianchi F Valdarnini, et al, 2005. Critical analysis of radio chemical methodologies for the assessment of sediment pollution and dynamics in the lagoon of Venice (Italy) [J]. Environment International, 31: 1023 – 1030.

S Perkol – Finkel, Y Benayahu, 2005. Recruitment of benthic organisms onto a planned artificial reef: shifts in community structure one decade post – deployment [J]. Marine Environment Research, 59 (2): 79 – 99.

Saeedi M, Hosseinzadeh M, Rajabzadeh M, 2011. Competitive heavy metals adsorption on natural bed sediments of Jajrood River, Iran [J]. Environmental Earth Sciences, 62 (3): 519 – 527.

Sayama M, Kurihara Y, 1997. Relationship between burrowing activity of the polychaetous annelid, Neanthes japonica (Izuka) and nitrification – denitrification processes in the sediments [J]. Journal of Experimental Marine Biology and Ecology, 372 (3): 233 – 241.

Schindler D W, Hecky R, Findla Y, et al, 2008. Eutrophication of lakes cannot be controlled byreducing nitrogen input: results of a 37 year whole ecosystem experiment [J]. Proceedings of the National Academy Sciences USA, 105: 11254 – 11258.

Seiki T, Izawa H, Date E, 1989. Benthic nutrient remineralization and oxygen consumption in the coastal area of Hiroshima Bay [J]. Water Research, 23 (2): 219 – 228.

Seitzinger S P, Gardner W S, Spratt A K, 1991. The effect of salinity on ammonium sorption in aquatic sediments: implications for benthic nutrient recycling [J]. Estuaries, 14 (2): 167 – 174.

Shang J G, Zhang L, Shi C, et al, 2013. Influence of Chironomid Larvae on oxygen and nitrogen fluxes across the sediment – water interface (Lake Taihu, China) [J]. Journal of Environmental Sciences, 25 (5): 978 – 985.

Silva J A, Bremner J M, 1996. Determination and isotope – ratio analysis of different form of nitrogen in soils: fixed ammonium [J]. Soil Sci. Soc Am Proc, 30: 587 – 594.

Slomp C P, Cappellen P V, 2006. The global marine phosphorus cycle: sensitivity to oceanic circulation [J]. Biogeosciences Discussions, 4 (2): 155 – 171.

Slomp C P, Malschaert J F P, Van Raaphorst W, 1998. The role of adsorption in sediment – water exchange of phosphate in North Sea continental margin sediments [J]. Limnology and Oceanography, 43 (5): 832 – 846.

Sondergaard M, Kristensen P, Jeppesen E, 1992. Phosphorus release from resuspended sediment in the shallow and wind – exposed Lake Arreso, Denmark [J]. Hydrobiologia, 228 (1): 91 – 99.

Stenstrom M K, Poduska R A, 1980. The effect of dissolved oxygen concentration on nitrification [J]. WaterResearch, 14 (6): 643 – 649.

Stockdale A, Davison W, Hao Z, 2009. Micro – scale biogeochemical heterogeneity in sediments: a review of available technology and observed evidence. [J]. Earth – Science Reviews, 92 (1 – 2): 81 – 97.

Strous M, Kuenen J G, Jetten M S M, 1999. Key Physiology of Anaerobic Ammonium Oxidation [J]. Applied &. Environmental Microbiology, 65 (7): 3248 – 3250.

Sumi H, Kunito T, Ishikawa Y, et al, 2014. Effects of Adding Alkaline Material on the Heavy Metal Chemical Fractions in Soil under Flooded and Non – Flooded Conditions [J]. Soil &. Sediment Contamination, 23 (8): 899 – 916.

Summers J K, Wade L T, Engle V D, et al, 1996. Normalization of metal concentrations in estuarine sediments from the Gulf of Mexico [J]. Estuaries, 19 (3): 581 – 594.

Sun G, Fang Y, Wang P, 2010. Bioturbation effects of Branchiura sowerbyi (Tubificidae) on the vertical transport of sedimentary particles in paddy field [J]. Agricultural Science and Technology, 11 (8): 117 – 119.

Suna Balci, 2004. Nature of ammonium ion adsorption by sepiolite: analysis of equilibrium data with several isotherms [J]. Water Research, 38: 1129 – 1138.

Sundby B, Gobeil C, Silverberg N, et al, 1992. The phosphorus cycle in coastal marine sediments [J]. Limnology and oceanography, 37 (6): 1129 – 1145.

Suplee M W, Cotner J B, 2002. An Evaluation of the Importance of Sulfate Reduction and Temperature to P Fluxes from Aerobic – Surfaced, Lacustrine Sediments [J]. Biogeochemistry, 61 (2): 199 – 228.

Svendsen L M, Kronvang B, 1993. Retention of nitrogen and phosphorus in a Danish lowland river system: implications for the export from the watershed [J]. Hydrobiologia, 251 (1): 123 - 135.

Svensson J M, 1997. Influence of Chironomus plumosus larvae on ammonium flux and denitrification (measured by the acetylene blockage - and the isotope pairing - technique) in eutrophic lake sediment [J]. Hydrobiologia, 346 (1): 157 - 168.

Svensson J M, Alex E P, Leonardso L, 2001. Nitrification and denitrification in eutrophic lake sediment bioturbated by oligochaeyes [J]. Aquatic Microbial Ecology, 23 (2): 177 - 186.

Syers J K, Harris R F, Armstrong D E, 1973. Phosphate chemistry in lake sediments [J]. Journal of Environmental Quality, 2 (1): 1 - 14.

T Kauppila, 2006. Sediment - based study of the effects of decreasing mine water pollution a heavily modified, nutrient enriched lake [J]. Journal of Paleolimnology, 35: 25 - 37.

Tanaka K, 1988. Phosphate adsorption and desorption by the sediments: Its role in the Chikugo River estuary, Japan [J]. Bull Seikai Reg Fish Res Lab, 66: 1 - 12.

Thamdrup B, Dalsgaard T, 2002. Thamdrup B, et al. Production of N_2 through anaerobic ammonium oxidation coupled to nitrate reduction in marine sediments [J]. Applied & Environmental Microbiology, 68 (3): 1312 - 1318.

Tilman D, 1982. Resource competition and community structure [M]. Princeton University Press: 1 - 296.

Tilman D, 2000. Causes, consequences and ethics of biodiversity [J]. Nature, 405 (6783): 208 - 211.

Toro Nakahara, Hidetsugu Sasaki, Yukio Kanda, et al, 1977. Pollution of coastal sea water and sulfate reducing bacteria in connection with microbial corrosion of metallic materials in desalination plants [J]. Desalination, 23: 151 - 160.

Trimmer M, Nedwell D B, Sivyer D B, et al, 1988. Nitrogen fluxes through the lower estuary of the river Great Ouse, England: the role of the bottom sediments [J]. Marine Ecology Progress Series, 163: 109 - 124.

Tyler A C, McGlathery K J, Anderson I C, 2001. Macroalgae mediation of dissolved organic nitrogen fluxes in a temperate coastal lagoon [J]. Estuarine, Coastal and Shelf Science, 53 (2): 155 - 168.

Ullman W J, Sandstrom M W, 1987. Dissolved nutrient fluxes from the nearshore sediments of Bowling Green Bay, central Great Barrier Reef lagoon (Australia) [J]. Estuarine, Coastal and Shelf Science, 24 (3): 289 - 303.

Vershinin A V, Rozanov A G, 1983. The platinum electrode as an indicator of redox environment in marine sediments [J]. Marine Chemistry, 14 (1): 1 - 15.

Vlaeminck S E, Terada A, Smets B F, et al, 2009. Aggregate Size and Architecture Determine Microbial Activity Balance for One - Stage Partial Nitritation and Anammox [J]. Applied & Environmental Microbiology, 76 (3): 900 - 909.

Volcke E I, Picioreanu C, De B B, et al, 2010. Effect of granule size on autotrophic nitrogen removal in a granular sludge reactor [J]. Environmental Technology, 31 (11): 1271 - 1280.

Volkenborn N, Hedtkamp S I C, Beusekom J E E V, et al, 2007. Effects of bioturbation and bioirrigation by lugworms (Arenicola marina) on physical and chemical sediment properties and implications for intertidal habitat succession [J]. Estuarine Coastal & Shelf Science, 74 (1 - 2): 331 - 343.

W L Balthis, J L Hyland, G I Scott, et al, 2002. Sediment quality of the Neuse River estuary, North Carolina: an integrated assessment of sediment contamination, toxicity, and condition of benthic fauna

[J]. Journal of Aquatic Ecosystem Stress and Recovery，9：213－225.

Waldbusser G G，Marinelli R L，2006. Macrofaunal modification of porewater advection：role of species function，species interaction，and kinetics [J]. Marine Ecology Progress，311 (8)：217－231.

Wang Q，Zhuang Z，Deng J，et al，2006. Stock enhancement and translocation of the shrimp Penaeus chinensis，in China [J]. Fisheries Research，80 (1)：67－79.

Wang S R，Jin X C，Pang Y，et al，2005. The study on the effect of pH on phosphate sorption by different trophic Lake Sediments [J]. Journal of Colloid and Interface Science，285：448－457.

Wang X，Li Y，2011. Measurement of Cu and Zn adsorption onto surficial sediment components：New evidence for less importance of clay minerals [J]. Journal of Hazardous Materials，189 (3)：719.

Webb A P，Eyre B D，2004. Influence of bioturbation on denitrification activity in Mediterranean coastal sediments [J]. Marine Ecology Progress Series，268：205－220.

Welsh D T，Castadelli T G，2004. Bacterial nitrification activity directly associated with isolated benthic marine animals [J]. Marine Biology，144 (5)：1029－1037.

Wencel D，Moore P J，Stevenson N，2011. Dual excitation fluorescence－based sensors for pH and dissolved carbon dioxide monitoring [J]. Proceedings of IEEE Sensors，28 (31)：2038－2041.

Weng H X，Ma X W，Fu F X，et al，2014. Transformation of heavy metal speciation during sludge drying：mechanistic insights. [J]. Journal of Hazardous Materials，265 (2)：96－103.

Wenzhöfer F，Glud R N，2004. Small－scale spatial and temporal variability in coastal benthic O_2 dynamics：Effects of fauna activity [J]. Limnology and Oceanography，49 (5)：1471－1481.

Widdows J，Brinsley M D，Bowley N，et al，1998. A benthic annular flume for insitumeasurement of suspension feeding/biodeposition rates and erosion potential of intertidal cohesive sediments [J]. Estuarine，Coastal and Shelf Science，46 (1)：27－38.

Williams J D H，Murphy T P，Mayer T，1976. Rates of accumulation of phosphorus forms in Lake Eire sediments [J]. Fisheries Researeh Board Canada，33：430－439.

Wolfrath B，1992. Burrowing of the fiddler crab Uca tangeri in the Ria Formosa in Portugal and its influence on sediment structure [J]. Marine Ecology Progress，85 (3)：237－243.

Wu Z，Zhang X，Lozano－Montes H M，et al，2016. Trophic flows，kelp culture and fisheries in the marine ecosystem of an artificial reef zone in the Yellow Sea [J]. Estuarine Coastal & Shelf Science，182：86－97.

Xu Q，Zhang L，Zhang T，et al，2017. Functional groupings and food web of an artificial reef used for sea cucumber aquaculture in northern China [J]. Journal of Sea Research，119：1－7.

Yamada H，Kayama M，1987. Liberation of nitrogenous compounds from bottom sediments and effect of bioturbation by small bivalve，Theora lata (Hinds) [J]. Estuarine，Coastal and Shelf Science，24 (4)：539－555.

Yamamuro M，Koike I，1998. Concentrations of nitrogen in sandy sediments of a eutrophic estuarine lagoon [J]. Hydrobiologia，386：37－44.

Yichao Ren，shuanglin Dong，Fang Wang，et al，2010. Sedimentation and sediment characteristics in sea cucumber Apostichopus japonicus (Selenka) culture ponds [J]. Aquaculture Research，1－8.

Young S M，Ishiga H，2014. Environmental change of the fluvial－estuary system in relation to Arase Dam removal of the Yatsushiro tidal flat，SW Kyushu，Japan [J]. Environmental Earth Sciences，72 (7)：2301－2314.

Yu J，Chen P，Tang D，et al，2015. Ecological effects of artificial reefs in Daya Bay of China observed from satellite and in situ, measurements [J]. Advances in Space Research, 55 (9): 2315 - 2324.

Zalmon I R, Sá F S D, Neto E J D, et al, 2014. Impacts of artificial reef spatial configuration on infaunal community structure - Southeastern Brazil [J]. Journal of Experimental Marine Biology & Ecology, 454 (5): 9 - 17.

Zhang L, Gu X Z, Wang Z D, et al, 2010. The influence of tubificid worms bioturbation on the exchange of phosphorus across sediment - water interface in lakes [J]. Journal of Lake Sciences, 22 (5): 666 - 674.

Zhang L, Shen Q, Hu H, et al, 2011. Impacts of Corbicula fluminea on oxygen uptake and nutrient fluxes across the sediment - water interface [J]. Water Air and Soil Pollution, 220 (1 - 4): 399 - 411

Zhen S, 2015. Phosphorus speciation and effects of environmental factors on release of phosphorus from sediments obtained from Taihu Lake, Tien Lake, and East Lake [J]. Toxicological & Environmental Chemistry, 97 (3 - 4): 335 - 348.

Zheng G X, Song J M, Sun Y M, et al, 2008. Characteristics of nitrogen forms in the surface sediments of southwestern Nansha trough, south china sea [J]. Chinese Journal of Oceanology and Limnology, 26 (3): 280 - 288.

Zhong D, Wang F, Dong S, et al, 2015. Impact of Litopenaeus vannamei bioturbation on nitrogen dynamics and benthic fluxes at the sediment - water interface in pond aquaculture [J]. Aquaculture International, 23 (4): 967 - 980.